Laser in der Umweltmeßtechnik
Laser in Remote Sensing

Vorträge des 10. Internationalen Kongresses
Proceedings of the 10th International Congress

Laser 91

Herausgegeben von/Edited by
C. Werner, V. Klein, K. Weber

Mit 154 Abbildungen/With 154 Figures

Springer-Verlag
Berlin Heidelberg NewYork London Paris
Tokyo Hong Kong Barcelona Budapest

Dr. rer. nat. Christian Werner
Deutsche Forschungsanstalt für Luft- und Raumfahrt,
Institut für Optoelektronik, Oberpfaffenhofen

Dr. rer. nat. Volker Klein
Kayser-Threde GmbH, München
(vormals Battelle Institut e.V., Frankfurt)

Dr. rer. nat. Konradin Weber
Kommission Reinhaltung der Luft im VDI und DIN, Düsseldorf

Dieser Band wurde gefördert durch:
DLR - Institut für Optoelektronik,
Kommission Reinhaltung der Luft im VDI und DIN,
Kayer-Threde GmbH, Battelle Europa e.V.,
Münchener Messe- und Ausstellungsgesellschaft mbH

ISBN 978-3-540-55248-2   ISBN 978-3-642-50980-3 (eBook)
DOI 10.1007/978-3-642-50980-3

CIP-Titelaufnahme der Deutschen Bibliothek
Laser in der Umweltmeßtechnik : Vorträge des 10. Internationalen Kongresses Laser 91 = Laser in remote
sensing / hrsg. von C. Werner ... – Berlin ; Heidelberg ; New York ; London ; Paris ; Tokyo ; Hong Kong ;
Barcelona ; Budapest : Springer, 1992
  ISBN 978-3-540-55248-2

NE: Werner, Christian [Hrsg.]; Internationaler Kongress Laser <10, 1991, München >; PT

Satz: Reproduktionsfähige Vorlagen der Autoren

62/3020- 5 4 3 2 1 0 - Gedruckt auf säurefreiem Papier

Vorwort

In den letzten Jahren hat sich die Optoelektronik und die Anwendung des Lasers mit einer solchen Dynamik weiterentwickelt, daß es sinnvoll wurde, die Beiträge des Kongresses anläßlich der LASER 91 in nach Anwendungen getrennten Bänden zu dokumentieren. Professor Dr. W. Waidelich ist wissenschaftlicher Leiter des Gesamtkongresses. Die Umweltmeßtechnik wird als getrennter Band herausgegeben.

Mit der Kongress-Messe LASER 91 eröffnete die Münchener Messe- und Ausstellungsgesellschaft einen Überblick über den neuesten Stand und die Entwicklungstendenzen. Die Synthese von Forschung und Anwendung (Kongress) mit der Praxis der kommerziell erhältlichen Geräte (Messe), wie sie im Verbund von Kongress und Ausstellung dokumentiert wird, hat auf der LASER langjährige Tradition. Dem Kongresszentrum der Münchener Messe- und Ausstellungsgesellschaft ist für die Vorbereitung und die professionelle Durchführung der Teilkongresse zu danken.

Der hier vorliegende Band *Laser in der Umweltmeßtechnik* zeigt die Bedeutung der optischen Meßtechnik für das wachsende Gebiet der Umweltforschung. Die Organisation des Teilkongresses wurde erstmals auf mehrere Spezialisten verteilt: Dr. Tacke organisierte den Teil der Meßtechnik für die Erfassung von Verbrennungsprozessen, Dr. Günther den Teil für die Laseranwendungen zur Erforschung des Vegetationsstresses.

Neu ist auch der sich anschließende Workshop über optische Fernmeßerfahren zur Erfassung von Luftverunreinigungen. Um Experten aus Behörden, der Industrie und der Forschung zusammenzubringen, teilten sich die Deutsche Forschungsanstalt für Luft- und Raumfahrt (DLR), die Kommission Reinhaltung der Luft im VDI und DIN, Battelle Europa und Kayser-Threde die Organisation des Workshops. Diese Organisationen sind auch Träger des vorliegenden Bandes.

Für das Zustandekommen des Buches sei allen Autoren, Diskussionsteilnehmern und dem Springer Verlag gedankt.

<table>
<tr><td>München, November 1991</td><td>Christian Werner
Volker Klein
Konradin Weber</td></tr>
</table>

Preface

During the last years the development of optoelectronics and laser applications was increasing at such a rate, that it would be necessary to publish the contributions presented at   LASER 91 in separate volumes. Professor Dr. W. Waidelich is the general program chairman of the 10th International Congress.   Beginning with   LASER 91 **Lasers in** Environmental **Remote Sensing** is presented in a separate volume.

Since 1973, the Munich Trade Fair Corporation has been providing a survey of the state-of-the-art and trends in development through its LASER OPTOELECTRONICS congress and trade fair. The successful synthesis of theory and practice made evident by the coordination of the congress and exhibition, has helped this high-tech information forum in Munich to gain an international reputation. This is the oldest and most important event of this kind and it has become the meeting place for experts from all over the world. We would like to thank the congress center of the Munich Trade-Fair Corporation   for the professional organization and performance of this part of the congress.

This book *Laser in (environmental) Remote Sensing* demonstrates the importance of optical measuring techniques for its increasing application in environmental sciences. The organization of the sessions was appointed to different experts: Dr.Tacke organized the session *Combustion Spectroscopy* and Dr.Günther the session on applications to monitor *Vegetation Stress*.

The workshop on **Optical Remote Sensing of Air Pollution** was added as a new forum to the congress. Experts from authorities, industry and research discussed the problem. The workshop was organized by the German Aerospace Research Establishment (DLR), the commission on Air Pollution Prevention in VDI and DIN, Battelle Europe and by Kayser-Threde. These organizations are also contributing to the publishing costs.

We would like to express our gratitude to all the authors, workshop participants and chairpersons and to Springer-Verlag for their help in the preparation of this book.

Munich, November 1991

Christian Werner
Volker Klein
Konradin Weber

Referenten - Contributors

Sitzungsleiter - Session Chairmen

M. Tacke	Spektroskopie der Verbrennung
Ch. Werner	Meeresverschmutzung
K. Günther	Vegetationsstreß
G. Ehret	Luftverschmutzung
V. Klein	Workshop : Kalibrierung und Luftchemie
K. Weber	Workshop : Fernmeßverfahren in der chemischen Industrie und Ausbreitung von Schadgasen
Ch. Werner	Workshop : Meßgeräte und Meßverfahren I
C. Weitkamp	Workshop : Meßgeräte und Meßverfahren II
G. Bröker	Workshop : Überwachung der Luftqualität
H. Giesbrecht	Workshop : Störfall und diffuse Quelle
U. Platt	Workshop : Klima

Inhaltsverzeichnis - Contents

3. Vegetationsstreß
Vegetation Stress

4. Luftverschmutzung
Air Pollution

**5.4   Meßgeräte und Meßverfahren II
Instruments and Methods II**

**5.5.   Ergebnisse der Arbeitsklausur
Workshop Results**

1. Einleitung: Laser in der Umweltmeßtechnik

**Teilkongreß im Rahmen der LASER 91 und Workshop zum Thema
Optische Fernmeßverfahren zur Erfassung von Luftverunreinigungen**

Im Rahmen der internationalen Veranstaltung 'Laser 91' wurde ein Teilkongreß zum Thema 'Laser in der Umweltmeßtechnik' durchgeführt, wobei durch 39 Fachvorträge aus den Bereichen Wissenschaft, Behörde und Industrie ein weites Spektrum von Anwendungsmöglichkeiten von Lasern im Dienste des Umweltschutzes vorgestellt wurde. Die Themen dieser Vorträge reichten von der Optimierung von Verbrennungsprozessen, über die Früherkennung von Vegetationsschäden bis zu Verfahren der Wasser- und Luftüberwachung.

Im Anschluß an den Kongreß 'Laser in der Umweltmeßtechnik' fand ein Workshop zum Thema 'Optische Fernmeßverfahren zur Erfassung von Luftverunreinigungen' statt, der von den eingangs erwähnten Institutionen bzw. Firmen veranstaltet wurde. Dieser Workshop sollte ein intensives Arbeitstreffen sein und keine lediglich weiterbildende Vortragsveranstaltung.

Die nachfolgende Vortragsreihe war in vier Sachgebiete untergliedert, in denen die Applikation von Lasern zu deutlichen Fortschritten in der Diagnostik von Umweltbelastungen führte.

- Spektroskopie der Verbrennung

Die Fortschritte bei der Analyse der Verbrennungsprodukte standen am Anfang der Konferenz. Die Verbrennung in Kraftwerken, in Feuerungsanlagen und auch in Motoren von Fahrzeugen ist eine Hauptquelle für die Verunreinigung der Luft. Hier, an der Quelle kann ein wirksamer Umweltschutz ansetzen.
M.Tacke vom Fraunhofer Institut für Physikalische Meßtechnik war der Chairman der Sitzung und gab mit einem eingeladenen Vortrag einen Überblick über den Stand der Technik. Er wies darauf hin, daß sowohl die Umweltanalytik als auch die Kontrolle und Steuerung technischer Prozesse wichtig sind. Die zeitliche Auflösung ist ein wichtiges Problem bei der Meßtechnik: Beim Motor im Kraftfahrzeug muß innerhalb kürzester Zeit das Spektrum der verschiedensten Verbrennungsprodukte analysiert werden. Bei der spektroskopischen Gasanalyse mit Diodenlasern wird die Absorption der Moleküle im infraroten Spektralbereich ausgenutzt. Der Vorteil dieser Diodenlaser ist es,daß sie schnell durchstimmbar sind. Die Simulation von realistischen Verbrennungskammern als Meßvolumen wird zur Zeit im Labor erprobt. Der Ablauf eines Fahrvorgangs (Start, Schnellfahrt und kurze Beschleunigungen) können so meßtechnisch erfaßt werden. Sowohl bei der Analyse des Verbrennungsprozesses als auch bei der Analyse der Abgase nach dem Katalysator stellte sich heraus, daß kurzzeitige Beschleunigungen hohe Abgaswerte produzieren. Ansätze zur verbesserten Regelung liegen vor.

A.Leiperz von der Universität Erlangen-Nürnberg und W.Stricker vom DLR-Institut für Physikalische Chemie der Verbrennung berichteten über die Forschung auf dem Gebiet der Verbrennung. Die Laser-Streulichttechnik und die kohärente Anti-Stokes-Raman-Streuung sind geeignete Methoden, um die Verbrennung mittels Laser-Sondierung berührungslos in ihren Parametern Gaszusammensetzung,Temperatur und Partikelgröße zu analysieren und damit einem Optimierungsprozeß zuzuführen.
Im Anschluß an die Sitzung fand eine eingehende Diskussion statt. Dies war das Hauptziel der Laser 91-Umweltmeßtechnik: Diskussion zur Überführung von Forschungsergebnissen in die industrielle Anwendung.
Es zeigte sich eindeutig,daß es einen Bedarf an Geräten gibt,die Mehrkomponenten (Gasgemische) zu überwachen gestatten. Der erreichte Stand der laserspektroskopischen Methoden soll einem breiteren Kreis bekannt und verständlich gemacht werden. Bekannt werden sollte unter anderem, daß es einen Arbeitskreis *Verbrennungsmaschinen* gibt. Dieser Arbeitskreis (Ansprechpartner M.Tacke) kann als Anlaufstelle für Probleme gelten.

Als Literatur ist neben dem Konferenzband die Arbeit:Die technischen,wirtschaftliche und umweltpolitische Bedeutung der Diodenlaserspektroskopie (IPM-Bericht 03/1990) von M.Tacke,H.Grupp,W.Mannbart und F.Slemr zu empfehlen.

- Meeresverschmutzung

Die zunehmende Verschmutzung hat das empfindliche Ökosystem der Weltmeere stark gestört. Bedenklich ist neben der Golfregion der Zustand der Nordsee und des Mittelmeeres. Im Rahmen des EG-Projekts Euromar werden Geräte und Verfahren zur Überwachung von Umwelt- und Schadtstoffparametern entwickelt. Das Hauptaugenmerk lag in der Sitzung anläßlich der LASER 91 auf der Anwendung des Lasers. Was kann ein Laser-Fernerkundungssensor beitragen? Mit Hilfe eines Laser-Gerätes an Bord eines Flugzeuges kann die hohe See überwacht werden , um Schiffskapitäne zu entdecken,die ihr Öl ins Meer ablassen. Bereits heute patroullieren Überwachungsflugzeuge mit passiven Sensoren,aber Laser-Systeme wären wesentlich leistungsfähiger. Es gibt eine Initiative des BMFT, eine System der 2.Generation zu entwickeln,welches den Laser in diesen Sensorverbund einschließt. Die Firma Krupp MaK berichtete über dieses System,welches in einem zentralen Operatorplatz die Informationen der Sensoren: Passiver UV/IR Scanner,aktives Mikrowellen-Seitensichtradar,passives Mikrowellenradiometer und einen Laserfluorosensor zu einem Gesamtbild des Meereszustands zusammenfaßt. Das Funktionsprinzip der Fluoreszenz, also das Aufleuchten des Ölteppichs oder von Algen beim Einfall von Laserlicht, wurde von Wissenschaftlern der Universität Oldenburg entwickelt und wird zur Zeit in einen operationellen Sensor umgesetzt.
Ein weiterer Sensor dieses Verbunds,das Mikrowellen-Seitensichtradar wurde von G.Witte (DLR) vorgestellt. Auch kleinste Öl-bzw. Chemikalienanteile auf dem Wasser können in ihrer Ausdehnung erfaßt werden. Der Lasersensor soll im Zuge der Meßprozedur die Art der Verschmutzung analysieren. Diese Analyse wird in Forschungsinstituten weiterentwickelt. J.Verdebout (ISPRA) berichtete über die Ölunterscheidung mittels Laserfluoreszenz,wobei die zeitliche Auflösung der Signale ausgenutzt wird. Umfangreiche technische Laborausrüstungen stehen

zur Verfügung. W.Schade von der Universität Kiel beschäftigte sich in seinem Beitrag ebenfalls mit der Möglichkeit,aus dem zeitaufgelösten Signalverlauf der Fluoreszenz die Ölsorten zu unterscheiden. Damit soll ein eindeutiger Nachweis des Verursachers sichergestellt werden.
Forschung und Entwicklung an Sensoren gehen Hand in Hand. Man will ein Überwachungssystem erhalten,daß es jedem Tankerkapitän gefährlich erscheinen läßt,seine Tanks auf offener See zu reinigen. Sinnvoll wäre parallel zur Verbesserung der Überwachung ein Angebot der unentgeltlichen Entsorgung im Hafen.

- Vegetationsstress

Der Zustand der Vegetation - Schlagwort Waldsterben - hat das Laserfernmeßverfahren als ein aussichtsreiches Verfahren in die Diskussion gebracht. Die Photosysnthese der Pflanzen geht in einem Reaktionszentrum im Innern des Chloroplasts vor,dessen Bauplan 1984 J.Deisenhofer,R.Huber und H.Michel vom Max-Planck-Institut in Martinsried entschlüsselten. Teile des Sonnenlichts (die blauen und roten) werden bei diesem Prozeß umgesetzt in Zucker. Auch durch einen Laserstrahl (UV) wird bei Pflanzen der Photosynthese-Prozeß in Gang gesetzt.Dabei wird die Strahlung,die die Pflanze nicht für ihr Wachstum benötigt,als Fluoreszenz abgestrahlt. Bei kranken Pflanzen wird der Prozeß gestört und damit wird mehr Licht wieder abgestrahlt. Auf diese Weise können aus den Chlorophyllfluoreszenzdaten Rückschlüsse auf die Zellstruktur und -funktion der Pflanze und damit auf ihren Gesundheitszustand gezogen werden. Es ist ein reines Diagnoseverfahren.

Die neuesten Ergebnisse von vier Forschungsgruppen wurden zum Thema "Untersuchung von Pflanzenstress mit Hilfe der Chlorophyll-Fluoreszenz" vorgestellt. Drei Beiträge beschäftigten sich mit der Detektion und Interpretation der zeitaufgelösten Chlorophyll-Fluoreszenz. Die hierfür entwickelten, teilweise mobilen Meßaufbauten umfaßten sowohl Pikosekunden-Apparaturen mit Zeitauflösungen bis zu 100 ps als auch Meßanordnungen für die verzögerte Lumineszenz und die Fluoreszenzinduktion vom Mikrosekundenbereich bis Sekundenbereich. Es konnte gezeigt werden, daß die zeitaufgelösten Fluoreszenzmessungen im Pikosekundenbereich bereits vor einer sichtbaren Schädigung der Blätter oder Nadeln (z.B. durch Vergilbung) Schädigungen des Photosyntheseapparates erkennen lassen. Diese Methode eröffnet daher neue Möglichkeiten der Früherkennung.
Es wurde gezeigt, daß die verzögerte, zeitaufgelöste Lumineszenz, die als Summe dreier Exponentialfunktionen dargestellt werden kann, sich bei begasten Koniferen mit zunehmendem Schädigungsgrad veränderte. Die jahreszeitliche Variation und die individuelle Bandbreite der Zeitkonstanten der verzögerten Fluoreszenz einzelner Bäume machen jedoch weitere Untersuchungen notwendig, um die Ergebnisse der kontrollierten Freilandexperimente auf umweltökologische Messungen zu übertragen.
Durch den Einsatz der Fluoreszenzinduktionsmessungen im Mikrosekundenbereich konnten Schädigungen an verschiedenen Bäumen (Fichte, Pappel, Eiche, Birke) beobachtet werden. Aufgrund der gemessenen Daten konnten die äußerlich erkennbaren Schädigungen wie z.B. Wasserstreß oder

4

Vergilbung, aber auch der Einfluß der Temperatur mit Veränderungen des Photosyntheseapparates an den Antennen und den primären Elektronen-Akzeptoren korreliert werden.
Ein Beitrag stellte die Entwicklung eines neuartigen, kompakten Fluoreszenzlidars für Vegetationsuntersuchungen vor. Dieses System basiert auf der Messung der spektralen Fluoreszenzemission nach Anregung mit einem UV-Laser und ist als Studie für ein flugfähiges System konzipiert. Es konnte gezeigt werden, daß bei landwirtschaftlichen Kulturen (Mais, Weizen) das "Blau-Rot"- Verhältnis mit Wasserstreß korreliert. Darüberhinaus konnte sowohl experimentell wie auch theoretisch gezeigt werden, daß das "Rot-Rot"- Verhältnis der Chlorophyll-Fluoreszenz ein Maß für die Chlorophyllkonzentration ist.
In allen Beiträgen wurde deutlich, daß die Entwicklung der Sensoren soweit fortgeschritten ist, daß die Fluoreszenzmessungen nicht mehr nur in den Laboratorien an einzelnen Proben durchgeführt werden müssen, sondern in vivo unter Freilandbedingungen durchgeführt werden können. Damit wird der Einfluß der Probenpräparation und Probenkonservierung deutlich vermindert. Nachteilig hingegen bleibt weiterhin der Umstand, daß alle Messungen zur zeitaufgelösten Fluoreszenz als Punktmessungen an Einzelblättern durchgeführt wurden und Messungen über ganze Zweige oder gar Baumkronen nicht möglich sind. Die Arbeiten für ein flugfähiges Lidarsystem lassen hingegen Messungen der spektralen Fluoreszenz über ausgedehnte Bereiche in naher Zukunft möglich erscheinen. Damit könnte sich ein neuer Weg für die synoptische Betrachtung von Vegetationsschäden eröffnen

- Klimarelevante Spurengase

Es ist von großer Bedeutung, die wachsende Konzentration von Spurengasen in der Atmosphäre zu überwachen, die einerseits zu einer Erhöhung der mittleren Temperatur in der Troposphäre und andererseits zu einer Reduktion des stratosphärischen Ozons führen. Laserfernmeßverfahren bieten hier die Möglichkeit, zahlreiche relevante Spurengase auch in größeren Entfernungen nachzuweisen.

-Workshop: Optische Fernmeßverfahren zur Erfassung von Luftverunreinigungen

Im Anschluß an diese einführenden Vorträge begann der Workshop, in dessen Verlauf Fortschritte in folgenden Punkten erzielt wurden:

- Gegenseitiger Erfahrungsaustausch
Die Vergangenheit hat gezeigt, daß zwischen Entwicklern und Herstellern von Fernmeßsystemen, Anwendern und Überwachungsbehörden ein deutlicher Informationsbedarf vorliegt. Es war daher Ziel dieses Workshop, die Anforderungen an Fernmeßsysteme und die Möglichkeiten dieser Verfahren wechselseitig zu verdeutlichen, um ein besseres gegenseitiges Verständnis zu erzielen.

- Besseres Verständnis der Meßaufgaben
Für die Entwickler von Fernmeßsystemen ist das genaue Verständnis der

benötigten Meßaufgaben eine wesentliche Grundlage für eine erfolgreiche Geräteentwicklung. Aus diesem Grund war ein intensiver Informationsaustausch mit den potentiellen Betreibern dieser Meßsysteme ein wesentlicher Aspekt dieses Arbeitstreffens.

- Optimierung von Meßkonzepten
Bereits vorhandene Meßkonzepte sollten durch Anregungen seitens der Behörden (Zulassungs- und Validierungsfragen) sowie durch andere potentielle Betreiber, zum Beispiel der Industrie , hinsichtlich ihrer praxisgerechten Applikation konkretisiert werden.
Der Workshop wurde veranstaltet durch:

DLR-Institut für Optoelektronik
Kommission Reinhaltung der Luft im VDI und DIN
Kayser - Threde GmbH
Battelle Europe e.V.
Münchner Messe GmbH

Im ersten Teil des Workshop wurden anhand von kurzen Fachvorträgen die instrumentellen Möglichkeiten der verschiedenen Fernmeßverfahren vorgestellt. Zusätzlich wurden die Anforderungen an diese Meßverfahren von verschiedenen Seiten dargelegt.

W. Diehl (Battelle Europe, Frankfurt) gab in seinem Vortrag einen umfassenden Überblick über den derzeitigen technischen Stand optischer Fernmeßmethoden zum Nachweis von Luftverunreinigungen.

H. Stahl (UBA, Berlin) stellte als Vertreter der für die Luftreinhaltung zuständigen Behörde die Meßaufgaben und Anforderungen an Fernmeßverfahren dar. Sein Vortrag begann mit einer Übersicht über bestehende behördliche Aufgaben und Auflagen zur Überwachung der Luftreinhaltung. Es folgte eine Aufstellung von Meßaufgaben im Bereich der Emissions- und Immissionsüberwachung, für die optische Fernmeßverfahren vom Prinzip her verwendet werden könnten. Am Schluß stand die Formulierung einer Reihe von Anforderungen an Fernmeßverfahren aus Behördensicht.

K. Weber (KRdL im VDI und DIN, Düsseldorf) stellte in seinem Vortrag dar, wie Verfahrenskenngrößen von Meßverfahren im Bereich der Luftreinhaltung nach VDI-Richtlinien und DIN/ISO-Normen bestimmt werden können. Diese Kenngrößen des Meßverfahrens sind wichtig, um dessen Leistungsfähigkeit beurteilen zu können und um den Vergleich verschiedener Meßverfahren zu ermöglichen. Die in den entsprechenden Normen und Richtlinien dargelegten Prozeduren zur Bestimmung von Verfahrenskenngrößen müssen jedoch zum Teil noch auf die spezifischen Erfordernisse von Fernmeßverfahren adaptiert werden.

R. Walenda (UMEG, Karlsruhe) erläuterte in einem Beitrag die Durchführung und erste Ergebnisse einer Eignungsprüfung an einem Gerät der Firma OPSIS. Dieses Zulassungsprüfverfahren wird derzeit in Deutschland zum ersten Mal für ein optisches Fernmeßverfahren angewandt.

F. Slemr (IFU, Garmisch-P.) stellte aus seiner Sicht dar, für welche klimarelevanten Spurengase der Einsatz von Fernmeßverfahren sinnvoll sein könnte bzw. konventionelle Meßverfahren ausreichen würden.

Die großräumige Erfassung von Luftverunreinigungen durch in-situ-Messungen vom Flugzeug aus, die bei manchen Meßaufgaben einen Vergleich zu Fernmessungen ermöglicht, war Gegenstand eines Vortrages von M. Krautstrunk (DLR, Oberpfaffenhofen).

E. Lindermeir (DLR, Oberpfaffenhofen) stellte eine Möglichkeit der Kalibrierung für ein Fourier-Transform-Spektrometer vor.

Potentielle Anwendungsgebiete von Fernmeßverfahren liegen im Bereich der chemischen Industrie. Zwei Vertreter dieser Branche, H. Giesbrecht (BASF, Ludwigshafen) und R. Hotop (Bayer, Leverkusen) stellten zunächst herkömmliche Meßverfahren dar, die derzeit in der Industrie für verschiedene Aufgaben im Rahmen der Eigenüberwachung eingesetzt werden. Aus diesen Meßaufgaben ergeben sich auch seitens der chemischen Industrie vielfältige Anforderungen an optische Fernmeßverfahren. R. Hoptop verglich zudem bisher eingesetzte Meßsysteme in ihren wichtigsten Eigenschaften mit den Möglichkeiten und Erfahrungswerten von Fernmeßverfahren bei der Anlagenemissionsüberwachung.

Die numerische Simulation der Ausbreitung von Gasen war Gegenstand eines Vortrages von G. Manier (TH Darmstadt). Er erläuterte weiterhin, welche Rolle Fernmeßverfahren aus seiner Sicht bei der frühzeitigen Erkennung von Störfallen und bei der Bestimmung von Quellparametern für die Ausbreitungsrechnung spielen könnten.

Ergänzt wurde dieser Beitrag durch die Ausführungen von W. aufm Kampe (Amt für Wehrgeophysik, Traben-Trarbach) über ein Ausbreitungsmodell für Schadgase unter dem Einfluß von topographischen Daten.

Im Anschluß an diese Ausführungen, die die Anwendungsmöglichkeiten, Schwierigkeiten und Anforderungen an Fernmeßverfahren in eher grundsätzlicher Form dargestellt hatten, wurden verschiedene spezielle Neuentwicklungen und Vergleichsmessungen in Kurzvorträgen behandelt.

Im zweiten Teil wurden drei Arbeitsgruppen gebildet, in denen intensiv über die Anwendungsmöglichkeiten von optischen Fernmeßverfahren im Rahmen folgender Themen diskutiert wurde:

- Überwachung der Luftqualität
- Störfall und diffuse Quellen
- Klimarelevante Spurengase

In einer nachfolgenden Präsentation wurden die Ergebnisse dieser Arbeitsgruppen allen Teilnehmern dieses Workshops vorgestellt und diskutiert. Die Die Ergebnisse der drei Arbeitsklausuren sind in den Beiträgen von Bröker , Giebrecht und Platt am Ende dieses Bandes dargestellt.

Fazit

Der Teilkongreß **Laser in der Umweltmeßtechnik** und der anschließende Workshop zum Thema **Optische Fernmeßverfahren zur Erfassung von Luftverunreinigungen** haben deutlich gezeigt, daß lasergestützte Fernmeßverfahren das Potential besitzen, bereits eingeführte Verfahren der Umweltmeßtechnik zu unterstützen. Es wurde deutlich, daß diese optischen Meßverfahren in einigen Bereichen Vorteile gegenüber der Punktmessung aufweisen. Andererseits wurden jedoch auch derzeit noch bestehende Entwicklungsdefizite erkennbar, die besonders beim Einsatz dieser Technologien für industrielle bzw. administrative Überwachungsaufgaben angesprochen wurden.

Der Workshop hat verdeutlicht, daß ein ausgeprägtes Interesse an der Applikation optischer Fernmeßverfahren besteht und daß eine erfolgreiche weitere Entwicklung dieser Technologien für weite Anwendungsbereiche nur dann möglich ist, wenn wissenschaftliche Institutionen, Industrie und Überwachungsbehörden gemeinsam im engen Informationsaustausch die Anforderungen an diese Meßverfahren definieren und wenn während der Entwicklung dieser Meßsysteme die Einhaltung spezifischer Qualitätssicherungsnormen sichergestellt ist.

Aufgrund der Übereinstimmung in den grundsätzlichen Aspekten wurde von einer breiten Mehrheit der Beteiligten angeregt, im nächsten Jahr eine ständige Arbeitsgruppe zu etablieren, in der die Anforderungen an optische Fernmeßsysteme definiert und grundsätzliche Richtlinien für den Betrieb von optischen Fernmeßverfahren bei der Luftüberwachung erarbeitet werden sollen.
Von der Planungsgruppe des Fachbereiches 'Meßtechnik' in der Kommission Reinhaltung der Luft im VDI und DIN wurde inzwischen die Durchführung eines weiteren Workshop empfohlen, in dem die Diskussion des ersten Workshop fortgesetzt und das Programm einer entsprechenden Arbeitsgruppe konkretisiert werden sollen.

Spektroskopie der Verbrennung

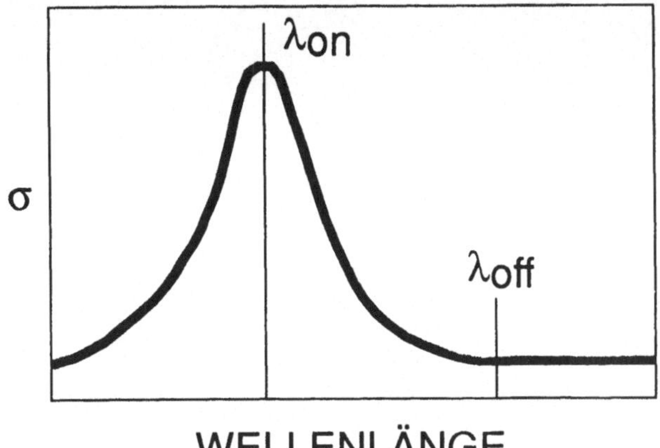

$$N(R) = \frac{1}{2 * \Delta R * \Delta\sigma} * \ln\left(\frac{P_{off}\,(R + \Delta R) * P_{on}\,(R)}{P_{on}\,(R + \Delta R) * P_{off}\,(R)}\right)$$

N = Zahl der Schadstoffmoleküle

$\Delta\sigma$ = Differenz der molekularen Absorptionsquerschnitte $\sigma_{on} - \sigma_{off}$

$P_{on,\,off}$ = Rückstreusignale

ΔR = Entfernungsauflösung

Diodenlaserspektroskopie für die Umweltmeßtechnik

M. Tacke
Fraunhofer-Institut für Physikalische Meßtechnik,
Heidenhofstraße 8, W-7800 Freiburg i. Br.

In vielen Bereichen der Meßtechnik haben sich Laser als wichtige apparative Komponente durchgesetzt. Diodenlaser haben besondere Bedeutung bekommen durch ihre günstigen Abmessungen, den einfachen Betrieb sowie die bei Massenproduktion niedrigen Preise. Sie werden zum Beispiel zur Abstandsmessung eingesetzt, und allgemein bekannt ist die Abtastung der Information von Compakt-Disks mit Diodenlasern.

In der Umweltmeßtechnik werden Diodenlaser zur Gasanalyse eingesetzt. Als Verfahren wird die Spektroskopie verwendet. Mit ihr lassen sich Spurengase hochempfindlich, selektiv und schnell nachweisen. Diese Geräte sind zur Zeit noch relativ aufwendig, so daß sie in der Umweltmeßtechnik noch keine große Verbreitung haben. Aufgrund der Vorzüge des Verfahrens ist ein zukünftig verstärkter Einsatz absehbar. Grundlagen und Einsatzmöglichkeiten sollen hier erläutert werden.

Die Gasanalytik für die Umweltmeßtechnik hat zwei unterschiedliche Einsatzbereiche. Für den Menschen und die globale Entwicklung ist die Konzentration der Schadstoffe fern ihrer Quelle wichtig. Diese Messungen der Immission verlangen hohe Empfindlichkeit der Meßsysteme. Sowohl für die Umweltanalytik wie auch Kontrolle und Steuerung technischer Prozesse ist es auch wichtig, die Konzentration dieser Schadstoffe am Ort ihrer Entstehung zu kennen. Bei diesen Messungen der Emission ist die Konzentration der Schadstoffe im allgemeinen höher, so daß an die Empfindlichkeit der Geräte reduzierte Anforderungen gestellt werden. In diesem Einsatz muß meist die zeitliche Auflösung groß sein, um schnellen Prozessen folgen zu können. Bei Messungen der Immission ist im allgemeinen eine zeitliche Auflösung von mehreren Minuten bis zu Stunden ausreichend.

Die für diese beiden Einsätze relevanten Konzentrationsbereiche von Schadstoffen sind in den Tabellen 1 am Beispiel der Emission durch Rauchgas und 2 (Immission) aufgeführt (entnommen aus R. Grisar, M. Tacke: Laser in der Analytik, Ingenieurberater 1989, VDI-Verlag

Düsseldorf). Die Angaben erfolgen hier wie üblich in ppm (parts per million gleich Teile pro Millionen) oder in ppb (parts per billion gleich Teile pro Milliarde). Man kann im allgemeinen damit rechnen, daß die Immissionswerte in der Größenordnung von 1000 niedriger sind als Emissionswerte, aber das ist natürlich nur eine grobe Schätzung.

Tabelle 1: Typische Konzentrationswerte in ungereinigtem Rauchgas

Gasart	*Konzentration/ppm*
Kohlendioxid	90 000
Kohlenmonoxid	60
Stickstoffmonoxid	500
Stickstoffdioxid	50
Schwefeldioxid	1 000
Sauerstoff	60 000
Wasserdampf	100 000
Ammoniak	100
Chlorwasserstoff	150
Fluorwasserstoff	15

Tabelle 2: Typische Spurengaskonzentration in der Atmosphäre

Gasart	*Konzentration/ppb*
Kohlenmonoxid	200 - 50 000
Stickstoffmonoxid	0,05 - 2 000
Stickstoffdioxid	1 - 500
Ozon	50 - 2 000
Schwefeldioxid	1 - 2 000
Ammoniak	0,015 - 100
Salpetersäure	0,03 - 50
Formaldehyd	0,5 - 75

Zur spektroskopischen Gasanalyse wird ausgenutzt, daß die meisten Moleküle Absorptionen im infraroten Spektralbereich zeigen. In einem Transmissionsspektrum ergeben sich bei kompliziert aufgebauten Molekülen Absorptionsbanden, bei einfacheren Molekülen eine Vielzahl von Linien. Die Lage dieser Linien ist spezifisch für die Molekülsorte. Durch Nachweis einer Absorptionslinie an einer bestimmten Stelle im Spektrum kann so auf das Vorhandensein einer bestimmten Molekülart geschlossen werden. Die Stärke der Absorption ist ein Maß für die Konzentration dieser Gaskomponente.

Vorteilhaft gegenüber den meisten anderen Nachweismethoden ist, daß diese optische Analyse durch Messung der Absorption meist ohne

Gasaufbereitung und ohne Kontakt mit dem Gas möglich ist. Die vom Konzept her einfachste Nachweistechnik führt die Strahlung einer spektral breitbandigen Lichtquelle durch ein Probenvolumen und weist Änderungen der Strahlung mit einem Detektor nach. Diese Nachweismethode wird immer dann problematisch, wenn eine Gassorte nachgewiesen werden soll, die in sehr geringer Konzentration vorliegt. In diesem Fall werden ihre Absorptionslinien schwach sein, und können überdeckt sein von Absorptionen der anderen Gase, die in hoher Konzentration vorliegen. Genau das ist typisch für Messungen der Immission. Um hier zu sicheren und hochempfindlichen Ergebnissen zu kommen, ist es daher sinnvoll nicht einen spektralen Bereich, sondern eine isoliert liegende Absorptionslinie auszuwählen, die sich nicht mit einer der Hintergrundslinien überdeckt, und nur diese nachzuweisen.

Für die Messung einer isolierten schmalen Absorptionslinie ist nur eine schmalbandige Lichtquelle geeignet. Sie muß weiterhin abstimmbar sein, um die gewünschte Linienposition zu erreichen und sollte zusätzlich auch schnelle Abstimmöglichkeiten haben, um diese Linien dann immer wieder zu überfahren. Durch ein ständiges Überfahren der Linie kann man gewährleisten, daß Störsignale vom Nutzsignal unterschieden werden können. Für diese Betriebsweise sind Diodenlaser besonders gut geeignet. Sie lassen sich zum einen durch die Betriebstemperatur abstimmen und werden so üblicherweise grob auf die anvisierte Absorptionslinie eingestellt. Zum anderen lassen sie sich einfach und schnell über den Diodenbetriebsstrom abstimmen und können so einfach fein eingestellt werden und die Absorptionslinie abtasten.

Die Schwächung des Laserstrahles ist umso stärker je länger sein Weg durch das Gasgemisch ist. Höchste Empfindlichkeiten erhält man daher mit langen offenen Wegstrecken von einigen hundert Metern oder durch gefaltete Strahlengänge in kleinerem Raum. Offene Wegstrecken haben dabei den Vorteil, daß sie eine mittlere Konzentration des Gases messen. Sie sind daher besonders gut geeignet, wenn Emissionsquellen nicht genau lokalisierbar vorliegen. Dieses Konzept ist daher attraktiv für den Arbeitsschutz, wenn MAK-Werte in Werkshallen überwacht werden müssen.

Gefaltete Wegstrecken werden im allgemeinen in einem gesonderten Probenvolumen angeordnet. In diesem Fall wird das zu analysierende Gas lokal angesaugt und durch die Probenzelle gepumpt. Bei Verwendung einer solchen Probenkammer wird das Gas im allgemeinen im Unterdruck, bei rund 30 mbar, spektroskopiert. Das hat den Vorteil, daß durch den reduzierten Druck die Absorptionslinien der Gase noch schmaler und so noch besser isoliert werden. Damit können Absorptionen von Spurengasen auch in geringster Konzentration erkannt werden. Geräte, die nach diesem Verfahren arbeiten, können die in Tabelle 2 aufgeführten Gase und viele weitere mit den geforderten Konzentrationen in Immission nachweisen. Dabei ergeben sich zeitliche Auflösungen der Messung bei höchster Empfindlichkeit in der Größenordnung von einigen Minuten.

Durch spezielle Probenkammern ist es auch möglich, besonders schnell einen Gasaustausch durchzuführen und damit sehr schnell Konzentrationsänderungen zu messen. So ist es erstmals mit Diodenlasern gelungen, die Konzentration von CO und NO im Auspuff von Verbrennungsmotoren für jeden Verbrennungstakt zeitlich aufgelöst zu messen. Messungen dieser Art sind notwendig, um die Konzentration der Verbrennungsmotoren weiter zu verbessern, und um so den Schadstoffausstoß zu vermindern.

Zusammenfassend kann man sagen, daß diese Meßtechnik universell einsetzbar ist. Die Bandbreite reicht von Geräten, die Schadstoffe in ppm-Konzentration mit einer Zeitauflösung von Millisekunden erfassen bis zu Geräten, die Spurengase in der Atmosphäre höchst empfindlich bis unter 1 ppb nachweisen können. Bei der Messung von Schadgasen in der Atmosphäre hat das Diodenlaserverfahren bereits eine wichtige Rolle in der luftchemischen Forschung gespielt. Die Meßgeschwindigkeit ist auch hier noch groß genug, um Flugzeugmessungen mit hoher räumlicher Auflösung zuzulassen. Das Verfahren ist für die Messung von fast allen kleinen Molekülen universell einsetzbar und es kann mehrere Schadstoffe gleichzeitig im selben Luftvolumen messen.

Attraktiv ist die Möglichkeit, nach dem selben Verfahren auch bei den höheren Konzentrationen in Emission die Schadstoffe nachzuweisen. Auch hier konnten in der Vergangenheit Ergebnisse erzielt werden, die mit alternativen Meßtechniken nicht möglich gewesen wären.

Mit zunehmender Schadstofferzeugung und gleichzeitig steigender Sensibilität für diese Problematik wird sich der Stellenwert meßtechnischer Verfahren verstärken. Auch bei technischen Prozessen steigen die Anforderungen an die Analyse der Ausgangsstoffe und Produkte. Die Spurengasanalyse mit Diodenlasern hat aus diesen Gründen stetig zunehmende Bedeutung.

Verbrennungsdiagnostik über Laser-Streulicht-Verfahren

Alfred Leipertz
Lehrstuhl für Technische Thermodynamik,
Universität Erlangen-Nürnberg, Fed. Rep. Germany

Einleitung

In den letzten Jahren hat es sich gezeigt, daß eine gezielte
Verbesserung von Verbrennungsprozessen nur erreicht werden
kann, indem man mit lokal hochauflösenden und störungsfreien
Methoden, also optischen Meßmethoden, weitere Erkenntnisse über
die Vorgänge findet beziehungsweise gezielte Veränderungen am
Ort des Vorganges überprüft. Hohe lokale Auflösung an beliebig
geformten Meßobjeten kann nur erzielt werden über Laser-Streu-
licht- und -Fluoreszenz-Verfahren. Als Meßgrößen von Interesse
sind hierbei neben Dichte, Temperatur, Konzentration und Strömungsgeschwindigkeit auch die Beobachtung von Phänomenen turbulenter Mehrphasenströmungen, die speziell bei Flüssigkeits- und
Festkörperverbrennungen in der Kondensations- und Verdampfungs-
phase von Bedeutung sind, bzw. generell in den Nachverbren-
nungsphasen hinsichtlich der Ruß- und Schadstoffbildung. Auf
die laser-induzierte Fluoreszenz wird hier nicht näher eingegangen. Betrachtet werden Laser-Streulicht-Verfahren, die in
linearer und nichtlinearer Form, mit punktförmiger und auch
oftmals mit zweidimensional flächenhaft verteilter Auflösung
unterschiedlich eingesetzt werden können.

Laser-Streulicht-Techniken

Die Laser-Streulicht-Techniken Mie-, Rayleigh- und Raman-Streuung wurden in Verbindung mit ihrer Nutzbarkeit in der Wärme-,
Strömungs- und Verfahrenstechnik auf dem letzten Laser-Kongreß
1989 vorgestellt [1]. Ihre Einsetzbarkeit in der Verbrennungsdiagnostik ist hier noch einmal kurz zusammengefaßt:

Als stärkster Streulichtprozeß tritt die an Partikeln auftretende Mie-Streuung in Erscheinung, deren Abstrahlintensität mit

gleicher Frequenz wie das eingestrahlte Laserlicht stark abhängt von der Größe der Streuteilchen und von der Beobachtungsrichtung. Sie wird standardmäßig genutzt zur Bestimmung der Strömungsgeschwindigkeit in Form der Laser-Doppler-Anemometrie [2], auf die hier nicht weiter eingegangen wird, kann in Verbrennungsprozessen zusätzlich aber auch zur Detektion der Reaktionsfront [3] bzw. in Tröpfchenverbrennungen zur Unterscheidung der flüssigen und gasförmigen Phase genutzt werden. Darauf wird unten näher eingegangen. Die Nutzbarkeit in der Nachverbrennungsphase zur Detektion von Rußpartikeln bzw. Rußzusammenballungen scheint möglich, ist jedoch noch nicht endgültig nachgewiesen.

Die mit Molekülen wechselwirkende, ebenfalls frequenzunverschobene Rayleigh-Streuung tritt mit um Größenordnungen geringerer Intensität in Erscheinung und kann somit leicht, wenn Partikel in dem Untersuchungsprozeß zu Mie-Streubeiträgen führen, durch diese verdeckt werden. Sie ist generell nutzbar zur Bestimmung der Gasdichte, wobei in Mischungen, wie sie technisch generell auftreten, die gasspezifisch unterschiedlichen Rayleigh-Streuquerschnitte in Betracht bezogen werden müssen. Für viele Verbrennungsprozesse kann sie jedoch zur Temperaturmessung genutzt werden [4].

Die lineare Raman-Streuung ist der intensitätsschwächste Prozeß, der frequenzverschoben im Vergleich zur Einstrahlwellenlänge des Lasers auftritt und nur aufgrund seiner vielseitigen Nutzbarkeit meßtechnisch große Bedeutung hat. Er kann prinzipiell für jede Molekülkomponente und in jedem Anwendungsfall, sofern das schwache Raman-Signal detektiert werden kann, zur Temperatur- und Konzentrationsmessung genutzt werden. Spezielle Effekte, wie z. B. die Detektion von thermischen Nichtgleichgewichten, sollen hier nicht weiter betrachtet werden. Wegen der geringen Streulichtintensitäten konnte die spontane Raman-Streuung bisher hauptsächlich nur zu Grundlagenuntersuchungen eingesetzt werden (siehe z. B. [5]). Eine nichtlineare Form der Raman-Streuung, die kohärente Anti-Stokes-Raman-Streuung (CARS) kann dagegen, da sie um mehrere Größenordnungen höhere Intensi-

täten aufweist, auch in technisch verschmutzten Untersuchungs-
gebieten genutzt werden (siehe z. B. [6, 7]). Nachteil dieser
Methode ist ihre hohe theoretische Komplexität, die generell
eine Computerauswertung notwendig macht, und ihr hoher Investi-
tionsbedarf durch Nutzung von verschiedenen Einstrahl-
wellenlängen, die generell die Bereitstellung mehrerer Laser-
Lichtquellen zur Bedingung hat.

Auf die einzelnen Streulichttechniken wird hier nicht näher
eingegangen. Im folgenden werden einige exemplarische Anwendungsfälle vorgestellt.

Diagnose von Dieseleinspritzvorgängen über die 2-dimensionale
Mie-Streuung

Um ein besseres Verständnis des Zerstäubungsverhaltens von Ein-
spritzstrahlen zu erhalten, den Einfluß von Strömungsverhält-
nissen auf die Verteilung des Sprays untersuchen zu können und
damit den Verdampfungs- und Verbrennungsprozeß z. B. in einer
dieselmotorischen Verbrennung zu verbessern, ist es erforderlich, mehrdimensionale Messungen mit einer möglichst hohen
zeitlichen und räumlichen Auflösung durchzuführen. Am LTT-Erlangen wurde auf Basis der Mie-Streuung ein solches System entwickelt, das im Rahmen des europäischen Gemeinschaftsprojektes
IDEA (Integrated Diesel European Action) auch Messungen an einem direkteinspritzenden 1,9 l Dieselmotor von Volkswagen ermöglicht. Aus den Messungen kann die Verteilung der flüssigen
Kraftstoffphase im Brennraum des Motors ermittel werden (Abb.
1).

Messungen in Abhängigkeit vom Kurbelwellenwinkel erlauben Ein-
blicke in das Einspritzverhalten, die vertieft über die ver-
gleichende Nutzung weiterer Lasermeßtechniken letztendlich zu
einer verbesserten motorischen Dieselverbrennung führen sollen
[8]. Die prinzipiell gegebene Möglichkeit, aus der Mie-Streuung
auch Informationen über den Durchmesser der streuenden Partikel
zu erhalten [9], ist unter den Bedingungen der motorischen Ver-

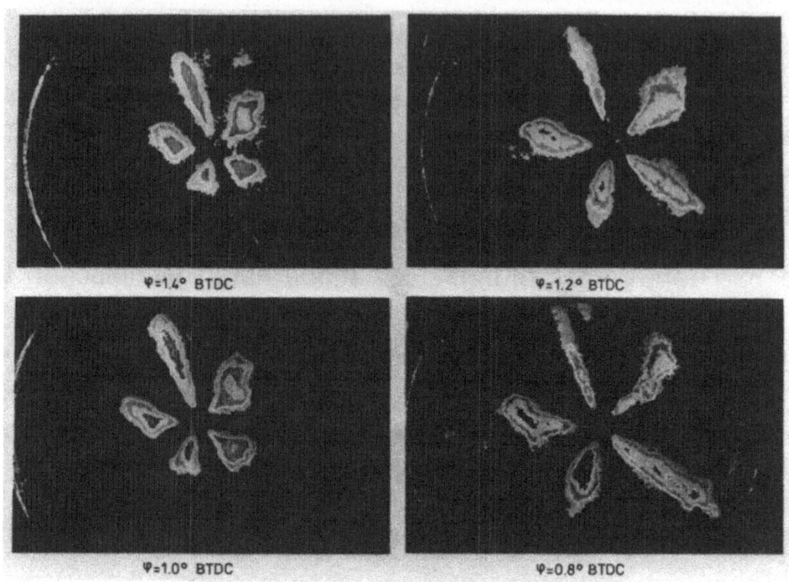

Abb.1: Über die 2d-Mie-Streuung aufgenommene Spray-Verteilung in einem 1,9 l Dieselmotor von Volkswagen

brennung ohne Zusatzinformationen mit anderen Meßtechniken nicht realisierbar. Im Rahmen des IDEA-Projektes werden dazu weitere Anstrengungen unternommen.

Mehrdimensionale Laser-Rayleigh-Technik

Die prinzipielle Nutzbarkeit der Laser-Rayleigh-Technik zur punktförmigen und mehrdimensionalen Detektion von Dichte, Konzentration und Temperatur unter bestimmten Versuchsbedingungen wird hier nicht näher betrachtet, siehe dazu (z. B. [4, 9, 10]). Am LTT-Erlangen wird diese Technik derzeit weiterentwikkelt hinsichtlich der Quantifizierbarkeit der zwei-dimensionalen Temperaturfelder in laminaren und turbulenten Flammenkörpern bei Ausdehnung der Technik auf großflächige Untersuchungsobjekte, wie sie in der technischen Verbrennung üblich sind. Hier treten wegen der langen optischen Wege in der zur Bildung eines zwei-dimensionalen Lichtfeldes genutzten Multipass-Zelle aufgrund der temperaturabhängigen Gradienten im Brechungsindex spezielle Probleme in der Homogenität der Intensitätsverteilung des Laserlichtes im Untersuchungsbereich auf. Diese sind bei einfacher Aufweitung des Laserstrahles zu einem Lichtschnitt nicht von gleich gravierender Bedeutung, schränken jedoch den Meßbereich für zeitaufgelöste Untersuchungen ein. Die Übereinstimmung der zweidimensional erzielten Temperaturwerte in Laborflammen mit punktförmigen Raman-Messungen [5] scheint genügend gut zur Übertragung des Meßsystems auf technische Verbrennungen.

Konzentrations- und Temperaturmessung über die nichtlineare CARS-Technik

Die nichtlineare Form der Raman-Technik CARS besitzt alle positiven Eigenschaften der spontanen Raman-Streuung mit dem zusätzlichen Vorteil, um Größenordnung größere Signale in definierter Richtungen laserähnlich abzustrahlen. Sie kann daher auch in technischen Verbrennungen weitläufig eingesetzt werden. Auf die generelle Nutzbarkeit dieser Techniken wird hier nicht näher eingegangen (siehe z. B. [7, 11]). Am LTT-Erlangen wird eine spezielle Form dieser Technik, das Rotations-CARS weiterentwickelt, die spezielle Vorteile aufweisen soll hinsichtlich der gleichzeitigen Detektion mehrerer Gaskomponenten und der Anwendung in Hochdruckverbrennungen. Auf dieses Verfahren wurde auf dem letzten Laser-Kongreß [6] detaillierter eingegangen.

Mittlerweile wurden weitere Anstrengungen unternommen, diese Technik auch zur Untersuchung von komplexeren Molekülstrukturen einsetzen zu können und ihre Nutzbarkeit in Hochdruckanwendungen zu untersuchen im Vergleich mit der sonst schwerpunktmäßig genutzten Vibrations-CARS-Technik. Die Unterschiede beider Techniken sind in der Literatur weitestgehend dokumentiert (siehe z. B. [7, 11]), die Vor- und Nachteile experimentell jedoch noch nicht genügend verifiziert. Abb. 4 zeigt beispielhaft den Druckeinfluß auf einen ausgewählten Bereich eines Rotations-CARS-Spektrums von Stickstoff durch Vergleich der spektralen Form, die für einen Druck von 1 bar und von 100 bar berechnet wurde.

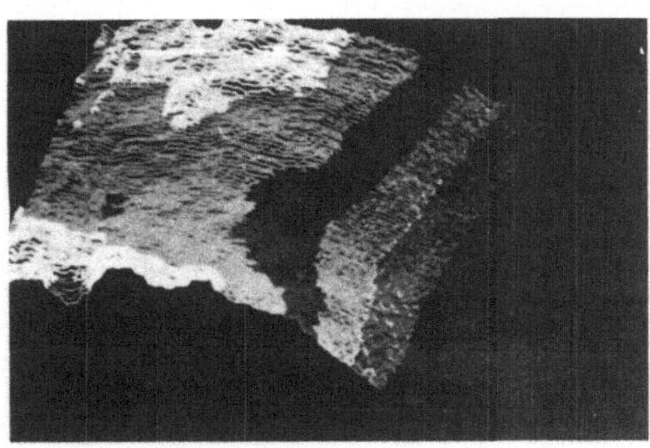

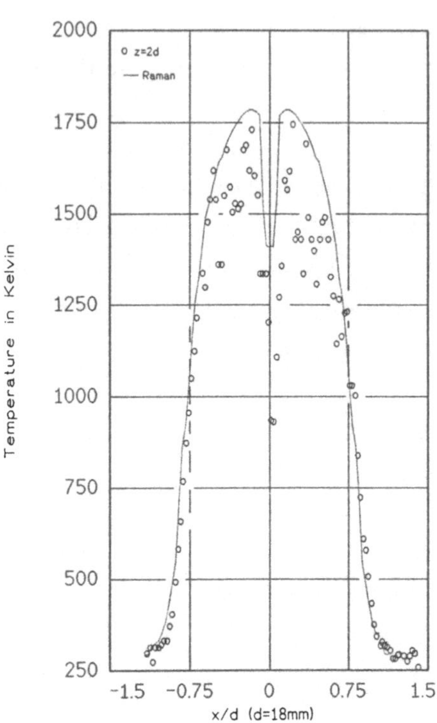

Abb. 2: Temperaturprofil in einer laminaren Methan-Luft Vormischflamme

Abb. 3: Vergleich von 2d Rayleigh- und punktförmiger Raman-Messung [5] in einer ausgewählten Höhenlage im Flammenfeld von Abb. 2

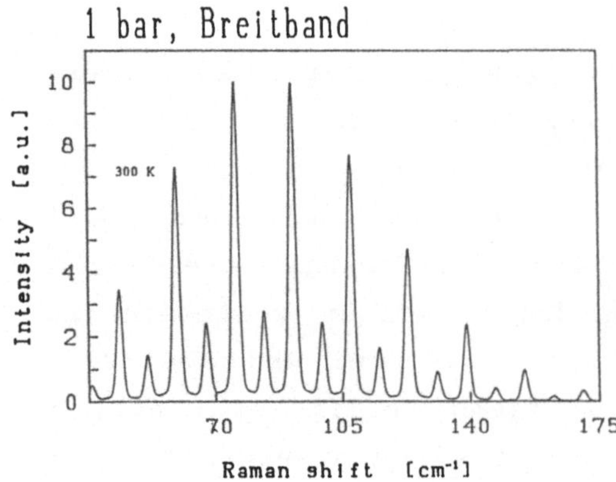

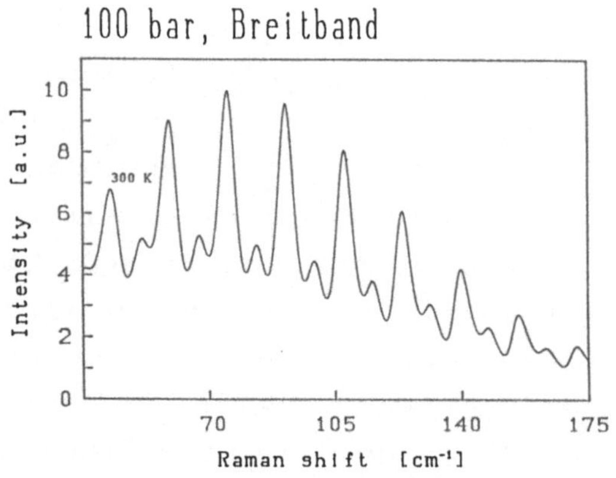

Abb. 4: Vergleich des spektralen Verlaufs der N_2-Rotations-CARS-Spektrums für den Druck von 1 bar und für 100 bar

<u>Danksagung</u>

Teile der vorgestellten Forschungsarbeiten wurden durchgeführt mit Unterstützung durch die Deutsche Forschungsgemeinschaft, die Volkswagenstiftung und die Kommission der EG im Rahmen des JOULE-Programmes, durch den schwedischen National Board for Technical Development (STU) und das Joint-Research Komitee Europäischer Automobilhersteller (FIAT, Peugeot SA, Renault, Volkswagen und Volvo) innerhalb des IDEA-Programmes.

<u>Referenzen</u>

1. A. Leipertz; in <u>Laser 89 Optoelektronik</u> (Hrsg. W. Waidelich), Springer-Verlag Berlin Heidelberg 1990, S. 387-393

2. F. Durst, A. Melling, J. H. Whitelaw; Principle and Practice of Laser Doppler Anemometrie, Academic Press, London-New York, 2. Auflage 1981

3. A. O. Zur Loye, F. V. Bracco; SAE-Paper 870454 (1987)

4. A. Leipertz, J. Haumann, G. Kowalewski; VDI-Berichte <u>645</u> (1987) 543-559

5. A. Leipertz, J. Haumann, M. Fiebig; Chem. Eng. Technol. <u>10</u> (1987) 190-203

6. A. Leipertz, E. Magens; in <u>Laser 89 Optoelektronik</u> (Hrsg. W. Waidelich), Springer-Verlag Berlin-Heidelberg 1990, S. 394 -398

7. A. Leipertz; Chem. Ing. Techn. <u>61</u> (1989) 39-48

8. K. P. Schindler, W. Hentschel, J. Whitelaw, D. Arconmanis, J. Wolfrum, A. Arnold, A. Leipertz, K.-U. Münch; in VDI-Fortschrittsberichte Reihe 12, Nr. 150, Bd. 2 (1991), S. 405-417

9. D. C. Fourguette, R. M. Zurn, M. B. Long; Combust. Sci. Technol. <u>44</u> (1986) 307-317

10. A. Leipertz; in <u>Instrumentation for Combustion and Flow in Engines</u> (Eds. D. F. G. Durao, J. H. Whitelaw, P. O. Witze), Kluwer Academic Publ. Dordrecht (NL) 1989, S. 123-140

11. A. C. Eckbeth; <u>Laser-Diagnostics for Combustion Temperature and Species</u>, Abacus Press Turmbridge Wells (U. K.) 1987

Temperaturmessung mit CARS

W. Stricker
DLR Institut für Physikalische Chemie der Verbrennung
Pfaffenwaldring 38 D-7000 Stuttgart 80

Die Temperaturbestimmung in Flammen stellt besondere Anforderungen an
das Meßverfahren, besonders dann, wenn Temperaturmessungen in technischen Flammen durchgeführt werden sollen. Die kohärente anti-Stokes
Raman-Streuung (CARS) eignet sich aufgrund ihrer physikalischen Eigenschaften besonders für solche Anwendungen. Sie ermöglicht genaue, räumlich
und zeitlich aufgelöste Temperaturmessungen auch unter schwierigen Bedingungen: in stark turbulenten Medien mit starkem Eigenleuchten oder in
Verbrennungssystemen bei hohem Druck.

The determination of the temperature in flames requires sophisticated
measuring techniques, in particular, if temperature measurements in technical flames should be performed. Coherent anti-Stokes Raman scattering
(CARS) is a well suitable technique for such applications because of its
special physical features. CARS allows precise, spatially and time resolved
temperature measurements, even in hostile environments like highly turbu-
lent flows with strong luminosity and at high pressure.

1. Einleitung

Weltweit werden heute etwa 88% des Primärenergiebedarfs aus fossilen Brennstoffen
gedeckt. Darauf wird man auch in absehbarer Zukunft nicht verzichten können. Es ist
daher ein wichtiges Ziel der modernen Verbrennungsforschung, die vorhandenen Ressour-
cen sparsam und effizient zu nutzen und gleichzeitig aber ihre umweltschonende,
schadstoffarme Verbrennung zu verbessern. Dazu bedarf es einer genauen Kenntnis der
Detailprozesse chemisch-kinetischer Vorgänge bei der Verbrennung. Dabei spielt die
Temperatur eine Schlüsselrolle, da die Chemie in der Flamme, und damit Wirkungsgrad
und Schadstoffbildung, sehr stark von dieser Größe bestimmt werden.

Laser-spektroskopische Diagnoseverfahren [1] haben sich für die Lösung dieser Fragestellung als besonders wertvoll und zuverlässig erwiesen, da sie - richtig angewandt - ohne
störende Rückwirkung auf das empfindliche System "Flamme" eingesetzt werden können
und somit Messungen mit Sonden (Thermoelementen) überlegen sind. Viele praktische
Randbedingungen - stark turbulente Strömungsverhältnisse, sehr hohe Temperaturen,
Partikelbeladung der Strömung - schließen Sondenmessungen generell aus.

Besonders unter dem Aspekt der Anwendung in technischen Flammen hat sich CARS als
eine Temperaturmeßmethode mit hohem Erfolgspotential bewährt. Das CARS-Signal
wird kohärent, laserstrahlähnlich emittiert. Dies hat zur Folge, daß nur kleine Fenster-
öffnungen für den optischen Zugang zum Meßobjekt erforderlich sind, durch die die

Anregungslaserstrahlen eingebracht werden und - auf der gegenüberliegenden Seite - das CARS-Signal in einem eng begrenzten Raumwinkel vollständig erfaßt werden kann. Hinzu kommt, daß die gerichtete Signalemission eine sehr effektive Diskriminierung gegenüber thermischer Untergrundstrahlung der Flamme selbst ermöglicht. Das Meßverfahren arbeitet als optische Methode berührungslos und erlaubt - definiert durch die Abmessungen des Fokusbereichs der verwendeten Anregungslaser - hohe räumliche Auflösung. Bei Verwendung eines breitbandigen Stokes-Lasers zur Anregung des CARS-Prozesses kann in Einzelpulstechnik die momentane, "eingefrorene" Temperatur während der Laserpulsdauer (typisch 10 ns) bestimmt werden. Für Temperaturmessungen werden die für den CARS-Prozeß erforderlichen Laserwellenlängen so gewählt, daß das Signal auf der kurzwelligen Seite bezogen auf die Anregungswellenlängen beobachtet wird. Somit kann bei den meisten Anwendungen eine störende Überlagerung des Signals mit Fluoreszenzstrahlung vermieden werden.

2. Grundlagen der CARS-Meßtechnik

Eine ausführliche Behandlung der theoretische Grundlagen des CARS-Prozesses findet sich in mehreren Übersichtsartikeln [2-4]. Daher soll hier im Rahmen dieses kurzen Beitrags nur eine phänomenologische Beschreibung gegeben werden.

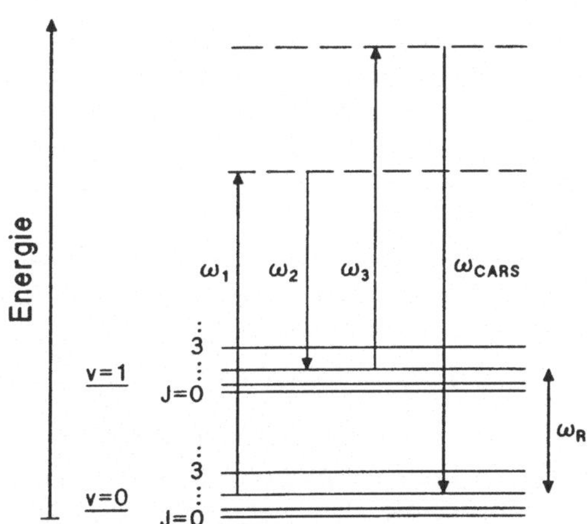

Abb.1 CARS-Energietermschema

CARS ist ein nicht-linearer, Raman-resonanter Vier-Wellen-Mischprozeß, wobei durch die Wechselwirkung von 3 Photonen (2 Photonen der Frequenzen ω_1 und ω_3 des Pumplasers, wobei aus Gründen der experimentellen Vereinfachung $\omega_1 = \omega_3$ ist, und 1 Photon der Frequenz ω_2 des Stokes-Lasers) mit der nicht-linearen Suszeptibilität $\chi^{(3)}$ des untersuchten Mediums ein 4. Photon erzeugt wird, das als CARS-Signal bei der Frequenz ω_{CARS} emittiert wird. **Abb.1** zeigt das Energietermschema für den CARS-Prozeß. Das CARS-Signal wird bei der Frequenz $\omega_{CARS} = 2 \omega_1 - \omega_2$ (Energieerhaltung) beobachtet.

Eine resonante Erhöhung des CARS-Signals erfolgt dann, wenn die Frequenzdifferenz $(\omega_1 - \omega_2)$ mit einer Raman-Frequenz ω_R des detektierten Moleküls übereinstimmt. Für die Temperaturmessung in Verbrennungssystemen mit Luft als Oxidator bietet sich das N_2-Molekül als Temperaturindikator an.

ω_R bezeichnet hier also die Rotations-Schwingungs-Frequenz des Raman-Übergangs im N_2. Meßgröße, aus der die Temperatur abgeleitet wird, ist somit das Rotations-Schwingungsspektrum des N_2, das den Auswahlregeln $\Delta v=1$ für die Schwingungsquantenzahl v und $\Delta J=0$ für die Rotationsquantenzahl J gehorcht (Q-Zweig). Da die Besetzung der molekularen Energiezustände eine eindeutige Funktion der Temperatur ist, kann aus der Intensitätsverteilung über die Rotations- und Schwingungszustände im Q-Zweig-Spektrum die Temperatur bestimmt werden.

Das CARS-Signal ist durch folgende Beziehung gegeben [5]:

$$I_{CARS} \sim I_1^2(\omega_1) \cdot I_2(\omega_2) \cdot |\chi^{(3)}|^2 \cdot L^2 \cdot F(\Delta k \cdot L) \qquad (1)$$

mit

$$\chi^{(3)} \sim \sum_{v,J} \Delta N \frac{\omega_R}{\omega_R^2 - (\omega_1-\omega_2)^2 - i\Gamma(\omega_1-\omega_2)} + \chi_{NR} \qquad (2)$$

I_1 bzw. I_2 sind die Intensitäten des Pump- bzw. Stokes-Lasers. L ist die Wechsel-wirkungslänge, längs der die Phasenbedingung für den kohärenten CARS-Prozeß erfüllt ist. Der Term $F(\Delta k \cdot L)$ beschreibt die Phasenanpassungsbedingung, die durch geeignete Wahl der Überlagerungsgeometrie der Anregungslaser optimiert werden kann. Wenn im speziellen Anwendungsfall eine hohe räumliche Auflösung erforderlich ist, kann mit gekreuzten Anregungslaserstrahlen gearbeitet werden (BOXCARS-Geometrie[5]), wobei die Laserstrahlen dann unter definierten Winkeln überlagert werden müssen, um die Phasenanpassung zu gewährleisten (Impulserhaltung).

Die nicht-lineare Suszeptibilität 3. Ordnung $\chi^{(3)}$ ist eine Funktion der Besetzungsdifferenz ΔN der im CARS-Spektrum beteiligten Übergänge und somit der Temperatur. Gegenüber anderen, klassischen spektroskopischen Meßverfahren sei darauf hingewiesen, daß das CARS-Spektrum eine Abhängigkeit von der homogenen Linienbreite Γ der Raman-Übergänge zeigt. Dies spielt besonders bei Anwendungen bei höheren Drücken eine wichtige Rolle. Außerdem enthält das CARS-Spektrum einen additiven Beitrag in Form eines nicht-resonanten Untergrunds. Dieser entsteht durch den Einfluß der nicht-resonanten Suszeptibilität χ_{NR}, die durch spektrale Anteile entfernter Resonanzen aller im Meßvolumen vorhandener Spezies zum resonanten N_2-Spektrum beiträgt.

3. Experiment

Abb.2 zeigt schematisch eine CARS-Anordnung, wie sie typischerweise verwendet wird. Für die Untersuchung von Flammen sind die hohen Leistungsdichten gepulster Laser erforderlich, um CARS-Signalintensitäten zu erhalten, die auch neben der intensiven Eigenstrahlung der Flamme detektiert werden können. So wird in den meisten Experimenten zur Verbrennungsdiagnostik ein gepulster, frequenzverdoppelter Nd:YAG-Laser verwendet, der die für den CARS-Prozeß erforderliche Pumpfrequenz ω_1 (λ = 532 nm) liefert und gleichzeitig einen Farbstofflaser zur Erzeugung der Stokes-Frequenz ω_2 pumpt. Im Fall von N_2 als Indikatormolekül liegt die mittlere Wellenlänge des Farbstofflasers bei λ = 607 nm, wobei als laseraktive Farbstoffe Rh B und Rh 101 verwendet werden. Der Nachweis anderer Moleküle als N_2 erfordert eine andere Wahl des Laserfarbstoffs, um die Frequenzdifferenz zwischen Pump- und Stokes-Frequenz auf den Raman-aktiven Molekülübergang abstimmen zu können. Aus Gründen der Meßzeitverkürzung und als unbedingte Voraussetzung für Einzelpulsmessungen wird der Farbstofflaser frequenzmäßig breit ($\Delta\lambda$ = 4 nm) betrieben, um mit jedem Laserpuls das gesamte, für die Temperaturmessung genutzte CARS-Spektrum zu erzeugen. Typische Ausgangsenergiewerte für CARS-Nd:YAG-Systeme sind für den Pumplaser $\approx$ 50 mJ/Puls, für den Farbstofflaser 1 - 10 mJ/Puls, bei einer Pulslänge von 10 ns und einer Wiederholrate von 10 Hz.

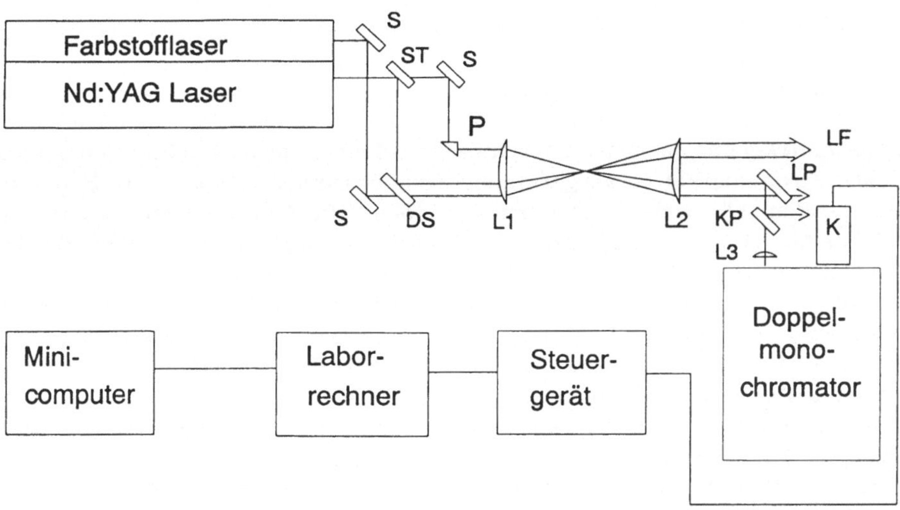

Abb.2 Schema der experimentellen CARS-Anordnung

Die Laserstrahlen werden über Spiegel (S, DS) und Strahlteiler (ST) so angeordnet, daß sie unter Einhaltung der Phasenbeziehung ($\Delta k = 0$) in das Meßvolumen fokussiert werden. Die erzielbare räumliche Auflösung hängt dabei von der Geometrie ab, mit der die Laserstrahlen im Meßvolumen überlagert werden. Im einfachsten Fall kann eine colineare Überlagerung gewählt werden, wodurch bei einer räumlichen Auflösung von einigen Zentimetern in Längsrichtung die höchsten Signalintensitäten erzielt werden. Eine gekreuzte BOXCARS-Strahlführung ergibt typische Werte von 1 - 5 mm in der Länge bei einem Fokusdurchmesser von etwa 100 μm. Eine besonders bei größeren Verbrennungssystemen gegenüber Brechzahländerungen weniger empfindliche Anordnung (USED CARS [6]) nutzt das ringförmige Strahlprofil von Nd:YAG-Lasern mit instabilem Resonator. Dabei wird der Farbstofflaser konzentrisch im Pumplaserstrahl justiert. Eine Überlagerung der Strahlen findet praktisch erst im gemeinsamen Fokusbereich statt. Die erzielbare Auflösung von etwa 2 - 20 mm, abhängig von der Brennweite der fokussierenden Linse und dem Durchmesser der Laserstrahlen, ist für viele Anwendungen ausreichend.

Das CARS-Signal wird schließlich über dichroitische Filter (LP, KP) von den Anregungsstrahlen abgetrennt und dem Detektorsystem zugeführt. Der Monochromator dispergiert das CARS-Signal, das mit einer digitalen Diodenzeilen-Kamera (K) aufgenommen wird. Die Steuereinheit der Kamera speichert die Daten, korrigiert das Spektrum und übergibt es an den Laborrechner. Für die Verarbeitung der Daten mit Schnellausverteverfahren wird ein Minicomputer (DEC μVAX) verwendet. Für die iterative Anpassung der gesamten spektralen Struktur zur Erzielung höchster Genauigkeit wird ein Vektorrechner (CRAY-YMP) eingesetzt.

4. Ergebnisse und Diskussion

Beispielhaft für die Anwendungsmöglichkeiten der CARS-Meßtechnik sollen hier einige Ergebnisse von Temperaturmessungen in unterschiedlichen Flammen dargestellt werden.

4.1 Temperaturmessung mit Einzelpulstechnik

Temperaturmessungen in turbulenten Flammen erfordern eine zeitliche Auflösung. Da die Wiederholfrequenz der verwendeten Laser jedoch nicht ausreicht, um die durch das turbulente Strömungfeld hervorgerufenen Temperaturschwankungen in Echtzeit aufzulösen, werden sehr viele Einzelmessungen (500– 1000) im Zeitabstand von ≥ 100 ms am gleichen Meßort ausgeführt, um daraus Wahrscheinlichkeitsverteilungen der Temperatur, Temperaturmittelwerte und Schwankungsbreite abzuleiten. Eine solche Einzelpulstechnik, bei der mit jedem Laserpuls ein gesamtes Q-Zweig-Spektrum aufgenommen wird, erfordert eine leistungsfähige Datenerfassung und Datenauswertung. Bedingt durch den nicht-linearen Charakter des CARS-Prozesses und durch im Spektrum auftretende Interferenzen sich überlagernder Rotationslinien, werden CARS-Spektren durch iterativen Vergleich der experimentellen Daten mit theoretischen Modellen ausgewertet. Mit diesem Auswerteverfahren sind die höchsten Temperaturgenauigkeiten zu erreichen. Solche Methoden erfordern jedoch verhältnismäßig hohe Rechnerleistung und lange Rechenzeiten, so daß sie für die Auswertung sehr umfangreicher Datenmengen schon aus Kostengründen nicht geeignet sind. Aus diesem Grund wurden Schnellauswerteverfahren entwickelt, die nicht die spektrale Struktur des Spektrums in Form einer Anpassung des berechneten Spektrums an die experimentellen Daten bewerten, sondern die Temperatur aus integralen Eigenschaften des Spektrums (Halbwerts- bzw. Viertelwertsbreite der Grundschwingungsbande; Verhältnis der Oberschwingungs- zur Grundschwingungsbande u.a.) ableiten [7]. Dabei wurde der Einfluß experimenteller Parameter (Änderungen des nicht-resonanten Untergrunds als Folge der sich ändernden chemischen Umgebung in der Flamme; Drift des CARS-Spektrums auf dem Detektor; Einfluß des Detektorrauschens; ...) auf die Temperaturgenauigkeit der jeweiligen Auswertemethode systematisch an einem isothermen Hochtemperaturofen untersucht. **Abb.3** zeigt die Temperaturgenauigkeit eines speziellen Auswerteverfahrens für Messungen in einer ruhenden N_2-Atmosphäre, wobei die Referenztemperatur mit einem kalibrierten Thermoelement bestimmt wurde. Die aus den CARS-Daten ermittelten Mitteltemperaturen stimmen innerhalb von 2% mit den Thermoelementtemperaturen überein. Die Streuung der Einzelmeßwerte - abhängig vom Temperaturbereich - beträgt zwischen 30 K und 50 K und gibt die durch das

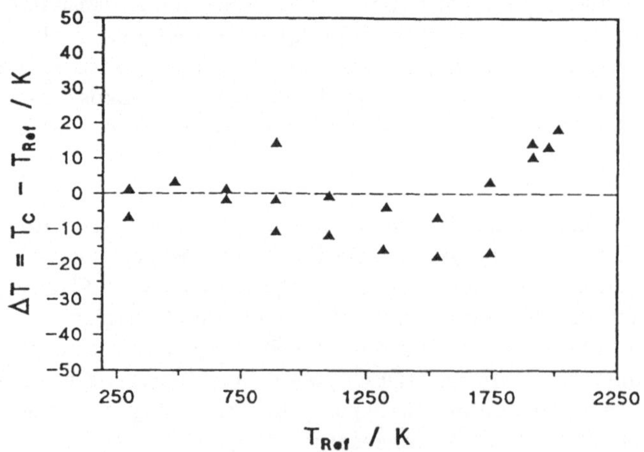

Abb.3 Temperaturgenauigkeit von CARS-Einzelpuls-
messungen in isothermen Medien

Meßverfahren selbst verursachte Genauigkeitsgrenze der Temperaturbestimmung an. Sie muß bei Messungen in turbulenten Flammen berücksichtigt werden.

4.2 Temperaturmessungen in einer turbulenten Standardflamme

Im Rahmen der Arbeitsgemeinschaft TECFLAM wurde ein Standardbrenner definiert, der zur Stabilisierung vorgemischter, turbulenter Methan/Luft-Stauflammen geeignet ist [8]. Damit werden zwei Ziele verfolgt. Zum einen dient eine solche Flamme als eine idealisierte Modellflamme, um Simulationsmodelle zur mathematischen Beschreibung von Flammeneigenschaften zu entwickeln, und zum andern, um experimentelle Daten vergleichen zu können, die in verschiedenen Labors mit unterschiedlichen Meßmethoden gewonnen wurden.

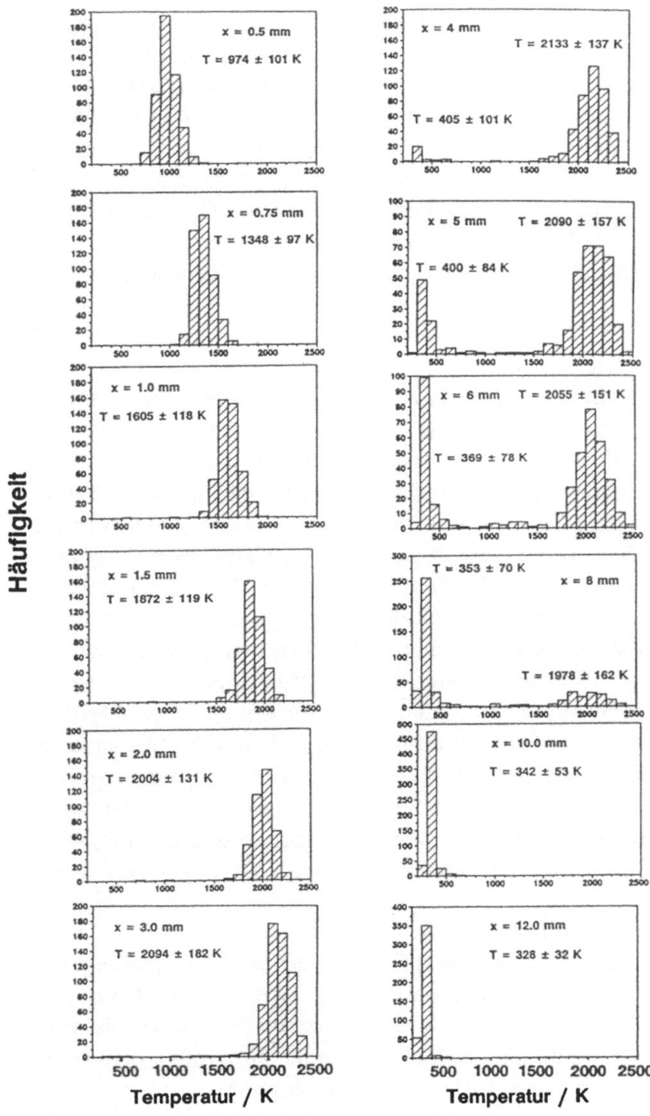

Abb.4 Temperaturhistogramme in einer turbulenten
Methan/Luft-Stauflamme

Gezeigt wird in **Abb.4** die Entwicklung der Temperatur auf der Flammenachse als Funktion des Abstandes von der Stauplatte. Bei relativ großen Abständen von der turbulenten Flammenzone erhält man die Temperatur des kalten Frischgases, das sich bei Annäherung an die Flammenzone langsam erwärmt. Im Bereich der turbulenten Reaktionszone wird eine bimodale Temperaturverteilung mit niedrigen (unverbranntes Frischgas) und hohen Temperaturen (verbranntes Abgas) gemessen. Ursache für diese Temperaturverteilung ist das aufgrund der turbulenten Strömungsverhältnisse statistisch abwechselnde Auftreten heißer und kalter Gasballen im örtlich fixierten Meßvolumen. Mit abnehmendem Abstand von der Stauplatte kühlen sich die Abgase mehr und mehr ab und erreichen Temperaturen um 1000 K. Für die Mitteltemperaturen kann eine Genauigkeit von ± 3% angegeben werden.

4.3 Probleme bei Messungen in realen Verbrennungssystemen

Die praktische Durchführung der Temperaturmessung mit CARS in stark turbulenten Flammen erfordert eine sorgfältige Planung des Experiments und der Messungen, um verfälschte Temperaturinformationen zu vermeiden. Einige der möglichen Probleme seien hier kurz diskutiert.

■ Begrenzter Dynamikbereich einer Diodenzeilen-Kamera mit Bildverstärker

Eine verbreitete Technik zur Registrierung von Einzelpuls-CARS-Signalen für die Temperaturbestimmung verwendet Diodenzeilen-Kameras mit MCP-Bildverstärkern, die einen Dynamikbereich (in unserem Fall) von ungefähr 300 aufweisen. Die Signalintensitäten eines CARS-Spektrums bei 300 K und bei 2200 K unterscheiden sich jedoch um einen Faktor von ca. 1000. Dies bedeutet, daß in Flammenbereichen mit turbulenten Temperaturschwankungen von mehr als 1300 K nicht mit exakt identischen Aufnahmebedingungen gemessen werden kann. Vielmehr werden in solchen Flammenzonen mehrere Meßserien mit unterschiedlichen Leistungen der Anregungslaser aufgenommen, die anschließend zu einem gemeinsamen Temperaturhistogramm zusammengesetzt werden. Die Laserleistungen werden dabei so gewählt, daß "kalte", sehr intensive CARS-Spektren den empfindlichen Bildverstärker des Detektors nicht zerstören und "heiße", wesentlich intensitätsschwächere Spektren noch mit ausreichendem S/N-Verhältnis registriert werden können. Dabei ist grundsätzlich darauf zu achten, daß durch zu hohe Laserleistungen keine stimulierte Entvölkerung von Schwingungsniveaus und damit eine Temperaturverfälschung stattfindet.

■ "Nachleuchten" des Bildverstärkers

Diodenzeilen-Kameras mit MCP-Bildverstärkern haben die Eigenschaft, daß auch noch 100 ms nach dem registrierten Kurzzeitsignal (CARS-Signal innerhalb von 10 ns) Information in Form von Restintensität auf die Diodenzeile übertragen wird und beim darauffolgenden Auslesezyklus als zusätzliches, verfälschendes Signal aufgenommen wird [9]. Da dieser Effekt des Nachleuchtens temperaturabhängig ist, sollte die Kamera bei einer möglichst hohen und mit dem Dunkelrauschen noch verträglichen Temperatur betrieben werden. Bei unseren Messungen wurde die Kamera bei 15 °C thermostatisiert. Diese Betriebsart genügt dennoch nicht den Genauigkeitsanforderungen zur Temperaturmessung in stark turbulenten Flammen, wenn bei einer Datenrate von 10 Hz ein 2000 K - Spektrum unmittelbar auf ein 300 K - Spektrum folgt. Unsere Messungen haben ergeben, daß in diesem Fall noch 2% des vorhergehenden Signals mit dem eigentlichen Meßsignal registriert werden. Dies führt aufgrund der schon erwähnten sehr hohen Intensitätsunterschiede in den CARS-Signalen unterschiedlicher Temperatur zu einer nicht tolerierbaren Verfälschung der aus den heißen CARS-Spektren abgeleiteten Temperatur. Unter solchen Flammenbedingungen wird nur mit einer Datenrate von 2 Hz gearbeitet, um den Einfluß aufeinanderfolgender Signale auf ein zu vernachlässigendes Maß zu reduzieren [10].

■ Begrenzte räumliche Auflösung des Meßverfahrens

Im Prinzip kann die räumliche Auflösung des Meßverfahrens bei Verwendung einer BOXCARS-Geometrie mit großen Kreuzungswinkeln auf Meßvolumina unter 1 mm in der Längsausdehnung gebracht werden, allerdings bei stark reduzierten Signalintensitäten (s. Gl.(1)). Doch selbst eine so hohe räumliche Auflösung reicht in vielen praktischen Anwendungsfällen nicht aus, die sehr kleinen turbulenten Flammenstrukturen zu erfassen. Es werden innerhalb einer Meßserie immer wieder Ereignisse auftreten, bei denen im Meßvolumen zwei unterschiedliche Temperaturbereiche, getrennt durch die sehr

dünne Flammenfront, gleichzeitig vorliegen. Das hieraus resultierende
CARS-Signal setzt sich aus zwei Spektren unterschiedlicher Temperatur mit
unbekannter Gewichtung zusammen
und läßt keine exakte Temperaturaus-
sage zu, zumal der Versuch, für solche
gemischten Spektren eine mittlere
Temperatur zu definieren, nicht den
realen Verhältnissen in der Flamme
entspräche. **Abb.5** zeigt den Unterschied in den CARS-Spektren, die einer
homogenen bzw. inhomogenen Temperaturverteilung im Meßvolumen zuzuordnen sind. In der Praxis wird z.Zt. so
verfahren, daß Spektren, die eine inho-
mogene Temperaturverteilung widerspiegeln, durch eine Filterroutine während der Auswertung aussortiert und
für die Temperaturhistogramme nicht
verwendet werden.

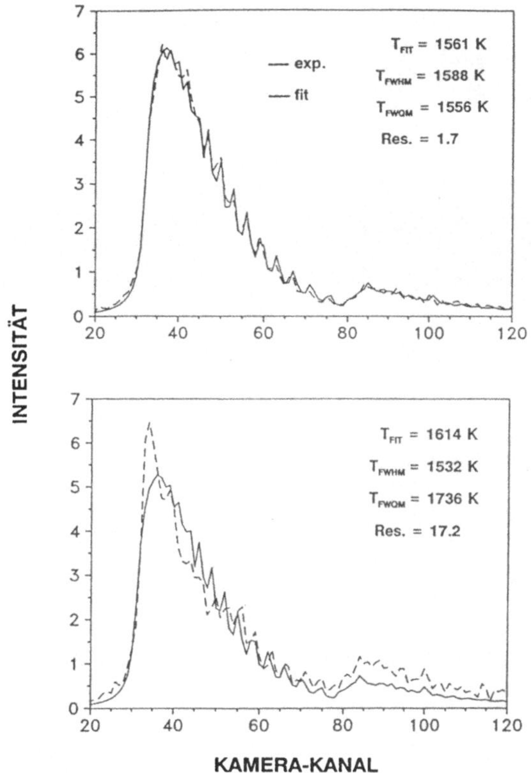

Abb.5 Spektrale Struktur von CARS-
Spektren aus Gebieten mit ho-
mogener und inhomogener Temperaturverteilung

4.4 Anwendung in Hochdruckflammen

Viele technische Verbrennungsprozesse (Otto- und Dieselmotoren; Gasturbinenbrenn-
kammern; druckaufgeladene Wirbelschichtfeuerungen) laufen bei höheren Drücken ab, so
daß genaue Temperaturmessungen unter diesen Randbedingungen besonders wichtig sind.
Die CARS-Meßtechnik weist hier zwei weitere Vorteile auf, da das CARS-Signal keinen
Quencheinflüssen unterworfen ist und mit steigendem Druck anwächst.

Betrachten wir weiterhin N_2 als Indikatormolekül, so beobachtet man im Q-Zweig-
Spektrum zusätzliche physikalische Effekte, die die Struktur des Spektrums beeinflussen
und bei der Temperaturauswertung berücksichtigt werden müssen. Mit steigendem Druck
erfolgt durch Stöße der Moleküle untereinander eine zunehmende Verbreiterung der
Rotationslinien im Q-Zweig-Spektrum, die bei sehr starker Linienüberlappung schließlich
zu einer Einengung der spektralen Struktur am Bandenkopf führt ("collisional line
narrowing"). **Abb.6** zeigt die Veränderungen im Spektrum, wenn der Druck von 1 bar auf
10 bar gesteigert wird. Wesentlich für die zur Temperaturauswertung erforderliche
Berechnung der CARS-Hochdruckspektren ist hierbei die Beschreibung der Rotations-
relaxation in den Rotations-Schwingungsübergängen des N_2. Da experimentell bestimmte
Rotationsrelaxationsgeschwindigkeiten kaum zur Verfügung stehen, eine hinreichend
genaue Theorie ebenfalls nicht vorhanden ist, müssen die erforderlichen Daten über mehr
oder weniger empirische, aber experimentell überprüfte Gesetzmäßigkeiten ("fitting
laws" [11-13]) abgeleitet werden. Sehr gute Ergebnisse für die theoretische Beschreibung

von CARS-Hochdruckspektren in Flammen erhält man, wenn für die Berechnung der Relaxationsgeschwindigkeiten neben N_2 - N_2 - Stößen auch Stöße des N_2 mit den Reaktionsprodukten CO_2 und H_2O im Modell berücksichtigt werden.

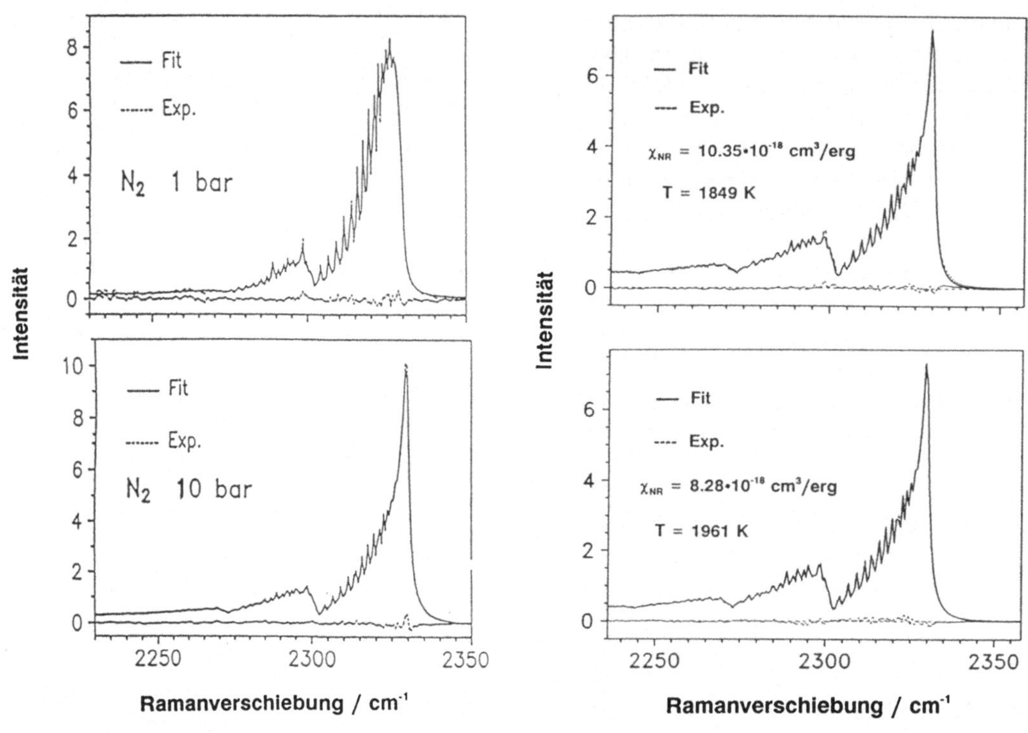

Abb.6 Änderung der spektralen Struktur im CARS-Spektrum mit steigendem Druck

Abb.7 Einfluß des nicht-resonanten Untergrunds auf spektrale Struktur und Temperatur bei 10 bar

Zur Überprüfung der Temperaturgenauigkeit der CARS-Methode in Hochdrucksystemen wurde von uns ein Prüfstand aufgebaut, der die Stabilisierung vorgemischter, laminarer Methan/Luft-Flammen bei Drücken bis 40 bar unter sehr gut reproduzierbaren Bedingungen erlaubt [14]. Typische CARS-Hochdruckspektren des N_2 sind in **Abb.7** wiedergegeben. Beiden Diagrammen liegt das gleiche experimentelle CARS-Spektrum zugrunde, wohingegen im theoretischen Modell zur Spektrensimulation zwei etwas unterschiedliche numerische Werte für den nicht-resonanten Untergrund (innerhalb der in der Literatur angegebenen Fehlergrenzen) verwendet werden. In beiden Fällen ist die Experiment - Theorie - Anpassung sehr gut, allerdings unterscheiden sich die abgeleiteten Temperaturen um 112 K. Diese Temperaturunterschiede nehmen mit steigendem Druck zu, und es stellt sich die Frage, welche der beiden Temperaturen die richtige ist. In einer Untersuchung konnte von uns festgestellt werden, daß der nicht-resonante Untergrund die entscheidende Einflußgröße für die Temperaturgenauigkeit ist. Bei Verwendung der CARS-Methode in der Praxis ergibt sich jedoch die Schwierigkeit, daß sowohl die Absolutwerte der nicht-resonanten Suszeptibilität für viele Moleküle nicht genau genug

(± 25%) bekannt sind als auch die Gaszusammensetzung im Meßvolumen nur abgeschätzt werden kann. Die Lösung dieser Problematik kann nur sein, im Experiment zur Temperaturmessung den nicht-resonanten Untergrund durch eine Polarisationstechnik [15] zu unterdrücken. Die Ergebnisse unserer Untersuchungen im Vergleich zu einem unabhängigen Meßverfahren (spontane Raman-Streuung (+), Fehlergrenzen ± 3%) sind in **Abb.8** dargestellt und zeigen ausgezeichnete Übereinstimmung der CARS- und Referenztemperaturen.

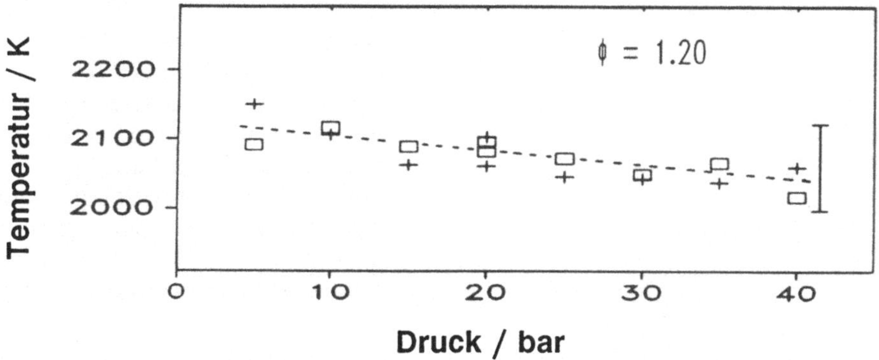

Abb.8 Vergleich CARS- mit Raman-Messungen im Druckbereich bis 40 bar

Aus diesen Resulten folgt zwingend, daß genaue Temperaturmessungen in Hochdrucksystemen nur dann erhalten werden, wenn der Einfluß des nicht-resonanten Untergrunds zu vernachlässigen ist. Eine Polarisationstechnik zur Unterdrückung von χ_{NR} ist immer mit einem Signalverlust des resonanten Anteils verbunden. Eine optimierte experimentelle Anordnung ermöglicht jedoch auch Einzelpuls-Messungen, wie sie für technische Anwendungen erforderlich sind. Ein typisches Einzelpuls-Spektrum mit unterdrücktem nicht-resonanten Untergrund zeigt die **Abb.9.** Das S/N-Verhältnis ist ausreichend für eine zuverlässige Auswertung solcher Spektren.

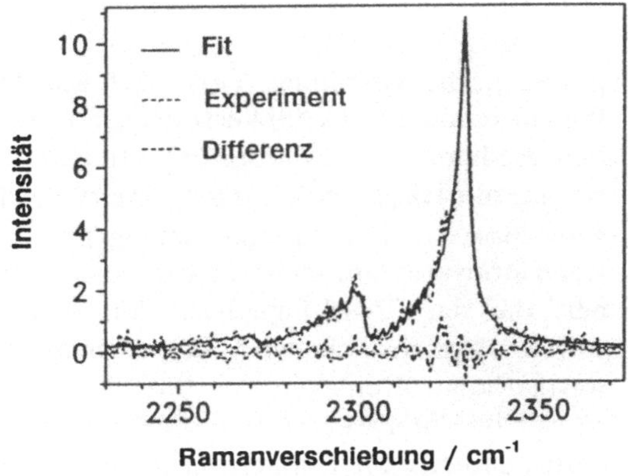

Abb.9 N_2-CARS-Einzelpulsspektrum mit Unterdrückung des nicht-resonanten Untergrunds (20 bar; 2235 K)

4.5 CARS-Messungen an einer Verbrennungsanlage mit 300 kW thermischer Leistung
Für den Einsatz an technischen Verbrennungsanlagen wurde von uns eine mobile CARS-Anlage aufgebaut, die zu Temperaturmessungen in industrieller Umgebung geeignet ist. Die empfindlichen Laser und Optiken sind in schwingungsisolierten, gekapselten Behältern untergebracht, um sie vor Umgebungseinflüssen (Vibrationen, Staub, hohe Umgebungstemperaturen) zu schützen. Für die Signalerfassung werden Lichtleiter eingesetzt. Dadurch ist es möglich, einen Teil der empfindlichen Komponenten der Apparatur (Monochromator, digitale Kamera, Rechner) bis zu 20 m entfernt vom Meßort aufzustellen.

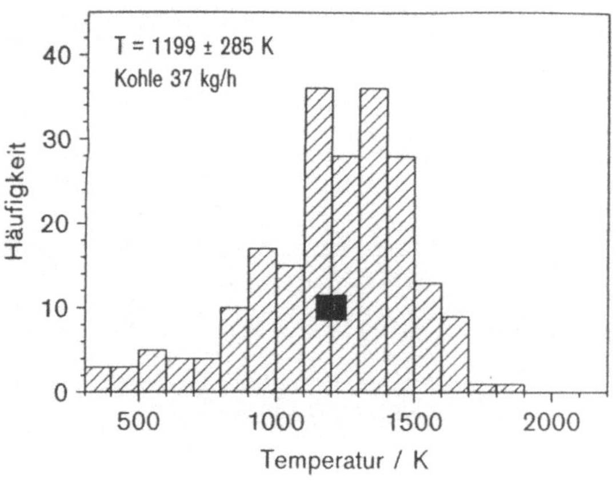

Abb.10 Temperaturhistogramm aus einer
Kohlestaubflamme

Erste Testmessungen [16] mit der mobilen CARS-Anlage wurden an der TECFLAM-Kohlestaubverbrennungsanlage des Instituts für Verfahrenstechnik und Dampfkesselwesen der Universität Stuttgart durchgeführt. Es handelt sich hier um eine wahlweise mit Erdgas oder Kohlestaub zu betreibende Verbrennungsanlage von 0,75 m Brennkammerdurchmesser und 7 m Länge. Die thermische Leistung beträgt bis zu 300 kW. Ein typisches Temperaturhistogramm aus einer Kohlestaubflamme ist in **Abb.10** wiedergegeben. Die Verteilung weist eine Standardabweichung von 285 K auf. Der schwarze Balken kennzeichnet die Verteilungsbreite, die das Meßverfahren selbst in einem isothermen Medium liefern würde. An Orten mit sehr hoher Kohlestaubbeladung in der Flamme werden die Grenzen des Meßverfahrens sichtbar. Streuung und Absorption der Anregungslaserstrahlen an den Kohlepartikeln können letztlich dazu führen, daß keine Laserintensität am Meßort ankommt, und somit auch kein CARS-Signal erzeugt wird, oder daß das CARS-Signal auf dem Weg vom Entstehungsort bis zur Empfängeroptik soweit abgeschwächt wird, daß es nicht mit ausreichendem S/N-Verhältnis detektiert werden kann. Kohleteilchen, die sich im Laserfokus befinden, werden verdampft und können die Interpretation der CARS-Signale erschweren. Diese Probleme sind der Grund dafür, daß z.B. im Temperaturhistogramm der Abb.10 von 1200 aufgenommenen CARS-Spektren nur 213 ausgewertet werden konnten.

5. Zusammenfassung
Für die Messung absoluter Temperaturen und deren Schwankungen in Verbrennungssystemen, auch unter technischen Randbedingungen, bietet die CARS-Meßtechnik z.Zt. die besten Erfolgsaussichten. Die Untersuchungen an turbulenten Flammen in unserem Labor haben ergeben, daß für die Temperaturbestimmung mit dieser Technik hohe Genauigkeit und sehr gute räumliche Auflösung erzielt werden können. Insbesondere liefert die Einzelpulstechnik die Möglichkeit, momentane Temperaturen in turbulenten

oder instationären Flammen zu messen und daraus Temperaturhistogramme abzuleiten. Die besonderen Aspekte der CARS-Meßtechnik in Hochdruckflammen wurden systematisch untersucht und die Methode zu einem zuverlässigen Meßverfahren entwickelt. Mit der mobilen CARS-Apparatur konnten erstmals Temperaturmessungen an Kohlestaubflammen im halbtechnischen Maßstab erfolgreich durchgeführt werden.

Dieser zusammenfassende Beitrag entstand auf der Grundlage der Arbeiten meiner Mitarbeiter und Kollegen W. Kreutner, W. Meier, I. Plath und M. Woyde. Die finanzielle Unterstützung der Arbeiten durch das BMFT und das Ministerium für Wissenschaft und Kunst des Landes Baden-Württemberg im Rahmen des Forschungsprojekts TECFLAM sowie durch Zuwendungen der Europäischen Gemeinschaft wird dankend anerkannt.

Literatur

[1]   A. C. Eckbreth, P. A. Bonczyk, J. F. Verdieck, Prog. Energy Combust. Sci. 5, 253 (1979)

[2]   R. J. Hall, A. C. Eckbreth, in: Laser Applications, Vol.V, Eds. J. F. Ready, R. K. Erf, Academic Press, New York (1984)

[3]   W. M. Tolles, J. W. Nibler, J. F. McDonald, A. B. Harvey, Appl. Spectrosc. 31, 253 (1977)

[4]   D. A. Greenhalgh, in: Advances in Non-Linear Spectroscopy, Eds. R. J. H. Clark, R. E. Hester, J. Wiley and Sons, London (1988)

[5]   A. C. Eckbreth, Appl. Phys. Lett. 32, 421 (1978)

[6]   L. C. Davis, K. A. Marko, L. Rimai, Appl. Opt. 29, 1685 (1981)

[7]   I. Plath, Dissertation Universität Stuttgart (1991)

[8]   Y. Liu, B. Lenze, 22nd Symp. (Intern.) Combust., The Combustion Institute, 747 (1988)

[9]   D. R. Snelling, G. J. Smallwood, T. Parameswaran, Appl. Opt. 28, 3233 (1989)

[10]   W. Meier, I. Plath, W. Stricker, Manuskript in Vorbereitung

[11]   L. A. Rahn, R. E. Palmer, J. Opt. Soc. Am. B 3, 1164 (1986)

[12]   F. M. Porter, D. A. Greenhalgh, D. R. Williams, C. A. Baker, M. Woyde, W. Stricker, Proc. 11th Int. Conf. Raman Spectrosc., London (1988), p.139

[13]   M. Woyde, W. Stricker, Appl. Phys. B 50, 519 (1990)

[14]   H. Eberius, Th. Just, Th. Kick, G. Häfner, W. Lutz, Proc. Joint Meeting German/ Italian Sections Combustion Institute, Ravello (Italy) (1989), p.3.3

[15]   W. Kreutner, I. Plath, W. Meier, W. Stricker, Proc. 5. TECFLAM-Seminar "Verbrennungsmodellierung und Lasermeßtechnik", S. 117 (1989)

Wasserverschmutzung

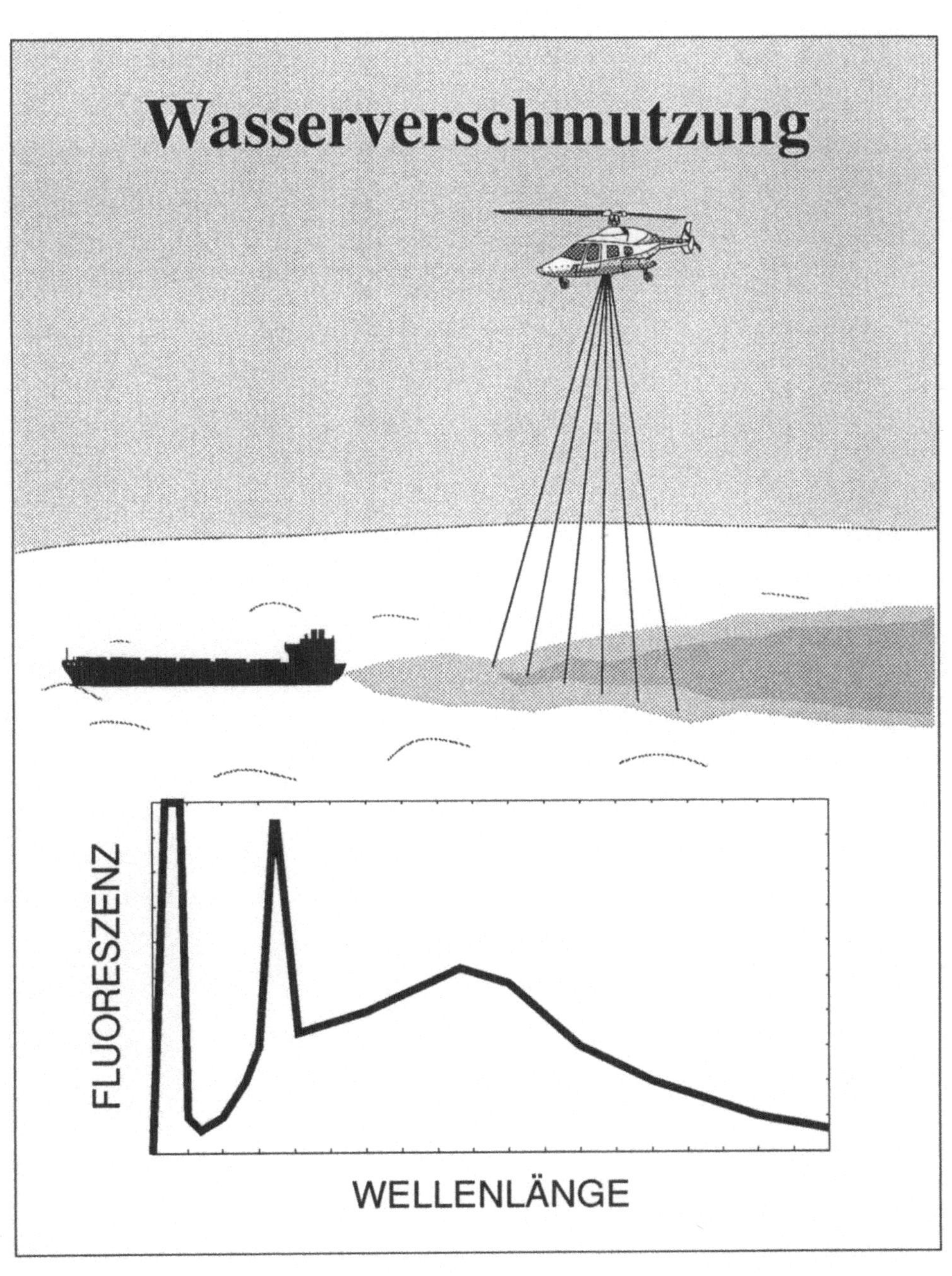

Ein Sensorsystem zur Luftüberwachung der Meeres-
verschmutzung für den Bundesminister für Verkehr

A. Eßlinger
Fachbereich Seetechnik/Schadstoffüberwachung
Krupp MaK Maschinenbau GmbH
P.O. Box 9009, Falckensteiner Str. 2 , 2300 Kiel 17

Die Firma Krupp MaK Maschinenbau GmbH, Kiel, ist ein Tochterunternehmen des Krupp Konzerns, startete 1989 im Auftrag des Bundesverkehrsministeriums für Verkehr (BMV) die Entwicklung einer Missionsausrüstung der zweiten Generation zur effizienteren Bekämpfung der Meeresverschmutzung.

Eine erste Ausbauphase mit einem neuen Zentralen Operatorplatz, einer Bord-Boden-Sensordaten-übertragungsanlage, Video- und Kamerasystemen und zwei im Luftüberwachungssystem erster Generation bewährter Sensoren wurde im Jahr 1991 in Dienst gestellt.

In einer zweiten Ausbauphase wird die Missionsausrüstung durch zwei neue leistungsfähige Sensoren ergänzt. Diese werden in Zusammenarbeit mit wissenschaftlichen Partnern im Rahmen von Forschungs-vorhaben des Bundesministers für Forschung und Technologie realisiert und sind zur Zeit in der ab-schließenden Integrations- und Erprobungsphase. Die Indienststellung ist im Jahr 1993 geplant.

Anlaß für die Entwicklung des Systems zweiter Generation war einerseits das zwar bewährte aber in wesentlichen Ausrüstungskomponenten und im Trägerflugzeug nicht mehr dem aktuellen Stand der Technik entsprechende alte System, andererseits die begründete Aussicht, durch zusätzliche moderne Sensorik, die Systemleistung und Meßpräzision steigern zu können.

Basierend auf den Erkenntnissen der Archimedes II-Experimente zur Fernerkundung von Kohlen-wasserstoffen und biologischen Substanzen im Meer, die Ende 1985 unter Leitung des Joint Research Centre/Ispra Italien stattfanden, wurde die Neuentwicklung eines Dreikanal-Mikrowellenradiometers und eines laserinduzierten Fluoreszenzsensors (Laserfluorosensor) eingeleitet.

Missionsausrüstung der ersten Generation

Um der Meeresverschmutzung in den deutschen Gewässern entgegenzuwirken, sind seit Anfang 1988 zwei Dornier Flugzeuge des Typs DO 28 vom Marinefliegergeschwader 5 in Kiel Holtenau betrieben im Einsatz. Die maximale Reichweite der Maschinen beträgt 700 nautische Meilen die Flugzeit bis zu 5 Stunden. Daraus abgeleitet ergibt sich eine Missionseinsatzzeit in den relevanten Zielsystemen, z.B. in der deutschen Bucht, von ca. 3 Stunden.

Die Meßausrüstung der Flugzeuge zur Detektion von Ölverschmutzungen besteht aus einem Seiten-sichtradargerät mit einem Meßbereich von bis zu 80 km quer zur Flugrichtung und einem passiven Scanner mit je einem Meßkanal im infraroten und ultravioletten Spektralbereich. Zusätzliche Kompo-nenten sind Foto- und Filmkameras.

Missionsausrüstung der zweiten Generation

Trägerflugzeug für die Missionsausrüstung der zweiten Generation ist der Typ DO 228-212 der Firma Dornier. Die moderne Turbopropmaschine hebt sich in Reichweite, Maximalgeschwindigkeit und maximaler Zuladung deutlich vom Vorgängermodell ab, ist wartungsfreundlich und betriebskosteneffektiv und bietet durch geräumigen rechteckförmigen Kabinenquerschnitt gute Voraussetzungen zur Einrüstung von Sensorequipment. Die Maschine ist mit zusätzlicher Avionik ausgestattet, die präzise Navigationsdaten für die Missionsausrüstung bereitgestellt. Dazu gehört ein Navigationsrechner mit Dateninterface, ein GPS-Navigator, ein Omegaempfänger und ein Wetterradar modernster Bauart.

Die Missionsausrüstung umfaßt die Komponenten Zentraler Operatorplatz (ZOP), Laserfluorosensor (LFS), Mikrowellenradiometer (MWR), Ultraviolett-Infrarot Scanner und Seitensichtradargerät (aus der ersten Generation), Bord-Boden-Sensordatenübertragungseinrichtung (Data-Down-Link/DDL) drei Videokameras und eine Fotokamera. Schnittstellen zum Luftfahrzeug dienen der Energieversorgung, der Übertragung von Navigationsdaten und der Steuerung und Statusabfrage von missionsspezifischen Einrichtungen im Luftfahrzeug (Abbildung 1).

<u>Der ZOP und die Sensoren der Missionsausrüstung</u>

Zentraler Operatorplatz:

Der von Krupp MaK entwickelte Zentrale Operatorplatz (ZOP) stellt den Kern der Missionsausrüstung für die Fernerkundung dar und ist zugleich die elektrische und signaltechnische Schnittstelle zum Luftfahrzeug. Der ZOP ist besonders für den Einsatz in Luftfahrzeugen entwickelt worden. Die hieraus resultierenden Anforderungen hinsichtlich mechanische Konstruktion struktion, Größe, Gewicht und Energieversorgung waren zu erfüllen. Durch den modularen Aufbau von Hard - und Software sind zukünftige Anpassungen und Erweiterungen möglich. Der Zentrale Operatorplatz ermöglicht die Bedienung und Überwachung aller Missionsausrüstungskomponenten durch einen Operator.

Das im Zentralen Operatorplatz untergebrachte Rechnersystem arbeitet auf VME-Bus-Basis und verarbeitet die Daten in Echtzeit. Rohdaten der einzelnen Sensoren werden durch geeigente Algorithmen aufbereitet und auf modernen Liquid-Cristal-Displays dargestellt.

Sämtliche Sensormeßwerte werden digital gespeichert. Die Sensorbilder können auf einem Videodrucker bereits in Flug dokumentiert werden oder über die Datenkommunikationseinheit DDL an eine boden- oder schiffsgestützte Empfangsstation gefunkt werden, um Ölbekämpfungsmaßnahmen zu erleichtern.

<u>Seitensichtradar (SLAR)</u>

Das Radargerät sendet Pulse mit einer Frequenz von 10 GHz aus. Die Pulse werden an windinduzierten Kapillarwellen der Seeoberfläche zurückgestreut (Bragg-Streuung). Eine Ölverschmutzung bewirkt eine nachhaltige Dämpfung der Kapillarwellen und damit eine Verringerung des zurückgestreuten Signals.
Mit dem Radargerät können Ölverschmutzungen mit einer Fläche ab ca. 50 x 50 Metern in bis zu 40 km Entfernung quer zur Flugrichtung aufgefunden werden. Eine Schichtdickenaussage ist nicht möglich. Die Meßqualität ist von den Seegangsverhältnissen abhängig und leidet insbesondere bei glatter Oberfläche.

<u>Infrarot/Ultraviolett-Scanner</u>

Der Infrarot-Kanal des IR/UV-Sensors mißt die Temperaturstrahlung der Seeoberfläche (thermales Infrarot). Ölverschmutzungen zeigen bei Tageslicht in der Regel eine höhere Temperatur als das umgebende Seewasser, was sich durch das größere Absorbtionsvermögen erklären läßt. Auch bei Nacht können Temperaturunterschiede gemessen werden. In diesem Fall erscheint das Öl auf Grund seiner geringeren Emissivität kälter als das umgebende Wasser. Die Meßwerte werden zu-

Missionsausrüstung zur Bekämpfung der Meeresverschmutzung

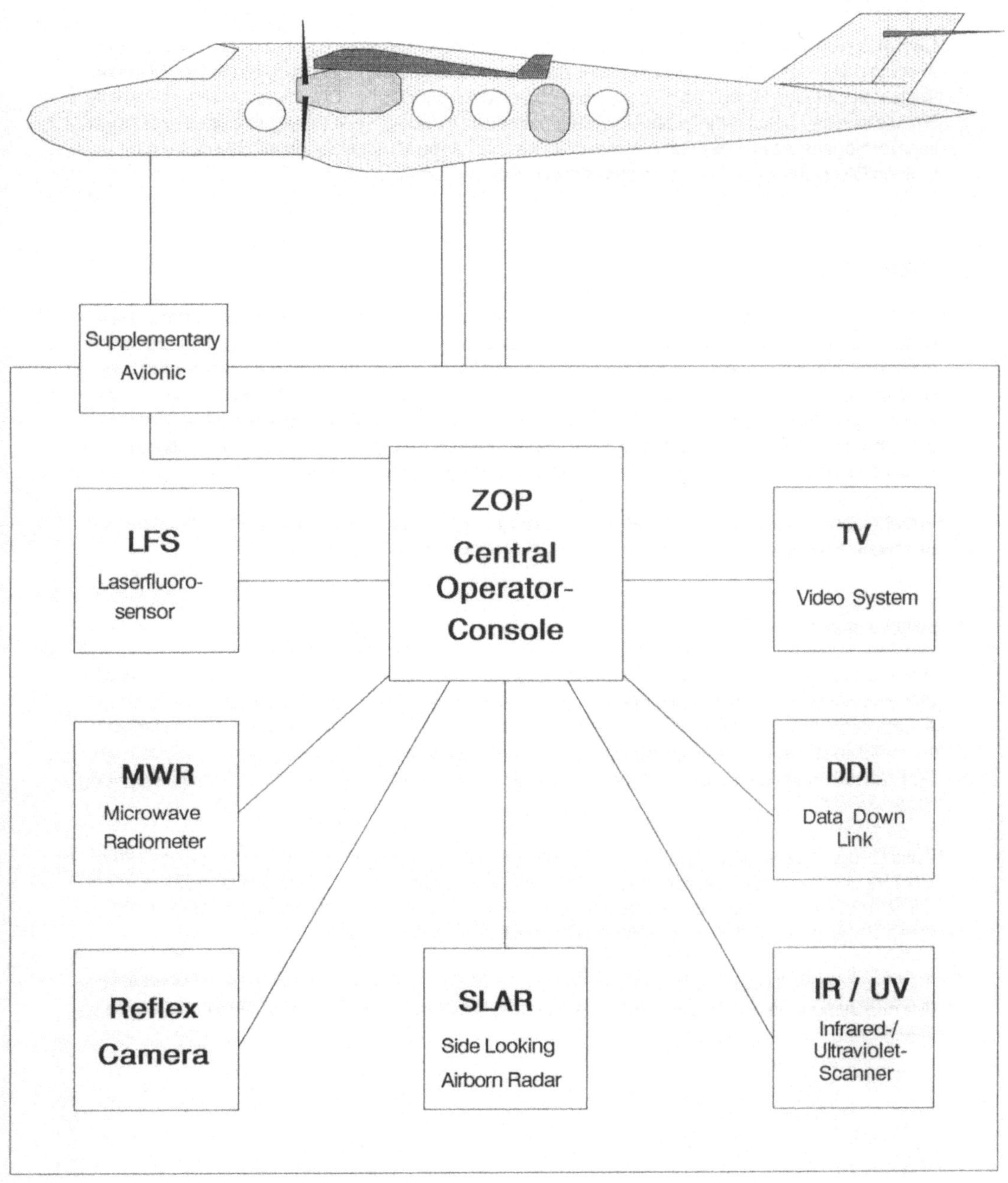

Abb. 1

Krupp MaK:
. Delivery and Integration of Mission Equipment
  including BWB-ML-Certification
. Full Logistic Support
. Maintenance / Service Mission Equipment

40

sätzlich von den Wetterbedingungen wie Wind, Seegang, Sichtverhältnissen beeinflußt. Diese Meßmethode ist mit Einschränkungen sowohl bei Tag als auch bei Nacht anwendbar und eignet sich
für Ölfilme mit einer Sichtdicke ab einigen Mikrometern.

Der ultraviolette Meßkanal liefert aussagekräftige Meßwerte, wenn eine ausreichende Sonnenlicht-
einstrahlung verbunden mit guten Sichtverhältnissen vorliegt. Ausgenutzt wird die erhöhte Reflek-
tivität von auf der Wasseroberfläche aufschwimmenden Ölfilmen. Die Intensität des reflektierten
Signals ist eine Funktion der Intensität der Sonneneinstrahlung, des Refraktionsindex, des Absorb-
tionsvermögens sowie des von der Wassersäule herrührenden Strahlungsanteils. Mit diesem Kanal
können Ölschichtdicken im Mikrometerbereich qualitativ erfaßt werden.

Mikrowellenradiometer

Das Mikrowellenradiometer ist ein passiver Nahbereichssensor zur quantitativen Schichtdicken-
bestimmung und Volumenabschätzung von Ölschichten auf der Meeresoberfläche. Das Gerät mißt
die thermale elektromagnetische Strahlung der Stoffe und errechnet aus den Interenzen von
Strahlanteilen der oberen und der unteren Grenzschicht von Ölflecken Schichtdickeninforma-
tionen. Drei Meßkanäle im Frequenzbereich von 18 GHz bis 89 GHz ermöglichen eine Messung
von Ölfilmen mit Schichtdicken zwischen 50 um und einigen Milimetern. Aus einer Einsatzflughöhe
von 1000 ft wird eine ca. 475 m breite Spur quer zur Flugrichtung abgetastet.

Entscheidende Verbesserungen gegenüber bislang eingesetzten Geräten sind eine höhere geo-
metrische Auflösung sowie der nach unten erweiterte Schichtdickenmeßbereich.

Laserfluorosensor

Der Laserfluorosensor ist ein aktiver Nahbereichssensor zur Analyse der oberflächennahen Schicht
des Meeres. Das Gerät besteht aus einem Leistungslaser, einem Empfangsteleskop und einen
Spektrographen mit 12 Meßkanälen zwischen 330 nm und 680 nm Wellenlänge, der die laserindu-
zierte Fluoreszenz- und Streustrahlung von oberflächennahen Verunreinigungen und natürlichen
Substanzen erfaßt. Ein optischer Scanner ermöglicht eine Meßspurbreite von 150 m bei einer Flughöhe von 1000 ft.

Gestützt durch einen leistungsfähigen Sensorrechner mit implementierten Auswertealgorithmen ermöglicht der Sensor die Messung extrem dünnen Ölschichten und damit eine Überwachung der in
der MARPOL-Konvention niedergelegten Grenzwerte, sowie die Klassifizierung von Ölen, ölähn-
lichen Substanzen und fluoreszierenden Chemikalien in Schadstoffklassen.

Auch biologische Substanzen wie Algen können großflächig überwacht werden, womit potentielle
Beeinträchtigungen der Fischereiwirtschaft und des Badebetriebes in einem frühen Stadium zu erkennen sind.

Oil Spill Detection with Imaging Airborne Radar

F. WITTE

Geman Aerospace Research Establishment (DLR), Institute for
Radio Frequency Technology, 8031 Oberpfaffenhofen, FRG

SUMMARY

In the field of remote sensing the German Aerospace Research Establishment (DLR)
carries out different experiments with different sensors or sensor packages. Some of them
are imaging airborne radar systems used for land and sea surface monitoring. The all-weather capability of these real and synthetic aperture radars enables the detection of oil spills
on the sea surface operationally.

Since 1983, some different scientific experiments, e.g. Archimedes I, II and IIa, were carried
out in the North Sea. The DLR participated with airborne radar and radiometer systems.
During the Experiments, some different oil slicks and in addition some monomolecular
layers were created to generate a realistic and well known situation for the measuring
procedure. The second part of the exercise includes the collection of the oil from the sea
surface by the oil-disposal staff.

Two examples of different airborne imaging radars, which are represented in this paper,
show the good ability of those systems to detect oil and other layers on the water-surface
which influence the surface roughness.

ZUSAMMENFASSUNG

Auf dem Gebiet der Fernerkundung führt die Deutsche Forschungsanstalt für Luft- und
Raumfahrt (DLR) verschiedene Experimente mit verschiedenen Sensoren bzw. Sensor-
paketen durch. Einige Sensoren sind hierbei flugzeuggetragene abbildende Radarsysteme
für den Einsatz über Land- und Seegebieten. Die Allwettertauglichkeit dieser Radarsysteme ermöglicht es, Ölflecken auf der Meeresoberfläche operationell aufzuspüren.

Seit 1983 wurden verschiedene, wissenschaftliche Experimente (z.B. Archimedes I, II und
IIa) in der Nordsee durchgeführt. Die DLR nahm hierbei mit ihren flugzeuggetragenen
Radar- und Radiometersystemen teil. Während der Experimente wurden verschiedene
Ölflecken sowie zusätzlich monomolekulare Filme ausgebracht um echte aber gut bekann-
te Bedingungen für die Messungen zu erhalten. Im zweiten Teil der Übungen wurde dann
das Öl von der Seeoberfläche durch die Ölbekämpfungsmannschaft wieder eingesammelt.

Zwei Beispiele von verschiedenen abbildenden Radarsystemen, die in diesem Bericht
beschrieben werden, zeigen die Fähigkeit dieser Systeme, Öl und auch andere Stoffe
aufzuspüren, die einen Einfluß auf die Rauhigkeit der Wasseroberfläche ausüben.

INTRODUCTION

The pollution of the sea by mineral oil spills and chemical substances increased worldwide drastically and has got a severe problem. So, it became more and more importance to monitore these maritime pollutions by remote sensing methods. Since 1983 the DLR is involved in scientific investigations of different airborne measurements to solve these problems and to make a proposal for the design of an optimized sensor package. The aim is to get a sophisticated airborne instrumentation for the operational use to detect, quantify and if possible classify oil slicks and other layers on the sea surface. This can be done only by the combination of very different sensor types. Due to the fact that the operational use requires an all-weather capability, the microwave sensors (active and passive) have to be the primary sensors.

SLAR-IMAGING PRINCIPLE

The Side Looking Airborne Radar (SLAR) is at first a sensor which measures the micro-wave reflectivity pattern of the earth surface. The received signal can be processed to give a radar image in such a way that it resembles an optical image, but in fact represents different physical phenomena. Measurements can be made in nearly all weather conditions, even at night and without visible ground contact. The operation can be summarized as follows:

A short pulse is transmitted through the antenna that faces to one side of the aircraft. The intensity of the received signal depends on the ground or sea surface, and the measuring geometry. The smallest area that can be distinguished is called the resolution cell and depends on the effective length of the pulse and the effective beam width of the antenna in the along-track direction. In case of a **Real Aperture Radar** (RAR) the along-track resolution is determined by the physical length of the antenna and the distance between the antenna and the target.

Whereas for a **Synthtic Aperture Radar** (SAR) the resolution in along-track is independent from the distance to the target. This has been realized by using the motion of the aircraft to generate a long "synthetic" antenna.

The time dependent received signal is then processed in such a way to give one radar image line. Repeating this process, after the aircraft has moved a certain distance, enables a complete image to be produced. However, the synthetic aperture radar principle encounters problems when the imaged objects are moving, as in the case of the sea surface.

OIL SPILL DETECTION BY RAR AND SAR

Oil films reduce the surface roughness of the sea and thus the radar backscattering cross section at oblique incidence angles. Thereforeoil slicks can be detected by both sensors RAR and SAR and appear accordingly on those radar images as dark patches. The same behaviour can be observed also for other substances which influence the sea surface roughness, e.g. biogenic slicks and even monomolecular layers.

In the different experiments, DLR carried out or participated, active and passive microwave sensors were used. During the Archimedes missions for example, which were financed by the European Community, imaging radar systems (RAR and SAR) working in L, X, and Ka-band were used. One of the last experiment was the SAXON-FPN-Experiment in November 1990 where a C and X-band SAR were flown.

A typical X-band RAR image of a sea-surface is shown in Figure 1 and a typical C-band SAR image is shown in Figure 2. The two dark patches in Figure 1 originate from mineral oil spills and were elongated in wind direction. Very good to see are also sea wave patterns and different surface roughnesses caused very likely by the wind. The scale of the image is approximately 2km x 2.8km and the resolution in the center is approximately 10m x 25m.

In Figure 2 a SAR image is shown, processed by a special motion compensation processor. It looks in principle very similar to an image obtained by a RAR but has much higher resolution. The white spots in the image are caused by ships which have such a high echo that the receiver has been saturated and as a result black streaks are created at both sides of the white spots.

However, the techniques for achieving resolution in flight or along-track direction are different between RAR and SAR but become difficult in both cases for far range monitoring.

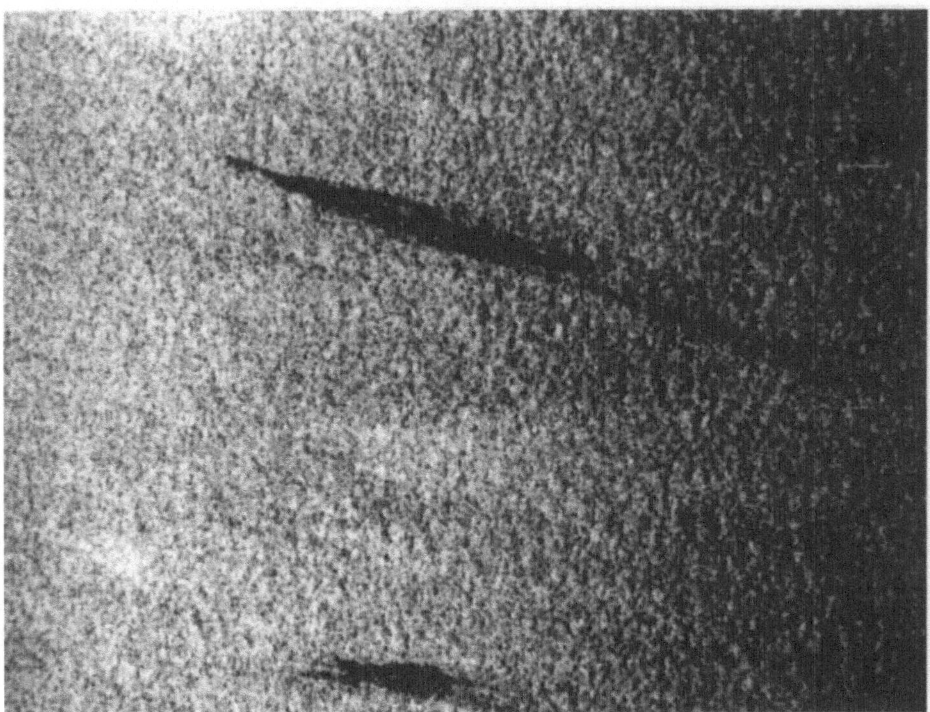

Figure 1: Typical X-band RAR image of two different oil slicks

44

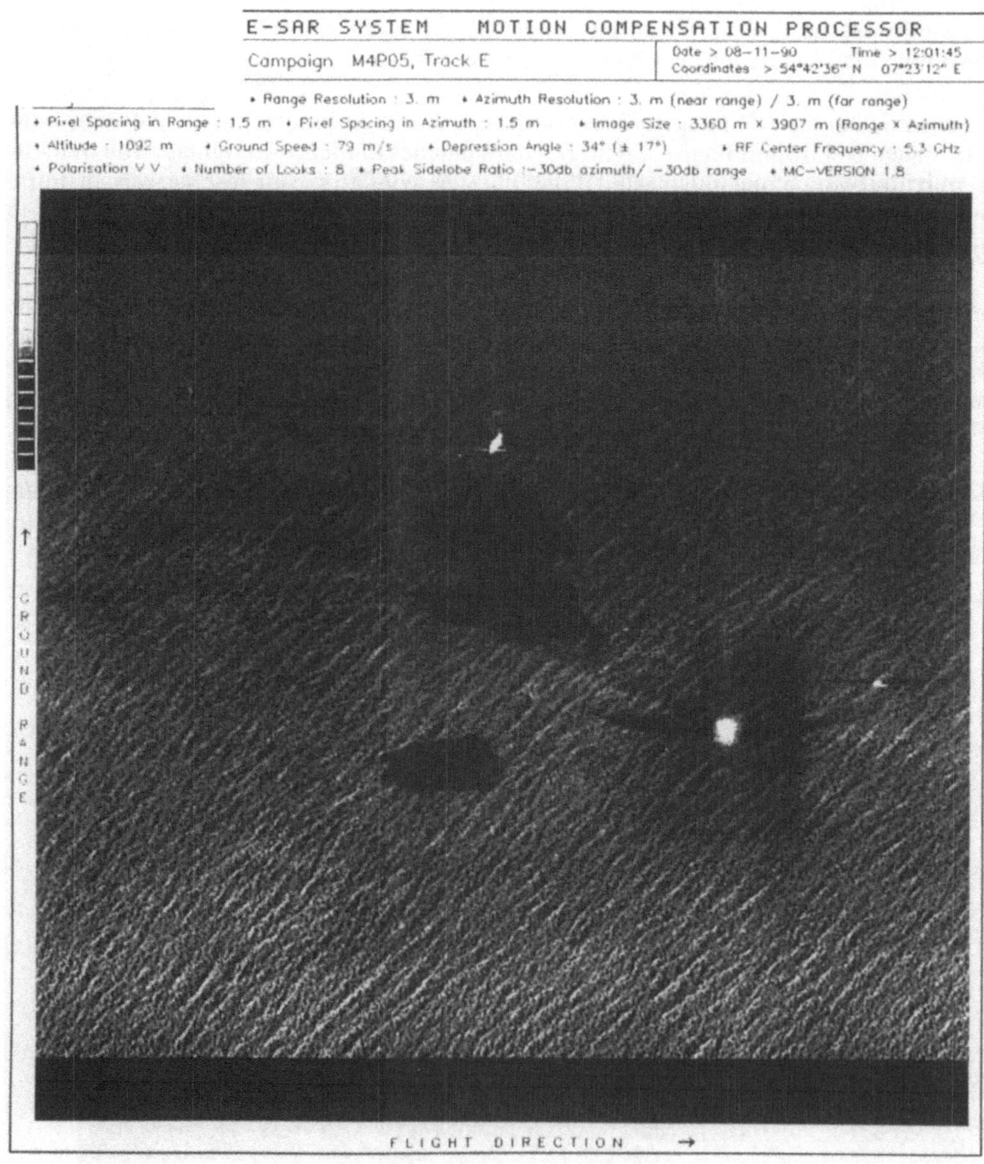

Figure 2: Typical C-band SAR image of the sea surface with two slicks of oleyl alcohol and oleic acid methyl ester

ACKNOWLEDGEMENTS

The autor wish to thank many colleagues at DLR for their help to prepare and to carry out the measurements:
H. Finkenzeller, P. Vogel, R. Ziegler, H. Brockstieger, M. Karg, H. Gnatz (Hauptabteilung Flugbetrieb)
J. Moreira, R. Horn, H.J. Müller, D. Stötzel, G. Kahlisch, S. Mantel (Institut für Hochfrequenztechnik)
Their engagement made it possible to represent these measurements.

REFERENCES

[1] Gillot R.A, Toselli F. et al., 1985, The ARCHIMEDES 1 Experiment, Directorate General for Science, Research and Development, Joint Research Centre, Ispra, EUR 10216 EN.

[2] Commission of the European Communities, Environment and quality of life, edited by R.A. Gillot "The ARCHIMEDES 2 Experiment", Directorate General, Joint Research Centre, Ispra, EUR 11249 EN, 1987

[3] Commission of the European Communities, Environment and quality of life, edited by J.A. Bekkering "The ARCHIMEDES 2a Experiment", Directorate General, Joint Research Centre, Ispra Site, EUR 12674 EN, 1990.

[4] N. Bartsch, J. Moreira, Sea-surface Related Analysis of C-band SAR Data, to be published at IGARSS 1991, Helsinki, Finland.

Technical Description and Simulation Experiments for Oil Fingerprinting and Water Column Characterization

J. VERDEBOUT and C. KOECHLER
Commission of the European Communities, Joint Research Center, Institute for Remote Sensing Applications, 21020 Ispra (VA), Italy

Introduction

Within the panel of sensors used for monitoring the oil pollution at sea, the lidar fluorosensors are the instruments which can give an information on the nature of the product present in a slick. This information results from an analysis of the laser induced fluorescence characteristics. If appropriately processed, the information provided by a "classical lidar" (using a restricted number of spectral channels) allows to distinguish between classes of products such as biogenic oils, lubrication oils, fuels, crude oils, etc...[1]. A refined identification requires more data; several approaches are possible: high spectral resolution [2], multiple excitation wavelength [3] or time resolution [4]. This last technique was particularly studied at the Joint Research Center and led to the concept of a high temporal resolution (1 ns) lidar system to classify the various types of crude oils on the basis of their fluorescence emission spectrum and decay times.

Such a time resolution was also found useful in the analysis of the water column signals (backscattering, Raman diffusion and Dissolved Organic Matter (DOM) fluorescence). The key point here is that, by analyzing the signals time dependence, which reflects their depth dependence, it is possible to determine the water attenuation coefficient. This is an important parameter for environmental monitoring as it affects biological processes in oceans, seas and lakes.

This paper briefly presents measurements performed in the Ispra support laboratory and describes the instrument (Time Resolved Lidar Fluorosensor, TRLF) built for operation from an aircraft.

Laboratory measurements

Figure 1 shows the basic experimental setup of the support laboratory when performing simulation experiments on an artificial water column (consisting of a 7m high, 2m in diameter steel tank standing at some 100 m from the laboratory). The excitation source is a commercial Nd-YAG laser (Quantel YG 503 20) delivering pulses with a duration selectable from 35 to 500 ps and an energy ranging from 5 to 30 mJ at 355 nm. The optical receiver is a 25 cm Newtonian telescope from which the light is collected by means of an optical fiber and brought to the detector consisting in a streak camera system (Hadland Photonics) coupled to a polychromator. In this way, fully spectro-temporal measurements are performed; they result in a CCD image in which the signal is spectrally dispersed along the vertical axis and temporally along the horizontal axis, the intensity at each pixel being coded on 12 bits.

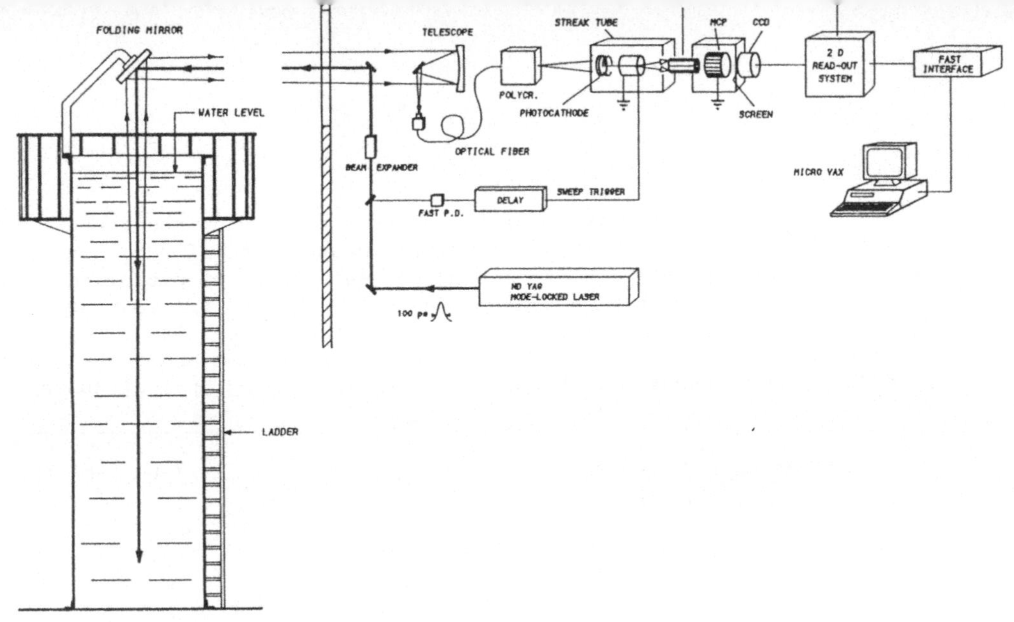

Figure 1: laboratory experimental setup for water column measurements.

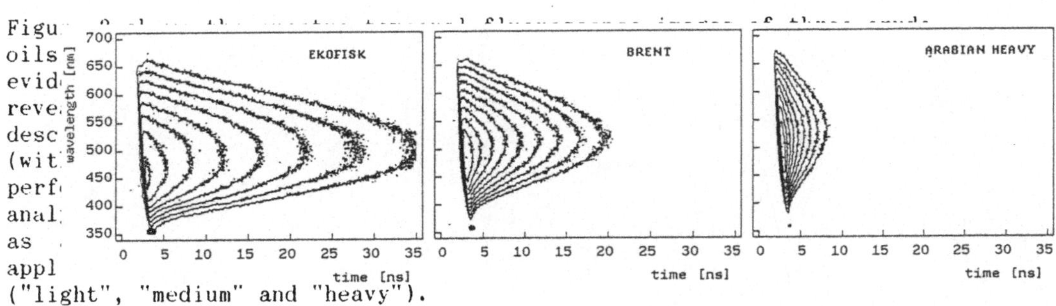

Figu... the ... temporal fluorescence images of three crude
oils ...
evid...
reve...
desc...
(wit...
perf...
anal...
as
appl...
("light", "medium" and "heavy").

Figure 2: fluorescence spectro-temporal images of three crude oils :
Ekofisk (0.804 g/ml), Brent (0.834 g/ml) and Arabian heavy (0.887 g/ml).

Figures 3 to 5 show simulation measurements performed on the tank: it was initially filled with tap water; known quantities of humic acid were later added to simulate an increasing concentration of dissolved organic matter (and consequently diminish the water optical transparency). The spectro-temporal images clearly show how the three types of signal (backscattering at 355 nm, Raman diffusion at 404 nm and the spectrally broad DOM fluorescence) are shortened by the increasing optical absorption.

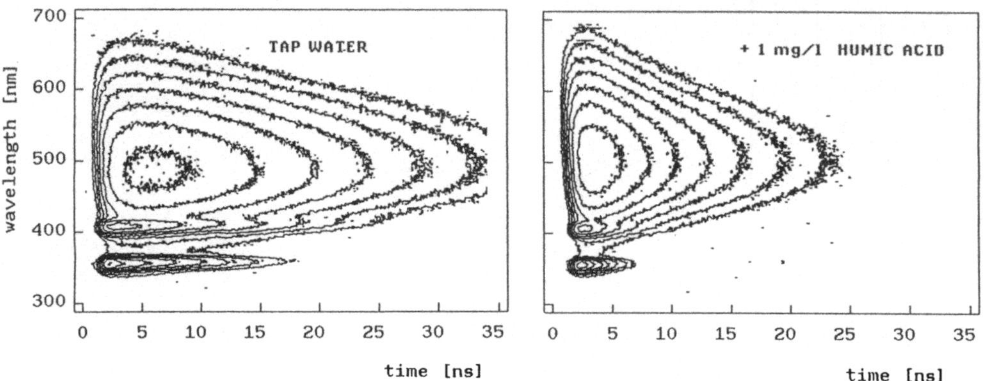

Figure 3: spectro-temporal images obtained on the tank filled with tap water (left) and after addition of 1mg/l of humic acid (right).

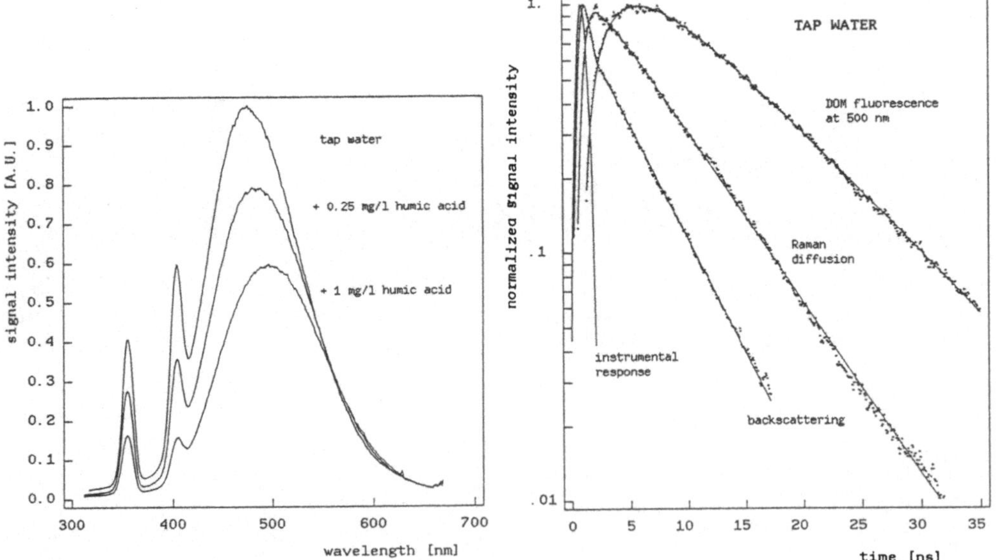

Figure 4: uncorrected time integrated spectra for tap water and two humic acid concentrations. The backscattering peak is at 355 nm, the water Raman line at 404 nm.

Figure 5: time dependence of the backscattering, Raman and DOM fluorescence signals for tap water; the solid curves represent the fitting of a theoretical model.

The characterization of the water column is classically performed on the basis of the time integrated spectrum which, by using the Raman normalization technique, allows to quantify the concentration of DOM, chlorophyll and other pigments. Additionally, provided the attenuation coefficient is not too high ($< \sim 3$ m-1 at 355 nm), the analysis of the signals time dependence yields an accurate evaluation of the beam attenuation coefficient. This is made possible by the narrow beam/narrow field of view configuration of the instrument which minimizes the multiple scattering contribution to the signals.

The flight instrument

The TRLF (Time Resolved Lidar Fluorosensor) was built for the JRC by the CISE spa of Milan; its architecture is basically that of the laboratory setup.

The source is an actively mode-locked Nd-YAG laser using a SFUR (Self Filtering Unstable Resonator) which makes it particularly compact. It delivers maximum energies of 30 mJ at 355 nm and 60 mJ at 532 nm. The pulse duration was measured to be slightly longer than 1 ns (FWHM). The beam is sent towards the target along the axis of the telescope after passing through a beam expander which serves to minimize the spot diameter on the sea surface. The output beam has a 2 cm diameter and a 0.15 mrad divergence so that the spot diameter is approximately 5 cm at 100 m. The maximum firing rate is 10 Hz.

The detector is again a streak camera coupled to a dual grating polychromator allowing to choose between three spectral ranges: 340 to 710 nm with a resolution of 15 nm, 340 to 580 nm or 520 to 760 nm with a resolution of 10 nm. The Newtonian telescope is 30 cm in diameter with a focal length of 85 cm. The signal light is collected by a 20 m long, 0.4 mm in diameter optical fiber and brought to the polychromator input. The fiber diameter determines the receiver field of view which is 0.5 mrad.

Such a geometry makes the alignment of the system critical. Therefore, it has been fitted with an auto-alignment feedback loop acting on one of the mirrors in the beam path; the error signal is generated by a four quadrant detector looking at a fraction of the output beam. It has been checked that the pointing stability is better than 0.3 mrad.

Another problem was the generation of the trigger pulse for the streak camera. This can no longer be done at the laser output as the variability of the distance between the aircraft and the sea surface would introduce a jitter destroying the time resolution. The triggering pulse is therefore generated by a photomultiplier from the return signal itself. The light falling in the shadow of the telescope secondary mirror is used for this purpose. The necessary delay between the trigger pulse and the arrival of the signal on the streak camera is provided by the optical fiber.

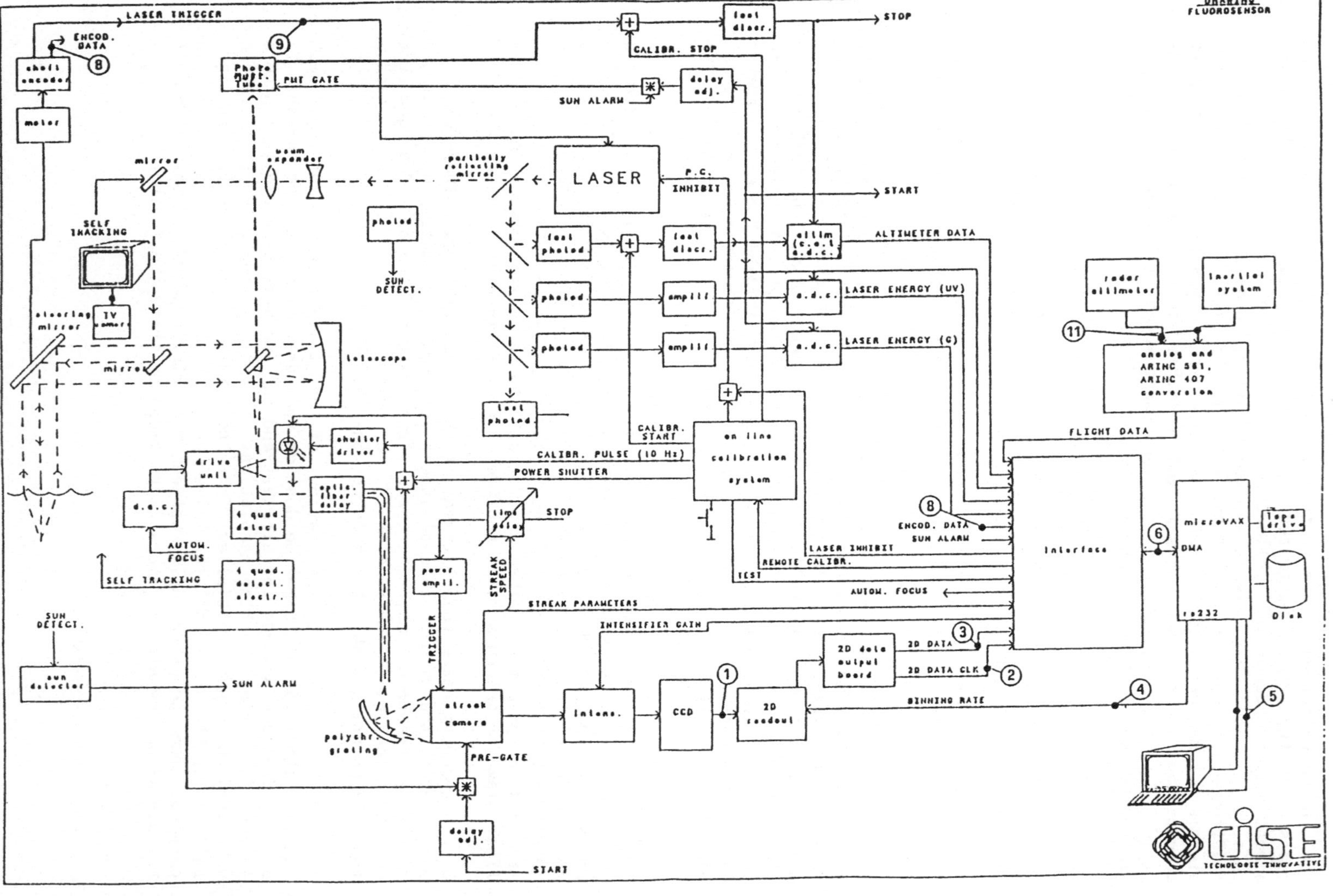

Figure 6: block diagram of the "Time Resolved Lidar Fluorosensor"

The system contains two computers: the "2D readout system" dedicated to the control of the streak camera detector and a microVAX II/GPX as the main computer. This last one controls in particular the automatic positioning of the optical fiber at the telescope focal point as a function of the target distance, according to a predetermined law. The distance is calculated from the time delay between the laser pulse emission and the arrival of the signal.

In order to use the 10 Hz firing rate and still acquire the single shot measurements, it was necessary to reduce the amount of data generated by the CCD (a full resolution image represents 0.5 Mb) Such a possibility is provided by the 2D system which allows to program macro-pixels at the readout time (binning"). The maximum data acquisition rate with storage on the VAX hard disk is 30 kwords/s, implying the reduction of each image size to 3,000 pixels. This does not exclude to use the system with a higher CCD image resolution but a lower firing rate. The choice can also be made to accumulate, on the CCD, the signal produced by a large number of laser shots in order to obtain a better statistics. The present capacity of the hard disk is 70 Mb.

The computer provides a real time display showing: the spectrum at a selectable time, up to 5 time traces at selectable wavelengths, indication of the laser pulse energy, target distance, receiver parameters and flight data.

The complete system is housed in five containers, it weights 520 kg and has a power consumption of 3.1 kW partitioned between 28 V DC and 115 V AC (400 Hz).

The instrument has been successfully tested on the ground with both oils and water column targets. We are now collaborating with the society AGUSTA to evaluate the operability from an helicopter which offers a greater flexibility with respect to an airplane as it can fly low, at moderate speed and can even hover to perform measurements by accumulation which provide a better signal statistics. We recently performed the first test flight (on an AB412 helicopter) which demonstrated the mechanical and electromagnetic compatibility between the instrument and the aircraft.

52

References

1. T. Hengstermann and R. Reuter, "Laser remote sensing of pollution at
    sea: a quantitative approach", proceedings of the EARSel workshop on
    "Lidar Remote Sensing of Land and Sea", Florence, Italy, May 6-8, 1991.

2. P. Burlamacchi , G. Cecchi , P. Mazzinghi and L.Pantani , "Performance
    evaluation of UV sources for lidar fluorosensing of oil films, Applied
    Optics, Vol. 22, No 1, 1983, pp 48-53.

3. A. Dudelzak , S.M. Babichenko , L.V. Poryvkina and K.J. Saar , "Total
    luminescent spectroscopy for remote laser diagnostics of natural water
    conditions", Applied Optics, Vol. 30, No 4, 1991, pp 453-8.

4. J.Verdebout and C. Koechler, "Nanosecond time resolution: technical
    implementation and usefulness", proceedings of the EARSeL workshop on
    "Lidar Remote Sensing of Land and Sea", Florence, Italy, May 6-8, 1991.

Time-Resolved Laser-Induced Fluorescence Spectroscopy for Diagnostics of Oil-Pollution in Water

W. SCHADE[1], J. BUBLITZ[1], V. HELBIG[1] and K.-P. NICK[2]

[1]Institut für Experimentalphysik, Universität Kiel, Olshausenstr. 40, W-2300 Kiel, FRG

[2]Krupp Atlas Elektronik GmbH, Sebaldsbrücker Heerstr. 235, W-2800 Bremen,FRG;

Abstract

Es wird ein Laserverfahren vorgestellt, das mit der Methode der zeitaufgelösten-laserinduzierten Fluoreszenzspektroskopie Ölverunreinigungen im Wasser bis zu einer Konzentration von 0.5 ppm nachweist. Die Anregung der Probe erfolgt mit einem kompakten Stickstofflaser bei 337.1 nm über Lichtleiterkabel und die zeitaufgelöste Fluoreszenzmessung wird bei diesem Verfahren auf eine integrale Messung der Fluoreszenz in einem "frühen" und einem "späten" Zeitfenster, bezogen auf den Zeitpunkt des Anregungspulses, reduziert. Das Verhältnis der in diesen beiden Zeitintervallen gemessenen Fluoreszenzintensitäten ist ein empfindliches Maß für den Nachweis von Ölspuren im Wasser.

In this paper we describe an application of the method of time-resolved laser-induced fluorescence spectroscopy for measuring oil-pollutions in water down to 0.5 ppm. The excitation is perfomed by a compact nitrogen laser at 337.1 nm and fiber optics. The time-resolved observation of the fluorescence signal is reduced to an integral detection of the fluorescence in an "early" and a "late" time-window in relation to the excitation pulse. The ratio of the measured intensities in these two time intervals can be used to monitor oil-pollutions very sensitively.

Introduction

During the last years the developement of methods for the diagnostics of oil pollution in water by laser-induced fluorescence spectroscopy has been done by several groups. Beside measuring the intensities of the fluorescence spectra also the laser-induced decay spectra can be used for diagnostics as already has been suggested in 1974 by Measures et al.[1] and Rayner and Szabo[2] in 1978. The specificity of the results of time-resolved fluorescence measurements is superior to those associated with the observation of fluorescence intensities. Recently, time resolved measurements have also been suggested for the detection of oil spills on the sea surface[3]. Different types of oil products show significant different fluorescence decay spectra in the spectral range between 400 and 500 nm after excitation with 337.1 nm. Also the decay spectra of seawater are quite different compared with those of the oil products, contrary to the results when measuring only the intensities of the fluorescence spectra. Then the separability between

54

oil and water fluorescence signal is almost impossible.
However, time-resolved fluorescence measurements have not been used in field experiments for the oil detection in water so far, probably caused by the complications in data processing and evaluation which are generally connected with this method. When using only two well defined time-gates for the data collection the processing and evaluation of the measured signal are simplified that this method is very attractive for the diagnostics of oil-pollutions in water.
In this paper we describe the basic principle of our method and the apparatus developed in our laboratory.

Intensity-fluorescence spectra of oil products and Baltic sea water

In Figure 1 the fluorescence signals of light fuel oil, diesel fuel, engine oil and gasoline are shown in the spectral range from 300 to 600 nm after excitation with 337.1 nm. These spectra show intensive fluorescence between 350 and 500 nm with a maximum around 400 nm but no characteristic structure is observed. Therefore, intensity measurements of the fluorescence can not be used for a selective diagnostic between different oil products. If the intensity of the fluorescence is used for a "yes" or "no" analysis there also will arise some problems.

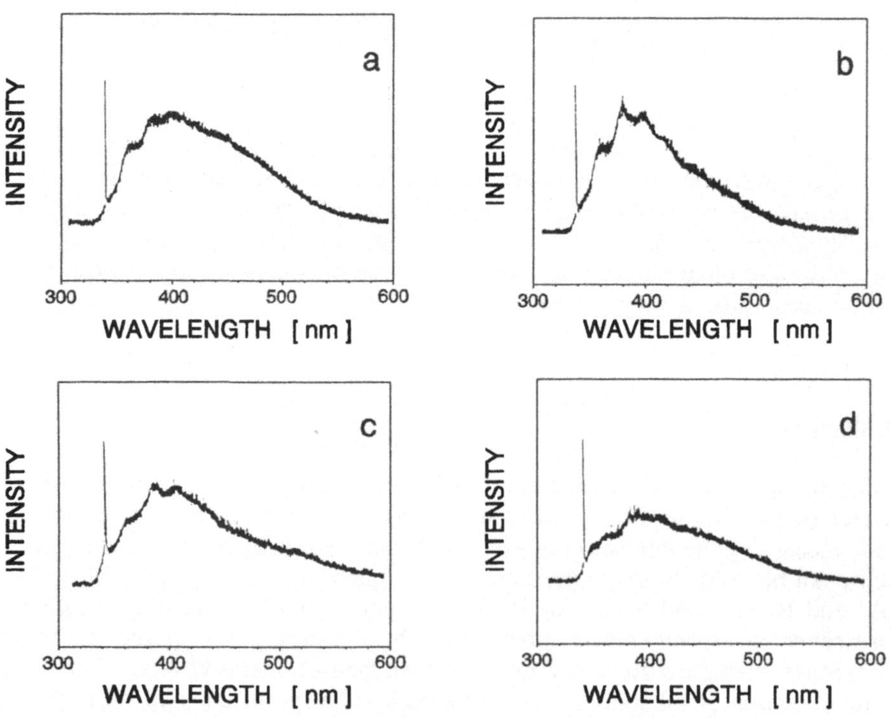

Figure 1: Fluorescence spectra of some oil products after excitation with 337.1 nm: (a) Light fuel oil; (b) Diesel fuel; (c) Engine oil (15W-20HD); (d) Gasoline (unleaded).

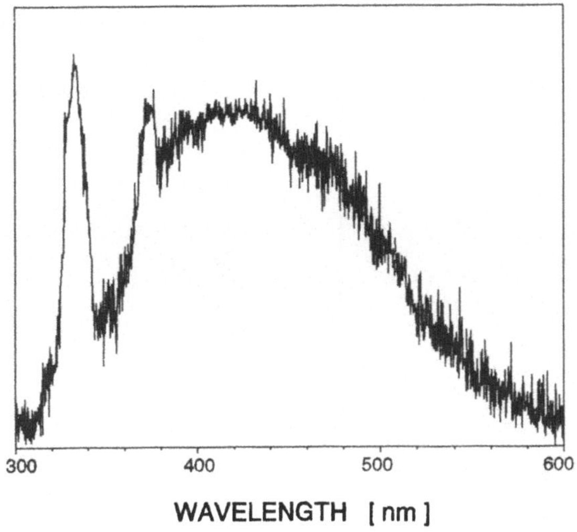

Figure 2: Fluorescence spectrum of Baltic sea water after excitation with 337.1 nm.

In Figure 2 the fluorescence spectrum of a Baltic sea water probe is shown for the spectral range between 300 to 600 nm after excitation with 337.1 nm. Beside the scattered laser pulse at 337 nm and the Raman-peak of the laser in water at 380 nm we observe intensive fluorescence between 400 and 500 nm resulting from the Gelbstoff which is always present in sea water. This shows, that the laser-induced fluorescence spectra from the oil products are always overlaped by the fluorescence of the Gelbstoff of the seawater. Therefore, the accuracy and the detection limit of the measured oil concentration in water will always be limited when only the intensities of the spectra are used for the diagnostics.

This problem can be overcome when additionally the decay constants from time-resolved laser-induced fluorescence spectra are taken for the diagnostics. It seems very attractive to do this, because for various oil products different relaxation times are observed. Also the decay times from sea water and oil show significant differences. From basic atomic and molecular physics it is well known that the measured decay times are depending on the conditions in the volume where the fluorescence is observed, e.g. the number density of the atoms or molecules involved. Therefore relaxation times may also be used to measure quantitative concentrations of oil in water.

Time-resolved laser-induced fluorescence of oil products and Baltic sea water

In Figures 3 and 4 the results of time-resolved laboratory fluorescence measurements are shown for Baltic sea water, engine oil (15W-20HD), light fuel oil and diesel fuel. The decay spectra have been observed at 400 nm, 450 nm and 500 nm, while the excitation was performed during these measurements at 337.1 nm. The duration of the exciting laser pulse was 0.9 ns (FWHM). The time evolution of the fluorescence signals can be described by a sum of two or three exponential functions with characteristic decay times and intensities. The exponential fluorescence decay of Baltic sea water

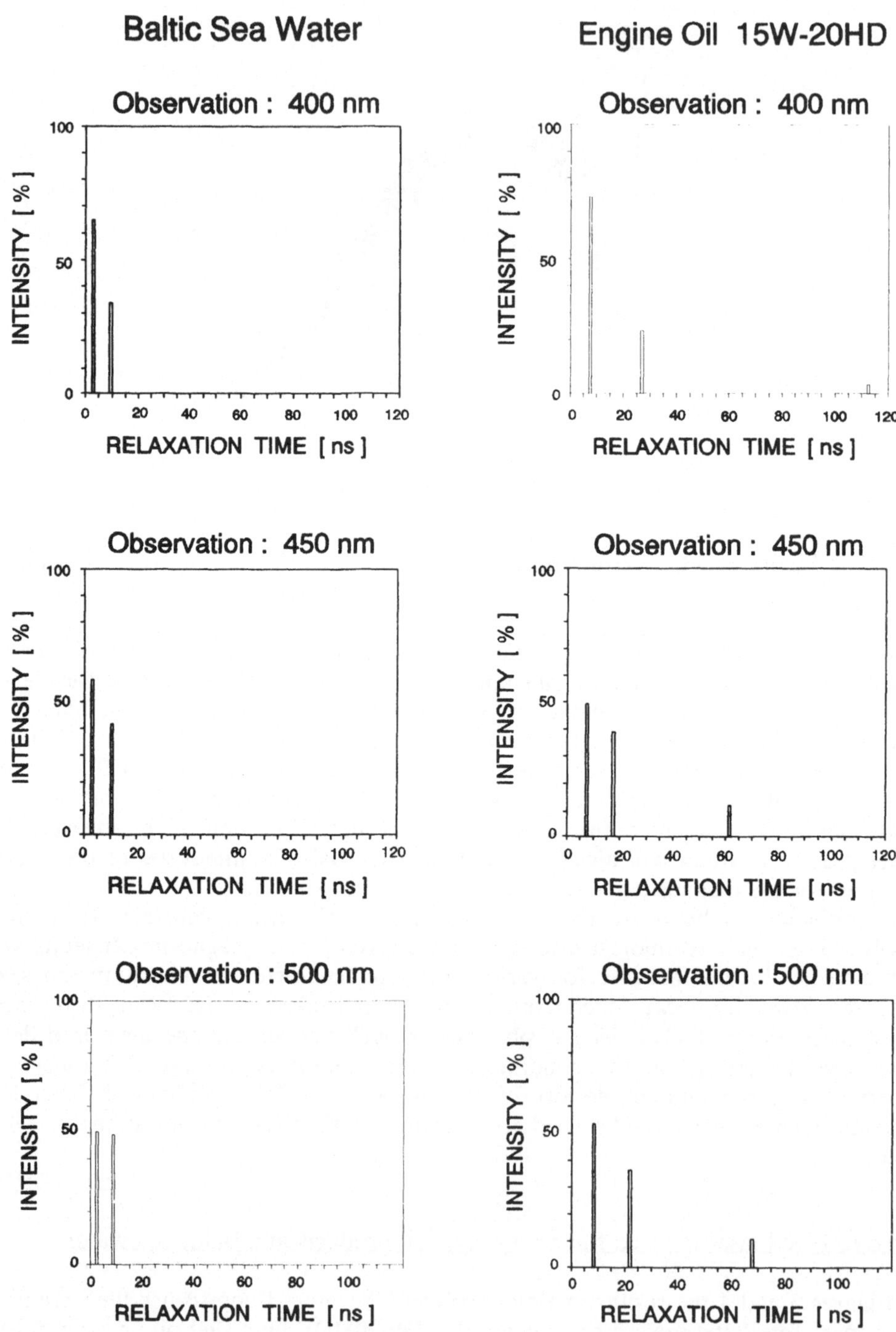

Figure 3: Measured decay times for Baltic sea water and engine oil (15W-20HD). The excitation was performed with a nitrogen laser (337 nm) and the fluorescence was observed at 400 nm, 450 nm and 500 nm. The spectral resolution of the detection system was $\Delta\lambda = 0.1$ nm and the temporal resolution was $\Delta t = 1$ ns.

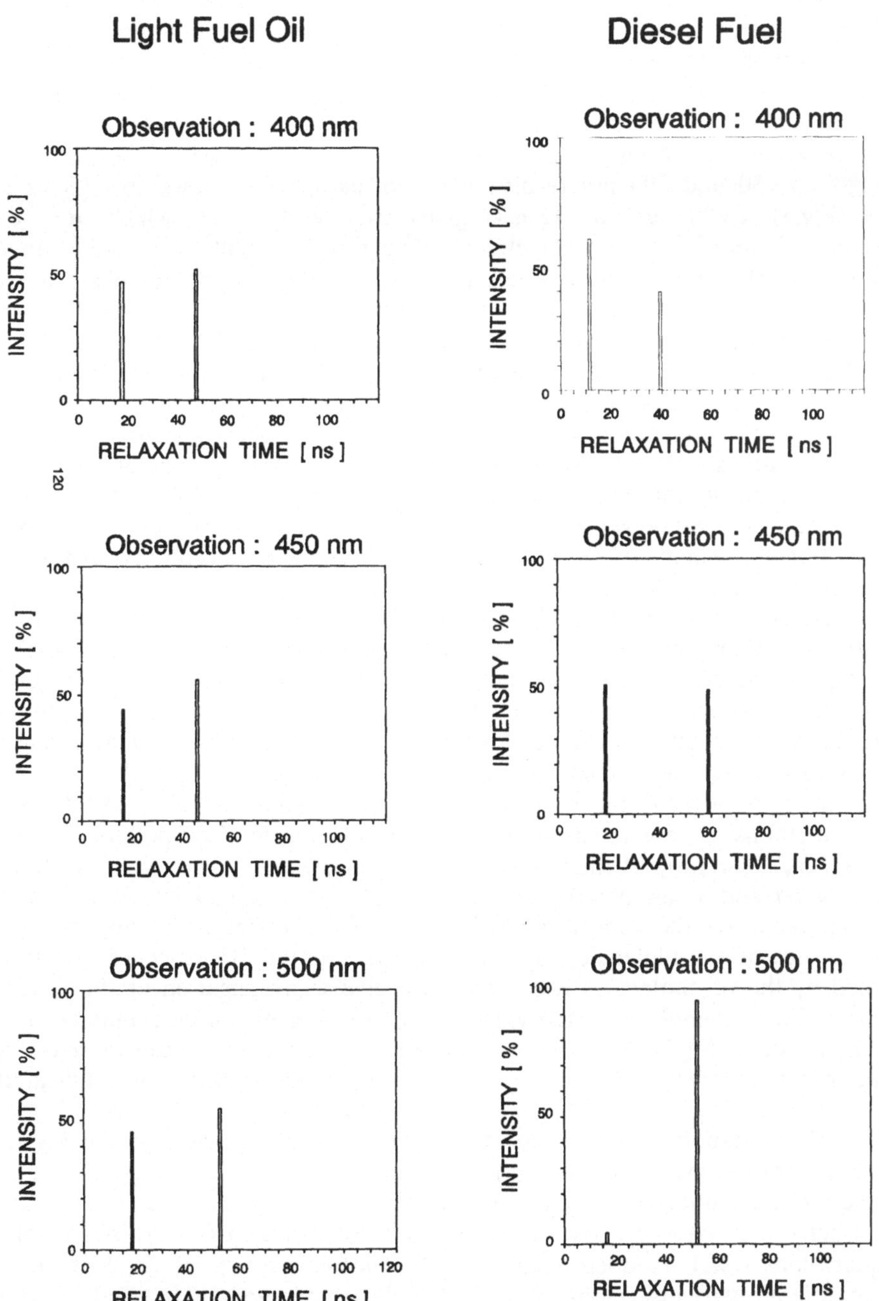

Figure 4: Measured decay times of light fuel oil and diesel fuel. The experimental conditions were the same as given in Figure 3.

(Fig.3) consists of the time constants $\tau_1 = 3.4$ ns and $\tau_2 = 9.6$ ns with the intensities $I_1 = 65\%$ and $I_2 = 35\%$ when observing the fluorescence at 400 nm. When changing the observation wavelength to 450 and 500 nm only the intensities but not the relaxation times change. For engine oil (15W-20HD) three decay times are observed with $\tau_1 = 7.2$ ns, $\tau_2 = 26.9$ ns and $\tau_3 = 112.5$ ns and the corresponding intensities $I_1 = 73\%$ and $I_2 = 23\%$ and $I_3 = 4\%$ when measuring the fluorescence at 400 nm. Changing the observation wavelength to 450 and 500 nm results in a shortening of τ_3 down to 68.3 ns with $I_3 = 11\%$ (Fig.3). Light fuel oil (Fig.4) gives two decay times which are nearly independent of the observation wavelength. The time constants are $\tau_1 = 17.8$ ns and $\tau_2 = 47.2$ ns with the corresponding intensities $I_1 = 48\%$ and $I_2 = 52\%$ for observation at 400 nm. Diesel fuel, however, shows a quite different behaviour (Fig.4). For observation at 400 nm two decay times, $\tau_1 = 11.3$ ns ($I_1 = 60\%$) and $\tau_2 = 39.7$ ns ($I_2 = 40\%$) are measured while only the long decay time is dominant when measuring the fluorescence at 500 nm ($\tau_1 = 16.2$ ns with $I_1 = 5\%$ and $\tau_2 = 51.8$ ns with $I_2 = 95\%$).

These characteristic differences in the time constants of the decay spectra of various oil products and Baltic sea water allow for establishing a novel diagnostic of oil pollution in water by measuring integral fluorescence intensities in two well defined time gates. To demonstrate the method we restrict our further discussion on the special case of sea water pollution with engine oil (refer to Fig.4). The fluorescence is observed at 400 nm. Then we use two time gates of 100 ns duration. The first gate opens at the time $t_1 = t_0$ when the laser pulse excites the molecules and the second one opens at $t_2 = t_0 + 100$ ns. The Baltic sea water gives only a fluorescence signal during the first 100 ns after the excitation pulse because of the two short decay times $\tau_1 = 3.4$ ns and $\tau_2 = 9.6$ ns. For longer times of observation no fluorescence signal of Baltic sea water is observed anymore. However, engine oil can be detected for times longer than 100 ns, because of the longer relaxation times connected with $\tau_1 = 7.2$ ns, $\tau_2 = 26.9$ ns and $\tau_3 = 112.5$ ns. Therefore the ratio of the fluorescence intensities measured in an "early" (0-100 ns) and a "late" (100-200 ns) time gate can be used for the diagnostic of oil pollution in water (refer to Fig.5a). The ratio of the intensities I_2/I_1 is a sensitive value for the separation of oil and water and it can also be used for a rough quantitative analysis because this ratio is depending on the concentration of oil in water (refer to Fig.5b). When the number density of oil molecules is increased the emitted fluorescence is partially reabsorbed by the oil molecules itself. This will give a prolongation of the observed decay times. The dependency of the values I_2/I_1 from Fig.5b can be explained by this effect. The results of Fig.5b show that with this method concentrations down to 0.5 ppm oil in water can be detected. The uncertainties for the values I_2/I_1 are also indicated in Fig.5b.

A scheme of the experimental set-up of our diagnostic system is given in Fig.5c. It consists of a compact nitrogen laser with closed gas reservoir (RDN 5/5, Radient Dyes Laser Accessoires GmbH) with a pulse power of about 250 kW and a repetition rate of 5 Hz, a fiber optic system for excitation (EF) and observation (OF), a beam splitter (BS), quarz lens (QL), monochromator (MC), photomultiplier (R928, Hamamatsu) (PM), amplifier (AMP), discriminator (DC), two photon counters (PHC1 and PHC2) for the detection of the fluorescence signal and a fast photodiode (FPD) and trigger unit (TU) to set the gates for the counters. The complete system is controled by a personal computer (PC) which is also used for the data processing and evaluation.

In the following we give a short description of the electronic cirquit. After excitation with the laser the emitted photons are detected with the fiber optic system and a monochromator for wavelength selection by the photomultiplier. This signal is amplified

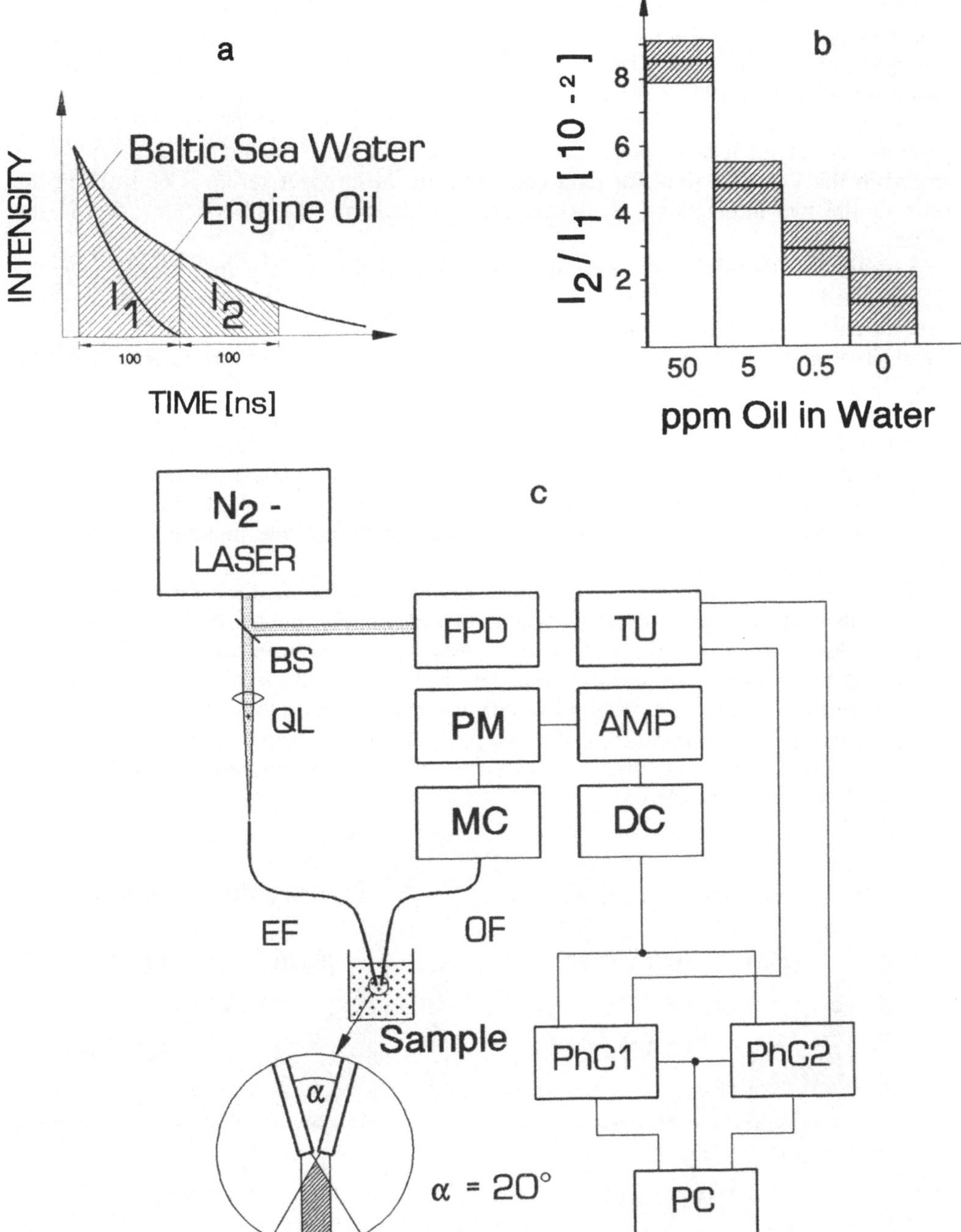

Figure 5:

(a) Detection and evaluation of "early" and "late" fluorescence with two fixed time gates.

(b) Ratios I_2/I_1 for different concentrations of engine oil in Baltic sea water.

(c) Experimental set-up for the time-resolved laser-induced diagnostic of oil pollution in water (explanation see text).

and with a discriminator norm pulses are created which are registrated by the photon counters in well defined time intervals. The gates of the two counters are controled by a trigger unit, which itself is triggered by a part of the laser pulse. This unit creates two norm pulses of 100 ns duration which can be delayed against the laser pulse and against each other. They serve as control pulses for the gates of the two photon counters. After each laser pulse the number of photons is counted and the result is stored in the PC. The time for data collection in the present set-up is 60 s. Then the ratio of the two intensities I_2/I_1 is calculated to estimate the oil concentration in the water.

Our results for the ratios I_2/I_1 have also been tested whether they are influenced by the characteristics of the medium where the oil is detected. We have used in these experiments water with a high iron-oxide content and with a high content of organic particles or alga. In all three cases the time-resolved water fluorescence signals can be described by an exponential decay with the time constants $\tau_1 \approx 3$ ns ($I_1 \approx 65\%$) and $\tau_2 \approx 8.5$ ns ($I_2 \approx 35\%$). These results agree fairly well with those for the Baltic sea water (refer to Fig.3). Further experiments with clouded water have shown that the main influence of the scattering of the laser-induced fluorescence light with water particles is a lost of the intensity of the signal. Disturbations of the time evolution of the fluorescence are negligible. More experiments concerning these problems are planed to do in our laboratory.

Besides the sensitive separation of oil and water with this method the application of time-resolved fluorescence spectroscopy gives additionally the possibility of separation different kinds of oil products in special cases. An example is given in Fig.6. When measuring the integal fluorescence intensities at 400 nm with the time gates I_1, I_2 and I_3 as indicated in Fig.6a the engine oil signal can not be separated from the diesel fuel signal. However, when measuring the integral fluorescence intensities with the same time gates but at 500 nm engine oil and diesel oil can be separated by calculating the ratios I_2/I_1 and I_3/I_1 (Fig.6b).

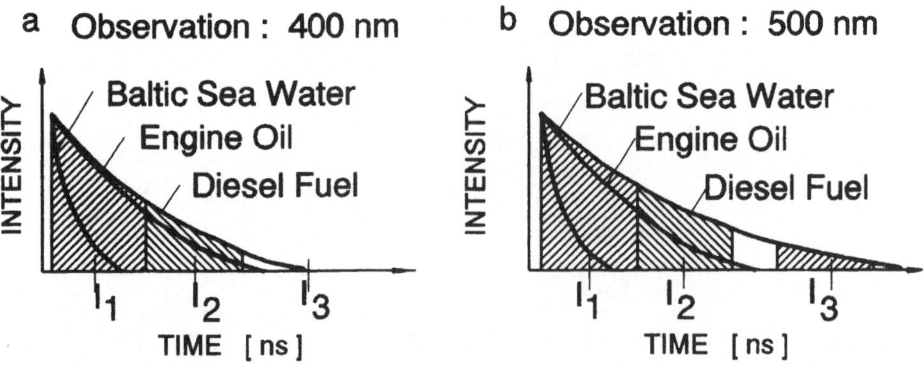

Figure 6: Detection and evaluation of time-resolved laser-induced fluorescence signals with three fixed time gates.
(a) Fluorescence signals and time gates as indicated for Baltic sea water, engine oil and diesel fuel, when the observation wavelength is 400 nm.
(b) Fluorescence signals and time gates as indicated for Baltic sea water, engine oil and diesel fuel, when the observation wavelength is 500 nm.

References

1. R.M. Measures, W.R. Houston and D.G. Stephenson, Opt. Eng. **13**, 494 (1974)
2. D.M. Rayner and A.G. Szabo, Appl. Opt. **17**, 1624 (1978)
3. P. Camagni, G. Colombo, C. Koechler, A. Pedrini, N. Omenetto and G. Rossi, IEEE Trans. Geosc. Remote Sensing **GE-26**, 22 (1988)

Acknowledgements

This work was financially supported by Krupp Atlas Elektronik GmbH in Bremen.

Vegetationsstreß

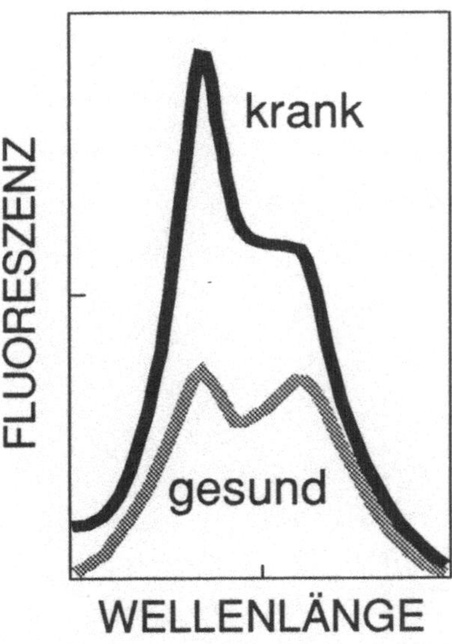

Investigation of Forest Decline by Various Time Resolved Luminescence Techniques

Schmidt, W.[+,#] and H. Schneckenburger[+]

(+) Fachhochschule Aalen, Fachbereich Optoelektronik, Beethovenstr. 1, D-7080 Aalen, Germany

(#) Universität Konstanz, Fakultät für Biologie, Postfach 5560, D-7750 Konstanz 1, Germany

1.INTRODUCTION Novel techniques of time resolved luminescence of chlorophyll have been adopted for diagnosis of damages of trees. We report on experiments performed at two locations in Germany (Fig. 1). (i) Measurements at Edelmannshof

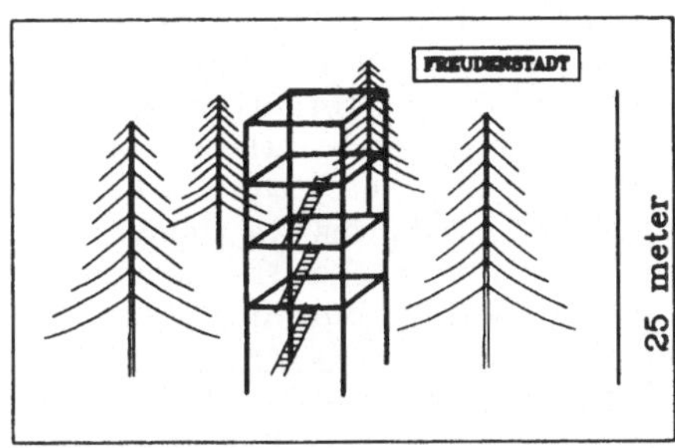

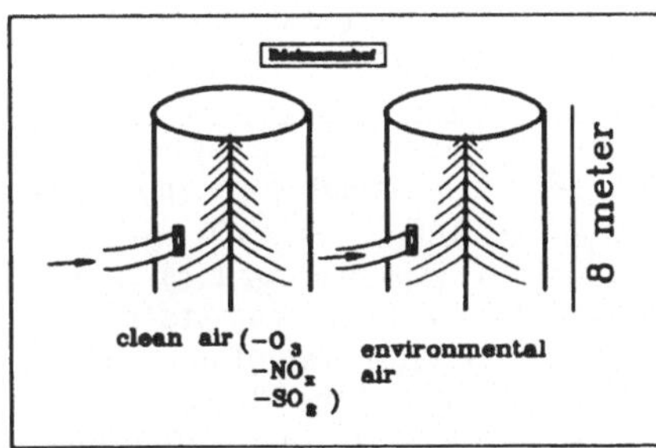

Figure 1 Sketch of the two locations at Edelmannshof (Welzheimer Wald) and Freudenstadt (Black Forest) from where samples were harvested.

(Welzheimer Wald) are part of a so-called "exclusion experiment" testing for the impact of air pollutants such as O_3, NO_2 and SO_2 in Open-Top-Chambers (OTC's, Seufert and Arndt, 1985). Two spruces (labeled "A" and "B") we analyzed were exposed to filtered air (excluding these pollutants), two other spruces, growing within similar OTC's, but being exposed to non-filtered air (labeled "C" and "D") served as a control. (ii) Measurements at Freudenstadt ("Schöllkopf") were performed on 12 individual spruces (Picea abies, appr. 15 m high and 40-50 years old) accessible from high wooden structures. Investigations were performed with needles from 1983 whorls of the less declined spruces № 13, 15, 14, 16, 17 and 24 (damage class 0), 7, 12, and 31 (damage class 1) as well as with needles of the more heavily damaged spruces № 1, 2, and 6 (damage class 3;) [Seemann, 1991]. Since we are aiming at a convenient procedure of early detection of damages in coniferes, all measurements were carried out with small, perfectly green and healthy looking twigs of age classes 88 - 90 without any visible damages (of course, visually damaged/yellowish specimen yield largely different results beeing close to worthless).

The methods applied include both observation of prompt and delayed luminescence and can be classified depending on the type of excitation: (i) Excitation of (dark-adopted) samples by a single light pulse where the subsequent luminescence decay is monitored, or (ii) continuous excitation during the measurement, resulting in four different experimental approaches providing different information on the physiological status of the spruce, i.e. on the extent of the present --perhaps still invisible-- damage for possible diagnosis purposes.

2. THEORY The conversion of light into biochemically useful energy as the key process of green organisms is known as PHOTOSYNTHESIS. Basis of our experiments

is the generally accepted working hypothesis that various visible but particularly still <u>invisible</u> impacts on trees is sensitively reflected by the various types of luminescence paralleling photosynthetic electron transport. This is shortly recapitu-

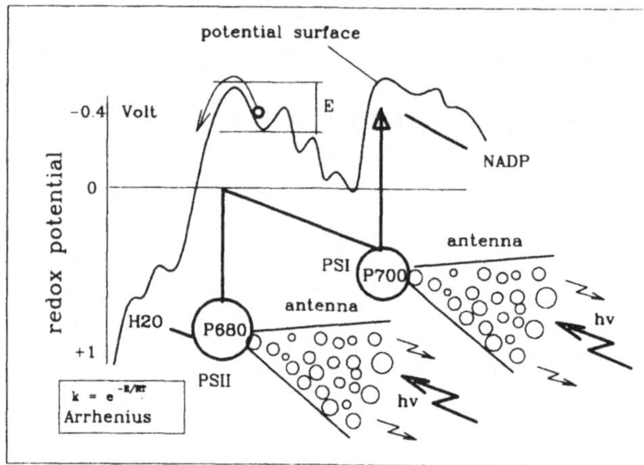

Figure 2 Origin of the various prompt and delayed luminescence signals investigated are the photosynthetic pigment systems "PSI" and "PSII". Kinetics of delayed luminescence are intimately correlated with "potential surfaces" as sketched and determined by Arrhenius' equation.

lated referring to Fig. 2. Mediated by two photosystems (PS II and PS I) coupled by a series of interacting redox-partners bound to the thylakoid membrane, electrons will be transferred from the donor side (H_2O, inside) to the acceptor side ($NADP^+$, outside) with

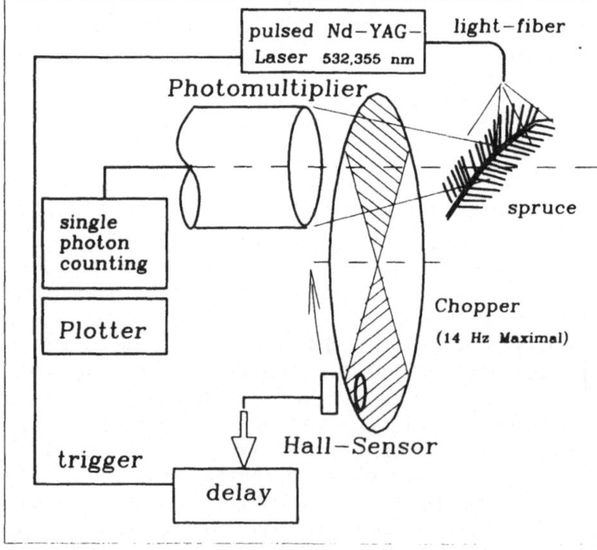

Figure 3 Set-up for measuring delayed luminescence of spruce needles during quasicontinuous irradiation as based on a pulsed ND-YAG-laser.

concomitant charge separation across the membrane (positive inside) and a significant pH-gradient (several orders, lower insinde) in the steady state. The first essential step of photosyn-thesis is the light absorption by so-called "antenna molecules", mainly chlorophylls, from where the energy is transferred radiationless to the reaction centers of PS II and I by means of excitons.

An essential and variable part of the originally absorbed light energy will <u>not</u> be photochemically used and is largely dissipated as heat. A much smaller part, however, will be re-emitted as (red-shifted) light, either in form of <u>prompt</u> or of <u>delayed</u> luminescence. Prompt luminescence is defined by the intrinsic chlorophyll lifetime in the order of less than 5 nsec (then identical with "fluorescence"), whereas delayed luminescence exceeds the intrinsic lifetime of the emitting molecule by up to ten orders. Delayed luminescence of photosynthetic organisms is <u>not</u> of photochemically well known "E-type" and "P-type" (Schmidt and Schneckenburger, 1990) but originates in the kinetically highly impeded --but thermodynamically favorable-- backflow of electrons through the thylakoid membrane. Consequently it is extremely weak, invisible by eye and requires a specific set-up.

<u>3. EXPERIMENTAL METHODS</u> The apparatus for kinetic measurements of prompt

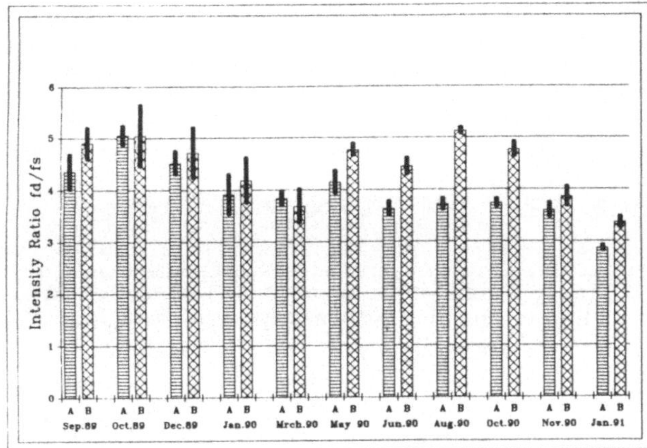

Figure 4 Complete yearly time course of the "vitality index" f_d/f_s" including standard measuring errors. Clearly, physiological values cannot be expected do duplicate in subsequent years.

fluorescence of individual spruce needles during <u>continuous</u> irradiation (Kautsky) has been described previously (Schnecken- burger et al., 1990). It encom- passes a blue argon ion laser, a fiber optic sensor and an avalanche diode on the detector side. <u>Picosecond fluorescence</u> is measured by means of a red laser diode with subsequent

Figure 5 Yearly time course for the long lived component T_3 of picosecond fluorescence.

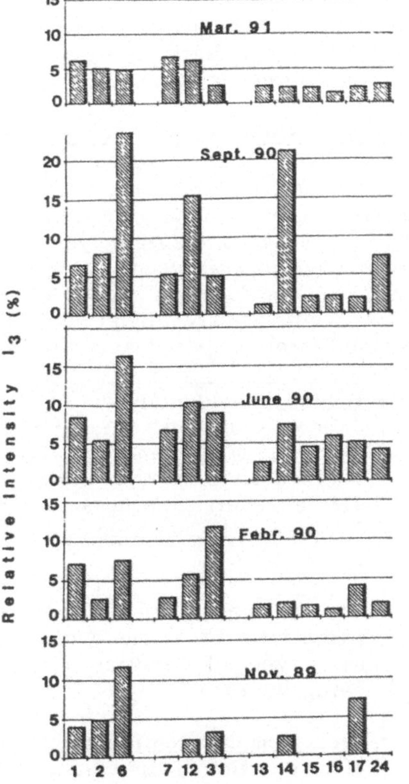

single photon counting and PC-analysis. Details are also given elsewhere (Schneckenburger and Schmidt, 1991).

The apparatus for measuring <u>long term delayed luminescence</u> (LDL) after one flash of excitation including subsequent computer-analysis has been described recently (Schmidt and Schneckenburger, 1991). The novel set-up for measuring delayed luminescence <u>during</u> a quasicontinuous irradiation is shown and described in **Fig. 3**.

<u>4. RESULTS</u> <u>Kautsky kinetics</u>. Fig. 4 shows a complete yearly time course of the "vitality index" f_d f_s (ratio of fluorescence decrease and steady state fluorescence after the onset of light, sometimes termed R_{fd}-value) of spruces A and B at Edelmannshof representative for various physiological parameters: the differen- ces between trees often are smaller than seasonal variations. Clearly, during the summer 1990 spruce A indicates an onset of damage, compared to spruce B, a development which will be followed up by other means in the near future.

<u>Picosecond kinetics</u> could be typically fitted by a superposition of three exponential components according to

$$A(t) = A_1 \cdot e^{-t/T_1} + A_2 \cdot e^{-t/T_2} + A_3 \cdot e^{-t/T_3}. \tag{1}$$

The lifetimes T_1, T_2 and T_3 are about 300, 500 and 2000 to 3500 ps. According to Holzwarth (1988) the T_1-component may arise from the antenna molecules of photosystem I, the 500 ps components from the antenna of the intact photosystem II, and the longer-lived component from antenna molecules surrounding closed reaction centers of PS II or from "dead" chlorophyll molecules. In a series of experiments dating from Nov. 1989 to Nov. 1990 we evaluated the relative intensity

$$I_3 = [(A_3 \cdot T_3) / (A_1 \cdot T_1 + A_2 \cdot T_2 + A_3 \cdot T_3)] \cdot 100 \text{ \%} \quad (2)$$

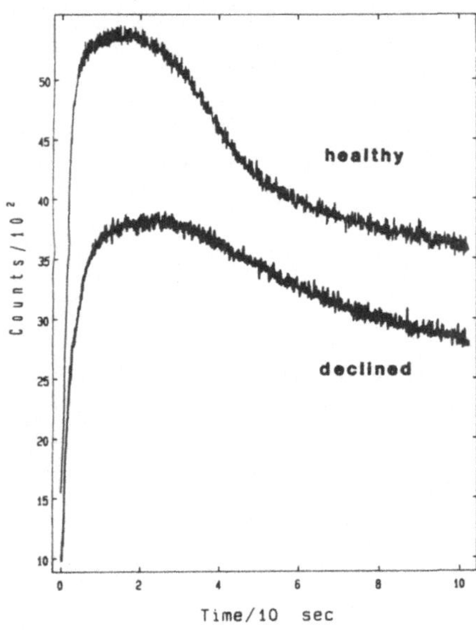

Figure 6 Delayed luminescence kinetics of dark adapted samples under quasicontinuous irradiation as measured with the device depicted in Fig. 3.

of this long-lived component as detected at lambda > 695 nm. The results plotted in **Fig. 5** can be summarized as follows: Continuously high I_3-values (5-22%) were detected for the most declined spruces N° 1 and 6, some lower values (3-8 %) were obtained for the damaged spruce N° 2. Continuously low values (< 5 %) were measured for the "healthy" spruces N° 13, 15 and 16, whereas the corresponding values of the healthy spruces N° 14, 17, 24 and the slightly damaged spruces N° 7, 12 and 31 fluctuated significantly.

Delayed luminescence under continuous irradiation Kinetics of dark adapted samples exhibit a pronounced timecourse strongly depending on the extent of decline (**Fig. 6**): After an initial increase up to a maximum value delayed fluorescence decreases to a steady state. The maximum value of the "healthy" spruce N° 13 is significantly higher and the relative decrease faster compared to the spruce

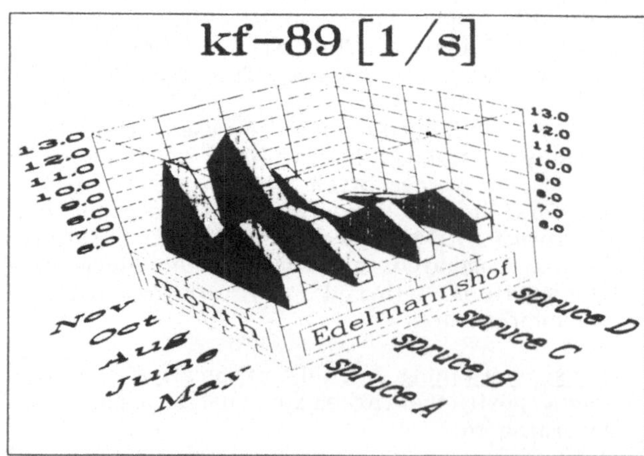

Figure 7 Dependence of the decay constant k_f of the "fastest" component of delayed luminescence on the extent of air exposure (spruces A, B: filtered air, spruces C, D: environmental air.

N° 1 of damage class 3. A model explaining the time course of this type of kinetics is just being developed.

Long term delayed luminescence after one initial light induction shows a kinetic behaviour which is perfectly fitted by a three-exponential superposition similar to eq. (1):

$$A_{LDL}(t) = A_f\, e^{-k_f t} + A_m\, e^{-k_m t} + A_s\, e^{-k_s t} \qquad (3)$$

i.e. by superposition of a "fast" [A_f], a "medium" [A_m] and a "slow" [A_s] component with the corresponding decay constants k_f, k_m and k_s (order 10, 1.5 and 0.2 s^{-1}). Whereas [A_s] --the slowly decaying component-- appears to represent some kind of "dead fluorescence" being largely independent of various exogeneous parameters, the components decaying with medium and short lifetimes are highly variable, depending on season and environmental impacts. Due to limitation of space only the dependence of k_f of spruces A and B (purified air) and C and D (environmental air) of Edelmannshof are shown **Fig. 7**.

5. FINAL REMARK Even if the precise origin of various luminescence emission modes still remains unknown, luminescence spectroscopy in its various modes appears to offer a simple, versatile and fast assay in the field of forest decline research.

6. ACKNOWLEDGEMENTS The authors thank T. Huber, W. Notdurft and M. Trump for the cooperation. Current research is supported by "Projekt Europäisches Forschungszentrum für Maßnahmen zur Luftreinhaltung" (PEF).

7. REFERENCES

Seufert G, Arndt, U, (1985) Open-Top Kammern als Teil eines Konzepts zur ökosystemaren Untersuchung der neuartigen Waldschäden. Allg. Forstz. 40: 13-20

Seemann, D, (1991) personal communicaton

Schmidt, W, Schneckenburger, H, 1990. "Fluoreszenztechnik", in: Jahrbuch "Biotechnologie, Band 3, pp 139-189, Hanser Verlag, München/Wien

Schmidt W, Schneckenburger H. (1991) Time-resolving luminescence techniques for possible detection of forest decline: (I) Long term delayed luminescence. Radiat Environ Biophys, in press

Schneckenburger H, Schmidt W, (1991) Time-resolving luminescence techniques for early detection of forest decline: (II) Picosecond chlorophyll fluorescence. Radiat Environ Biophys, in press

Schneckenburger H, Schmidt W, Hammer P, Hudelmaier K, Pfeifer R, (1990) Fiber-Optic Fluorescence Sensor for in-vivo measurements of photosynthetic defects, proceedings Laser 89 Optoelektronik , pp 403-407

Mobile Picosecond-Fluorimeter for Studying Vegetation Stress

K. Maier-Schwartz, E. Breuer, G. Hegeler

Carl-von-Ossietzky Universität Oldenburg, Fachbereich Physik

Abstract

A mobile picosecond-fluorimeter has been designed to study the photosynthetic activity of green plants *in situ*. This has been obtained by using a pulsed red laser diode and optical fibers. The decay of the chlorophyll fluorescence is measured by time correlated photon counting and analyzed by multiexponential fits. The average fluorescence lifetime is then calculated. It shows to be a well suited parameter to characterize the efficiency or disturbance (e.g. due to vegetation stress) of the photosynthetic apparatus. Short accumulation times enable us to observe variations within a time range of a few seconds.

Figure 1: Picosecond-fluorimeter
at a beech tree

Ein mobiles Pikosekunden-Fluorimeter wird zur Untersuchung der Photosyntheseaktivität grüner Pflanzen *in situ* verfügbar. Dies wird durch Verwendung eines gepulsten roten Diodenlasers und mit Hilfe von Lichtleitern erreicht. Das Abklingen der Chlorophyll Fluoreszenz wird mit zeitkorreliertem Photonenzählen registriert und in einer Multiexponentialanalyse ausgewertet. Aus den Daten wird die mittlere Fluoreszenzlebensdauer berechnet. Diese erweist sich als sehr geeigneter Parameter um Effizienz bzw. Störungen (durch z.B. Vegetationsstress) des Photosyntheseapparates zu charakterisieren. Durch kurze Meßzeiten können Veränderungen bis in einen Zeitbereich von wenigen Sekunden beobachtet werden.

Photosynthesis of green plants takes place in the chloroplasts of the cells. The sunlight is absorbed by the light harvesting protein complexes and converted to photochemical energy by the reaction centres I and II. There is a chain of interactions between these two photosystems. Chlorophyll-a molecules are essential for light absorption and energy transfer. In a simple model the primary reactions of photosynthesis can be sketched as shown in Fig. 2. A short laser pulse is absorbed by the photosystems and yields a number of excited energy states. This energy is transferred to mainly three different types of reaction channels which are fluorescence, photochemistry, and dissipation, respectively.

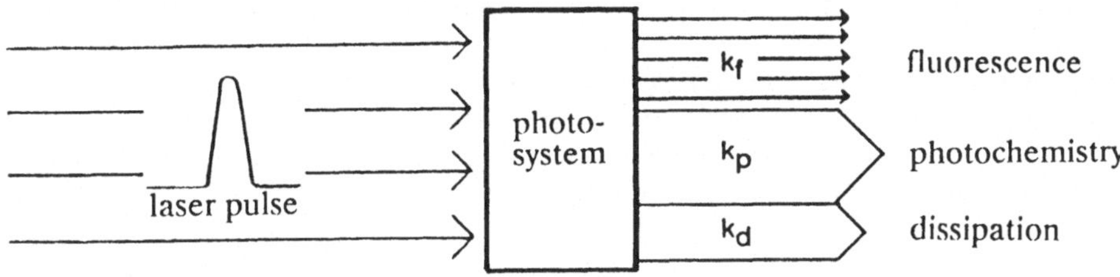

Figure 2: Primary reactions of photosynthesis

The actual intensity of relaxation via those channels is proportional to the corresponding relaxation rates. From the rate equation it is easily derived that the excitation of a photosystem decays exponentially and that its fluorescence can be monitored with the time constant of

$$\tau = \frac{1}{k_f + k_p + k_d}$$

If there is a decrease of photochemical conversion it is manifested by an increase of the time constant. This means that any vegetation stress to green plants may result in reducing the efficiency of photosynthesis and controversially in increasing the lifetime of fluorescence observed. This correlation can make picosecond fluorescence measurements become a powerful tool for the control of the physiological conditions of green plants and thus for studying vegetation stress.

Generally, analysis is somewhat more complicated since different types of photosystems in also individually varying state of efficiency are probed. This results in a fluorescence decay which can be numerically described in a simple approximation by a sum of exponentials

$$F(t) = \sum_i \alpha_i \exp\left(-t/\tau_i\right)$$

As we will show the average lifetime

$$\tau_m = \frac{\int_0^\infty t\, F(t)\, dt}{\int_0^\infty F(t)\, dt} = \frac{\sum_i \alpha_i \tau_i^2}{\sum_i \alpha_i \tau_i}$$

is an appropriate parameter to analyse the actual state of the part of the leaf observed.

In Fig. 3 an outline of the experimental set-up is shown. The light pulses of a red laser diode (674 nm, 300 ps FWHM, 500 kHz repetition rate) are directed to the leaf through an optical fiber. Daylight is blocked off by the half sphere screen of the detector head. The fluorescence photons are transmitted via a second optical fiber and a monochromator to a red sensitive photomultiplier. In most of the experiments the wavelength is set to 715 nm. A photodiode integrated in the laser diode assembly (sync.) supplies trigger pulses to monitor the fluorescence photons by time correlated single photon counting (TCSPC). Thus decay curves can be recorded in pulse-height-analysis mode in an 80286-based microcomputer.

The apparatus function is obtained by measuring either scattered light or the fluorescence of a defined short lived fluorescence probe. For further data evaluation the observed decay curves are numerically analysed by standard deconvolution techniques assuming multiexponential functions. Then the average lifetime is calculated.

The quality of our fit results is tested with the so-called chisquare criteria. Fig. 4 shows an example of a measured fluorescence decay curve, the corresponding fit curve, and the weighted deviations.

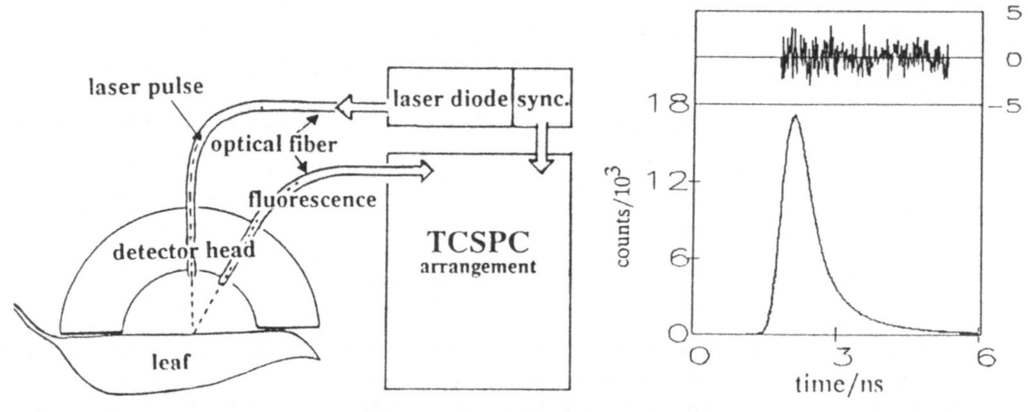

Figure 3: Experimental set-up   Figure 4: Fit to a data set

The effect of an herbicide contamination to a cucumber leaf in vivo has been investigated. A 10 mM aqueous DCMU solution is put on a sponge and contacted with the bottom side of a leaf. Now the fluorescence decay is measured in defined time intervals, see Fig. 5. Obviously there is a dramatic increase of the fluorescence lifetime within a few minutes. In Fig. 6 the calculated average decay time is plotted as a function of contamination time. Three stages of the progression of this parameter can be observed. In the first three minutes the Kautsky effect induces a decrease of the average decay time. Then the DCMU-poisoning causes a much stronger increase up to a maximum. And finally after about 20 minutes a steady state is reached. That means the actual state of photosynthetic activity of the probed leaf can be determined as a function of time.

In various other experiments we have tested potential applications of our apparatus. Some details are given below.

An *in situ* operation at a beech tree is shown in Fig. 1. At a sunny noon the experiments have been carried out with a good signal-to-noise ratio. Since the measured fluorescence decay is rather independent from the light guiding properties and the surface geometry of the leaf our picosecond-fluorimeter is able to analyse the area for local vegetation optima and for stress maxima, respectively.

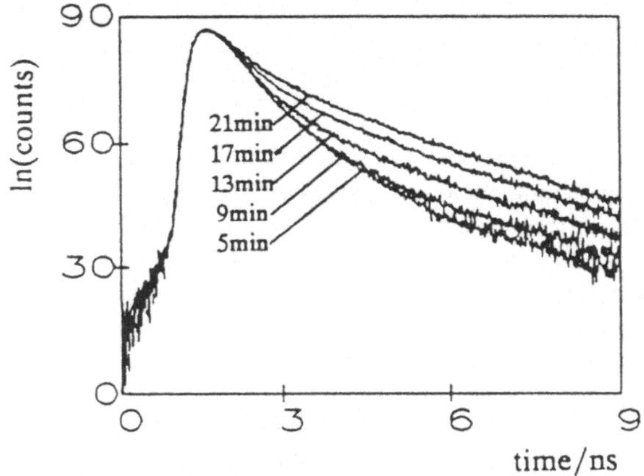

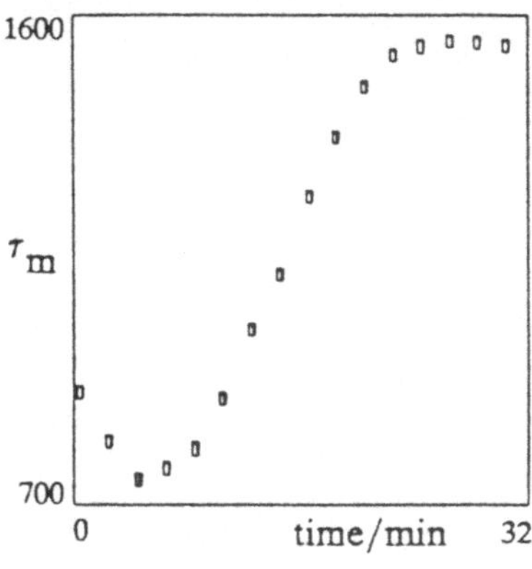

Figure 5: Variation of the fluorescence decay

Figure 6: Variation of the average lifetime

The Kautsky effect has been monitored with a much higher time resolution than given in Fig. 6. Up to now our shortest data accumulation time is five seconds per decay curve. This means that the response of a leaf to incident light can be analysed in a time range of seconds.

The sensitivity of a leaf to water stress has been investigated in a lab experiment. The climate environment of a cucumber plant is varied in temperature from 15 to about 50 centigrade. When the water content remains saturated the fluorescence decay is unaltered. If there is water stress (deficiency) a reversible strong increase of the lifetime is observed, however.

When the bottom of a leaf is contaminated with a propanolic solution the data analysis reveals the increase of the average lifetime. In this case also a long time component of about 5 ns appears due to free chlorophyll molecules.

From these applications of our apparatus we conclude that the average decay time is a significant parameter to define the actual condition of photosynthesis of green plants. Furthermore different stress factors may become apparent by characteristic variations in the individual parameters of the multiexponential analysis.

This means that the picosecond-fluorimeter is well appropriate for studying vegetation stress.

Laserinduced Fluorescence as an Indication of Vegetation Stress

W.Lüdeker, H.G.Dahn, K.P.Günther
DLR   Institute for Optoelectronics   8031 Oberpfaffenhofen   Germany

Introduction

In the frame of phase I of the EUREKA project LASFLEUR (EU380) the biological, physiological, physical and technical aspects for the development of an European airborne fluorescence lidar for vegetation monitoring are evaluated. In order to find parameters suitable for remote sensing the investigation and comparison of far and near field fluorescence signatures are objects of this phase of the project. Starting from this point a sensor capable of taking laser induced fluorescence signatures from single plants, canopies and trees in the laboratory has been developed. An overview of the system is given in figure 1 and the following table.

TRANSMITTER		RECEIVER	
Nd:YAG laser	DCR11	fiber optic	OFC-2
pulse width (355nm)	8 ns	number of fibers	10
pulse energy(355nm)	50 mJ	fiber diameter	100 μm
rep. rate	1-14 Hz	aperture	0,12
initial beam divergence	0,5 mrad	slit width	100 μm
beam profile	gaussian	detector	intensified and
energymonitor	PIN-photodiode,		cooled diode array
	digitized and	channels	700
	stored with spectra	gate time	32 ns
spotsize	0 - 0,2 m	spectral range	400 - 800 nm
operating range	0,01 - 5 m	spectral resolution	3,5 nm
		spectral dispersion	0,6 nm/diode
		signal dynamic	16 bit
		storage format	realtime discstorage

The DLidaR1 has participated in two measuring campaigns where also well established physiological and radiometric methods were performed. Maize and wheat canopys have been grown under defined conditions. A typical mean spectrum of a maize canopy is characterized by a broad fluorescence band at about 440 nm and the typical chlorophyll fluorescence peaks at 690 nm and 735 nm respectively.

Single leaf measurements

Measurements with individual leaves and with canopies of different control- and stressed plants (wheat, maize) were performed. The results are shown in fig. 2. The fluorescence ratio $\frac{F_{690}}{F_{735}}$ increases from 0.60 $\pm$ 0.04 for "leaf a" to 0.7 $\pm$ 0.04 for "leaf b" and 0.78 $\pm$ 0.04 for "leaf c", confirming the observation of [1] that the fluorescence ratio increases with decreasing chlorophyll concentration. "Leaf c", the youngest leaf has a chlorophyll concentration of $24\mu g/cm^2$, "leaf b" $30\mu g/cm^2$ and "leaf a", the oldest one $36\mu g/cm^2$.

Averaging the fluorescence ratio of all control leaves over the whole measuring periode yields to a mean fluorescence ratio of 0.69 $\pm$ 0.08 for the control plants, for the stressed maize leaves the ratio is not markedly different . Comparing the stressed maize plants with the control plants by averaging the fluorescence ratio over the different water stressed leaves one can see that for day three of the water stress measurements the mean ratio $\frac{F_{690}}{F_{735}}$ is 0.7 ± 0.05, for day four the ratio is 0.58 ± 0.06 and for day five the mean ratio is 0.71 ± 0.05 It is also obvious that the mean fluorescence ratio $\frac{F_{690}}{F_{735}}$ of the water stressed maize plants does not differ significantly from the value of the control plants. On the other hand it is remarkable that the standard deviation of the mean fluorescence ratio is reduced significantly compared with the control plants and that it decreases with ongoing water stress.

During the measurement period it became obvious that the blue fluorescence peak changed more pronounced than the red fluorescence. Thus, all spectra were reevaluated by calculating the fluorescence ratio $\frac{F_{440}}{F_{690}}$ (blue-red fluorescence ratio, fig. 3). In general the control and stressed leaves show a significant decrease of the mean fluorescence ratio from older ("leaf a") to younger leaves ("leaf c"). For the measuring period no significant change of this difference is observed signalizing that the leaves are under water stress after three days without watering. The blue-red fluorescence ratio averaged over different leaves for control plants is 2.19 ± 0.84, for stressed plants a ratio of 2.92 ± 1.18 shows a significantly increased compared to the control plant. The big standard deviation for all mean values is due to the big variability of the blue fluorescence depending on the developmental stage of the leaves. The cause for blue fluorescence has not been recognized undoubtedly at the moment, because there are a lot pigments in a leaf that exhibit mainly blue fluorescence. (see ref. [2]).

Canopy measurements

After the just mentioned investigations on single leaves an ensemble of 35 water stressed plants was combined to a canopy. At the beginning of the experiment the canopy was water stressed for five days, then it is irrigated once and the temporal development of the fluorescence spectrum is observed (fig. 4a). As can be seen from time 0 to 50 minutes after watering the ratio $\frac{F_{440}}{F_{690}}$ is 2.79 corresponing well with the calculated mean value from single leaf experiments. 1.5 hours after irrigation a significant decrease of the blue-red ratio starts leading to a steady state value of about 1.86 after 5 hours which is in good agreement with the single leaf findings. For comparison the ratio $\frac{F_{690}}{F_{735}}$ is also shown (fig. 4b). As not expected from the single leaf investigations a weak increase from 0.62 ± 0.01 to 0.66 ± 0.01 is observed for this parameter.

Quantitative description of the relation $\frac{F_{690}}{F_{735}}$

For a quantitative understanding of leaf fluorescence, we were analyzing the physical and optical properties of light propagation in a leafmodel based on Lambert-Beer law (1).

$$\mathcal{I}(z) = \mathcal{I}_0 \exp^{-kz} = \mathcal{I}_0 \exp^{-(c\alpha^{\star}_{ex}+\beta_{ex})z} \tag{1}$$

$c:=$ pigment concentration, $\alpha^{\star}_{ex} :=$ specific absorption coefficient, $\beta:=$ scattering coefficient, $\mathcal{I}:=$ incident radiation, index $ex :=$ excitation wavelength.
The fluorescence dF at depth z of a layer dz is:

$$dF(\lambda, z) = \eta c\alpha^{\star}_{ex}\mathcal{I}(z)dz \tag{2}$$

In 180° direction the received fluorescence intensity $d\mathcal{F}$ from depth z is attenuated due to absorption and scattering along the optical path. This can be described as:

$$d\mathcal{F} = dF(\lambda, z) \exp^{-k'z} \tag{3}$$

with $k' = c\alpha^{\star}_{em} + \beta_{em}$. To obtain the total fluorescence intensity at location zero one has to integrate over the leaf thickness d:

$$(\mathcal{F})_{\lambda_{ex}} = \eta\mathcal{I}_0 c\alpha^{\star}_{ex} \int_0^d \exp^{-kz} \exp^{-k'z} dz \tag{4}$$

For spectral resolved measurements one has to introduce a fluorescence-lineshape function $\phi(\lambda)$. The fluorescence efficiency η is then defined as:

$$\eta = \int_0^\infty \phi(\lambda)d\lambda \tag{5}$$

The fluorescence is measured at wavelength λ with spectral bandwidth $\Delta\lambda = |\lambda_1 - \lambda_2|$ and can be described as:

$$\phi_\lambda = \int_{\lambda_1}^{\lambda_2} \phi(\lambda')d\lambda' \tag{6}$$

The measured fluorescence for wavelength λ with spectral bandwidth $\Delta\lambda$ with $\frac{d\phi}{d\lambda} \simeq const.$ and $\frac{dk'}{d\lambda} \simeq const.$ is:

$$\mathcal{F}_\lambda = \phi_\lambda \mathcal{I}_0 c\alpha_{ex}^\star \int_0^d \exp^{-(k+k')z} dz \tag{7}$$

Regarding the fluorescence ratio $\frac{\mathcal{F}_{690}}{\mathcal{F}_{735}}$ by integrating equation (7) we get the simple expression:

$$\left(\frac{\mathcal{F}_{690}}{\mathcal{F}_{735}}\right)_{\lambda_{ex}} = \psi_{\frac{690}{735}} \frac{\beta_2 + c\alpha_2^\star}{\beta_1 + c\alpha_1^\star} \frac{\exp^{-(\beta_1+c\alpha_1^\star)d} - 1}{\exp^{-(\beta_2+c\alpha_2^\star)d} - 1} \tag{8}$$

with the substitutions spectral weight coefficient $\psi_{\frac{690}{735}} = \frac{\phi_{690}}{\phi_{735}}$, $\alpha_1^\star = \alpha_{690}^\star + \alpha_{\lambda_{ex}}^\star$, $\alpha_2^\star = \alpha_{735}^\star + \alpha_{\lambda_{ex}}^\star$, $\beta_1 = \beta_{690} + \beta_{\lambda_{ex}}$ and $\beta_2 = \beta_{735} + \beta_{\lambda_{ex}}$. One can see, that this relation depends mainly on the chlorophyll content, the scattering and specific absorption coefficients and on leaf thickness.

Comparison of theory and experiment

To test equation (8) we used experimental data published by [3]. The fluorescence ratio $\frac{\mathcal{F}_{690}}{\mathcal{F}_{735}}$ was plotted by the authors versus chlorophyll concentration (fig. 5 solid line). The data were then fitted with a general power function of the form $\frac{\mathcal{F}_{690}}{\mathcal{F}_{735}} = ac^{-b}$. Using the fitted parameters from Hak et al. for describing the fluorescence ratio by a power function and formula (8) with reasonable values for the spectral weight coefficient, scattering and specific absorption coefficients and leaf thickness, a good agreement with the experimental data can be achieved. The deviation between the fit of Hak et al. and our reabsorption model is for all concentrations less than 15% . The specific absorption coefficients for our fit were much higher than the values known for solutions from the literature, but if we take into account that all chlorophyll is concentrated in the chloroplasts, therefore yielding a much higher local concentration, this seems to be reasonable.

From this one can see the importance of the relation $\frac{\mathcal{F}_{690}}{\mathcal{F}_{735}}$ for remote detection of the plant chlorophyll contents per area and the main leaf optical properties.

Acknowledgements

This work was financially supported by the German Ministry for Research and Technology (BMFT) under the contract number 0339290A in the frame of the EUREKA project LASFLEUR. We thank the JRC-Ispra of the EEC (and specially Dr. G. Schmuck and his colleagues) for organizing and supporting the joint campaign performed in October 1990. We also thank all colleagues of the European LASFLEUR team for their participation and cooperation.

"References"
[1] Lichtenthaler et al. "The role of chlorophyll fluorescence ... " CRC19:Supp.1,29-85, 1988
[2] Chappelle et al. "Laser-induced fluorescence of ... " Applied Optics 23:134-138, 1984
[3] Hak et al. "Decrease of the fluorescence ratio ... " Radiat. and Environm. Biophys. 29:329-336,1990

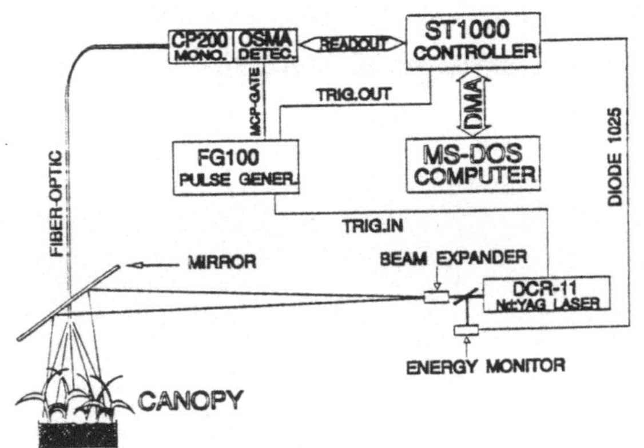

Figure 1. Overview of DLidaR

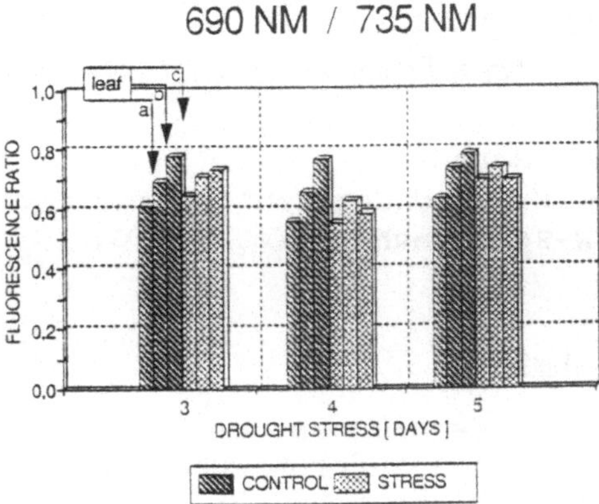

Figure 2. F690/F735 for stress and
control samples

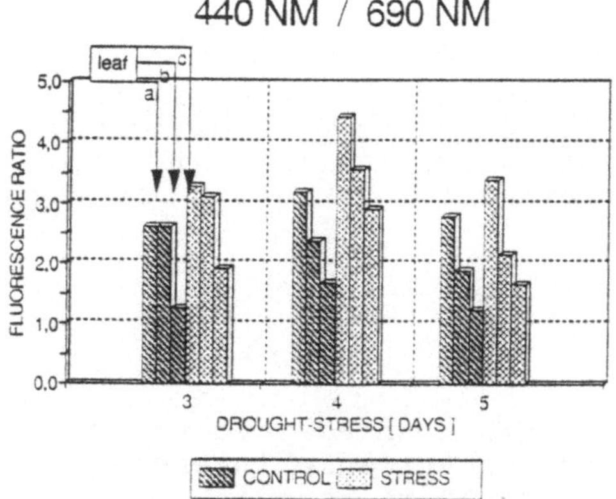

Figure 3. F440/F690 for stress and
control samples

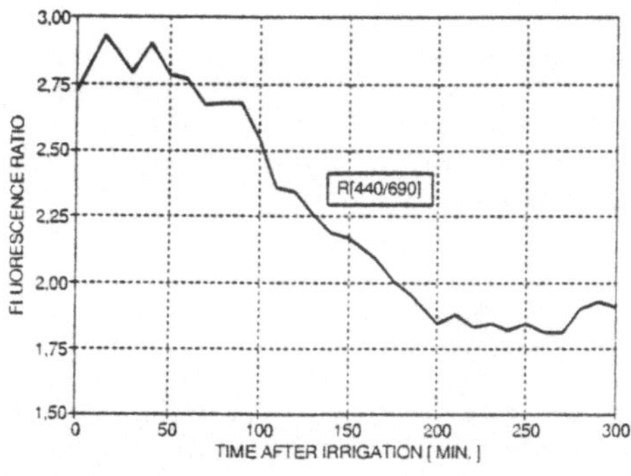

Figure 4a. Development of F440/F690

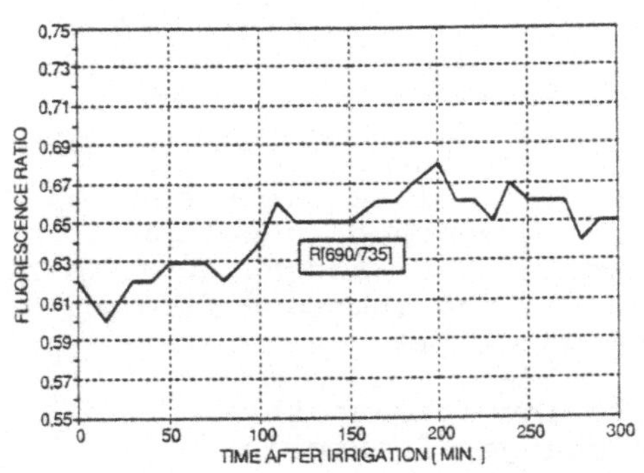

Figure 4b. Development of F690/735

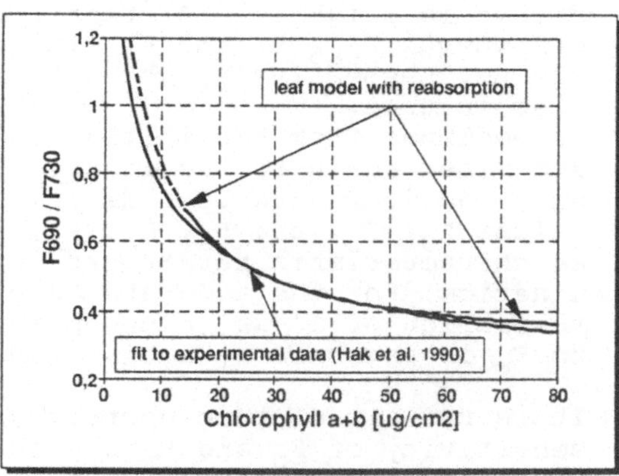

Figure 5. Comparision of model and
measurement data

Use of Chlorophyll Fluorescence Induction Kinetics in the μs- to s-Range for Classification of Damage to Forests

B. Ruth

GSF-Forschungszentrum für Umwelt und Gesundheit,
W-8042 Neuherberg, F.R.G.

Abstract

The μs-component of the fluorescence induction kinetics
provides information about the antenna of the photosynthetic
system. As shown by investigations on spruce, oak, birch and
poplar, the μs-component is influenced by the change of
exterior conditions and the damage of the trees.

Zusammenfassung

Die μs-Komponenten der Fluoreszenz-Induktionskinetik liefert
eine Aussage über die Antenne des Photosynthesesystems. Wie
Messungen an Fichte, Eiche, Birke und Pappel zeigen, wird die
μs-Komponente durch Änderungen von äußeren Bedingungen und die
Schädigung der Bäume beeinflußt.

Introduction

After the photosynthetic system (PS) has been adapted to
darkness, it emits fluorescence light of variable intensity
$F(t)$ when it is excited by light of constant intensity
(fluorescence induction kinetics, Kautsky-effect) [1]. $F(t)$
achieves the initial intensity F_0 within 1 μs, rises to the
maximum value F_p at the time t_p, and declines to the steady-
state value F_s within several minutes. As the time-dependent
course is slightly different for the two fluorescence
components $F_{685}(t)$ and $F_{730}(t)$ at the wavelengths 685 nm and
730 nm, respectively, the ratio $R(t) = F_{730}(t)/F_{685}(t)$ depends
also on time.
It declines from the initial value R_0 to the minimum value R_m
and rises again to the steady-state value R_s. Measuring methods
and - devices have been described in literature [2,3]. The
values F_0, F_p, t_p, F_s, R_0, R_m, and R_s are collectively denoted
as characteristic parameters of the fluorescence induction
kinetics. For the accurate determination of F_0 and R_0, a time
resolution of 10 μs is necessary because the increase from F_0
to F_p is governed by a time constant of 0.3 ms.

It is the aim of this contribution to investigate the
sensitivity of F_0 and R_0 due to the change of exterior
conditions and to compare it to the effects on F_p, F_s, R_m, and
R_s. Furthermore, the feasibility of the method for the
characterization of damage at different tree species is tested.

Methods

The influence of water deficiency on the fluorescence induction
kinetics was determined using spruce branches with a length of
about 2 m which were kept in a room at 19°C without any water
supply.

For the determination of the temperature dependence, 5-year-old
spruce plants in pots were used. First, the measurements were
repeated every 20 min at 19°C and at identical positions of a
twig in order to obtain mean values of the parameters. Then the
temperature is reduced to 3°C within 5 min and the mean values
are again determined 20 min later after the fluorescence
induction kinetics has been adapted to the new temperature.

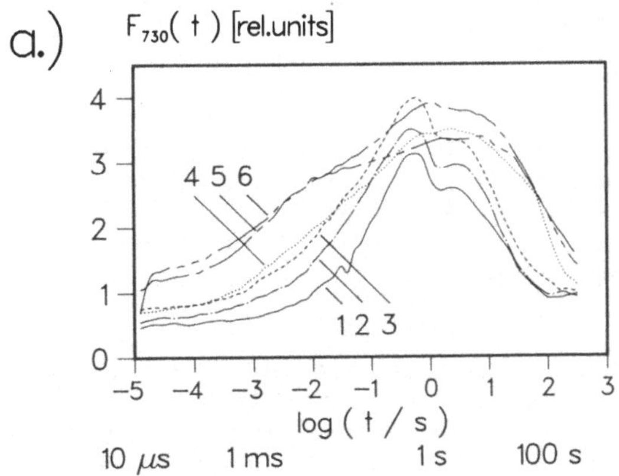

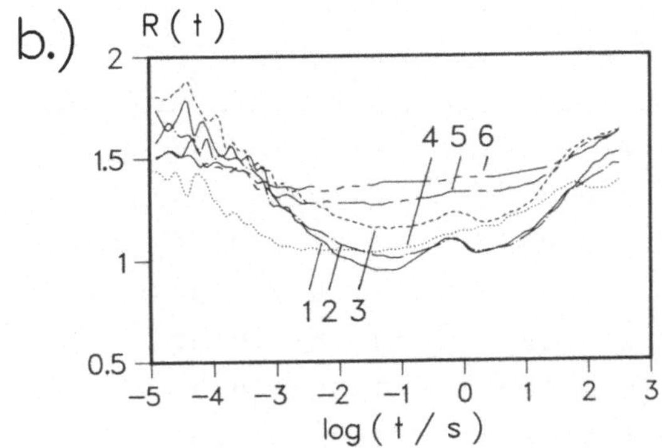

Fig. 1 Fluorescence induction kinetics F(t) (a) and ratio R(t)
       (b) obtained from a spruce branch with water stress 1,
       4, 8, 25, 55, and 100 h (curves 1-6) after it has been
       cut off from the tree.

Spruce, oak, birch, and poplar were investigated to determine
the influence of damage on the fluorescence induction kinetics.
Five spruce trees from each of the damage classes SO/1 and S3
were selected and branches of a length between 2 and 5 m were

cut off. From each tree the current year's needles were measured at four positions.
For oak, birch, and poplar, 6 samples were taken from trees with green and yellowing leaves. Branches with a length of about 1 m were cut off and measured within one hour.

The dark adaptation time was 15 min and the total measuring time was 5 min. The characteristic parameters were derived from the data stored in a computer.

Results

In Fig. 1a (curve 1) one example of F(t) is shown obtained from healthy spruce. As the maximum time resolution is 10 μs and the total measuring time is 5 min, the time axis must be logarithmic in order to represent all phases of the curve adequately.

F_o, F_p, and F_s can easily be derived from the curve. Fig. 1b (curve 1) shows the corresponding ratio R(t) with the characteristic values R_o, R_m, and R_s. This is one example in which instead of a simple minimum R_m two local minima R_b and R_p of similar value are observed.

Table 1. Characteristic parameters obtained from a spruce branch at the temperaturs 19°C and 3°C (mean value ± standard deviation). For those parameters which are significantly affected (5% significance level) the relative change is provided in the third column.

	$M_{19} \pm S$	$M_3 \pm S$	M_3/M_{19}
F_o	0.24 ± 0.01	0.17 ± 0.02	0.71
F_p	1.5 ± 0.3	0.50 ± 0.07	0.33
F_s	0.21 ± 0.02	0.21 ± 0.01	--
R_o	1.63 ± 0.06	1.88 ± 0.08	1.15
R_m	0.98 ± 0.02	1.24 ± 0.02	1.27
R_s	1.78 ± 0.06	1.89 ± 0.02	--
T_p	0.49 ± 0.06	1.00 ± 0.05	2.04
$R_{fd} =$ (F_p/F_s)−1	6.2 ± 1.1	1.2 ± 0.2	0.19
F_p/F_o	6.3 ± 1.3	2.8 ± 0.2	0.44
F_o/F_s	1.2 ± 0.1	0.9 ± 0.3	0.75

Curves 1-6 in Figures 1a and 1b represent $F(t)$ and $R(t)$ 1, 4, 8, 25, 55, and 100 h after the branch has been cut off from the tree. F_o is continuously increasing, F_p increases first and declines afterwards and F_s remains constant and increases later with advancing water deficiency. $R(t)$ increases also with advancing water deficiency corresponding to a preference of the F_{730}-fluorescence component. $F(t)$ as well as $R(t)$ loose their special structure.

The characteristic parameters obtained at different temperatures are collected in Table 1.

F_o and F_p are reduced while the final steady-state value F_s remains constant. Similar to that, R_o and R_m are increased and R_s is also not affected. The three possible ratios between F_o, F_p, and F_s are also decreased with the temperature reduction.

The influence of the damage to trees on the parameters of the induction kinetics is shown in Table 2.

Table 2 Characteristic parameters (mean value ± standard deviation) obtained from different healthy (c) and affected (a) trees.

	oak		birch		poplar		spruce	
	c	a	c	a	c	a	c	a
T_p/s	1.4 ±0.1	1.6 ±0.1	1.1 ±0.2	1.5 ±0.3	2.0 ±1.8	3.0 ±1.6	0.43 ±0.04	0.46 ±0.04
R_{fd}	3.5 ±0.6	2.7 ±1.2	2.6 ±0.3	2.3 ±0.8	1.8 ±0.2	1.4 ±0.4	4.5 ±0.8	4.1 ±0.8
F_p/F_o	9.7 ±1.3	7.1 ±1.3	8.0 ±3.0	6.3 ±1.2	6.8 ±0.6	5.9 ±1.8	8.0 ±1.2	6.4 ±1.2
R_o	2.0 ±0.3	1.8 ±0.9	2.0 ±0.3	1.2 ±0.5	1.9 ±0.4	1.3 ±0.6	1.39 ±0.16	1.19 ±0.28
R_s	1.7 ±0.3	1.6 ±0.9	1.8 ±0.4	1.1 ±0.4	1.7 ±0.3	1.1 ±0.5	1.40 ±0.16	1.19 ±0.24

Only those parameters are collected which exhibit a change into the same direction for all four tree species. As the absolute fluorescence intensity depends essentially on the actual sample, ratios such as $R_{fd} = (F_p/F_s) - 1$ and F_p/F_o must be considered and their decrease demonstrates that the peak of $F(t)$ is less pronounced for the affected trees. The values for R_o and R_s are very similar and they show also a decrease for the affected trees.

Discussion

As shown by the measurements with the water deficiency and the change of the temperature, the initial phase of the fluorescence induction kinetics, represented by F_o and R_o, is affected by the change of exterior conditions. Spruce of damage class S3 and yellowing leaves of oak, birch, and poplar show also an effect on the initial phase as it is demonstrated by F_p/F_o and R_o in Table 2.
R_{fd} and R_s serve as a reference to other measurements and they confirm the results previously obtained especially from spruce [2]. The initial phase of the induction curve provides additional information about the photosynthetic system because it reflects preferably the antenna and the primary acceptors of the PS. A further advantage of the ratio F_p/F_o is the short measuring time.

References

[1] Krause GH, Weis E (1984) Chlorophyll fluorescence as a tool in plant physiology. II. Interpretation of fluorescence signals. Photosynth Res 5:139-157
[2] Lichtenthaler HK, Rinderle U (1988) The role of chlorophyll fluorescence in the detection of stress conditions in plants. CRC Crit Rev Anal Chem 19:S29-S85
[3] Ruth B (1990) A device for the determination of the microsecond component of the in-vivo chlorophyll fluorescence induction kinetics. Meas Sci Technol 1:517-521

Luftverschmutz...

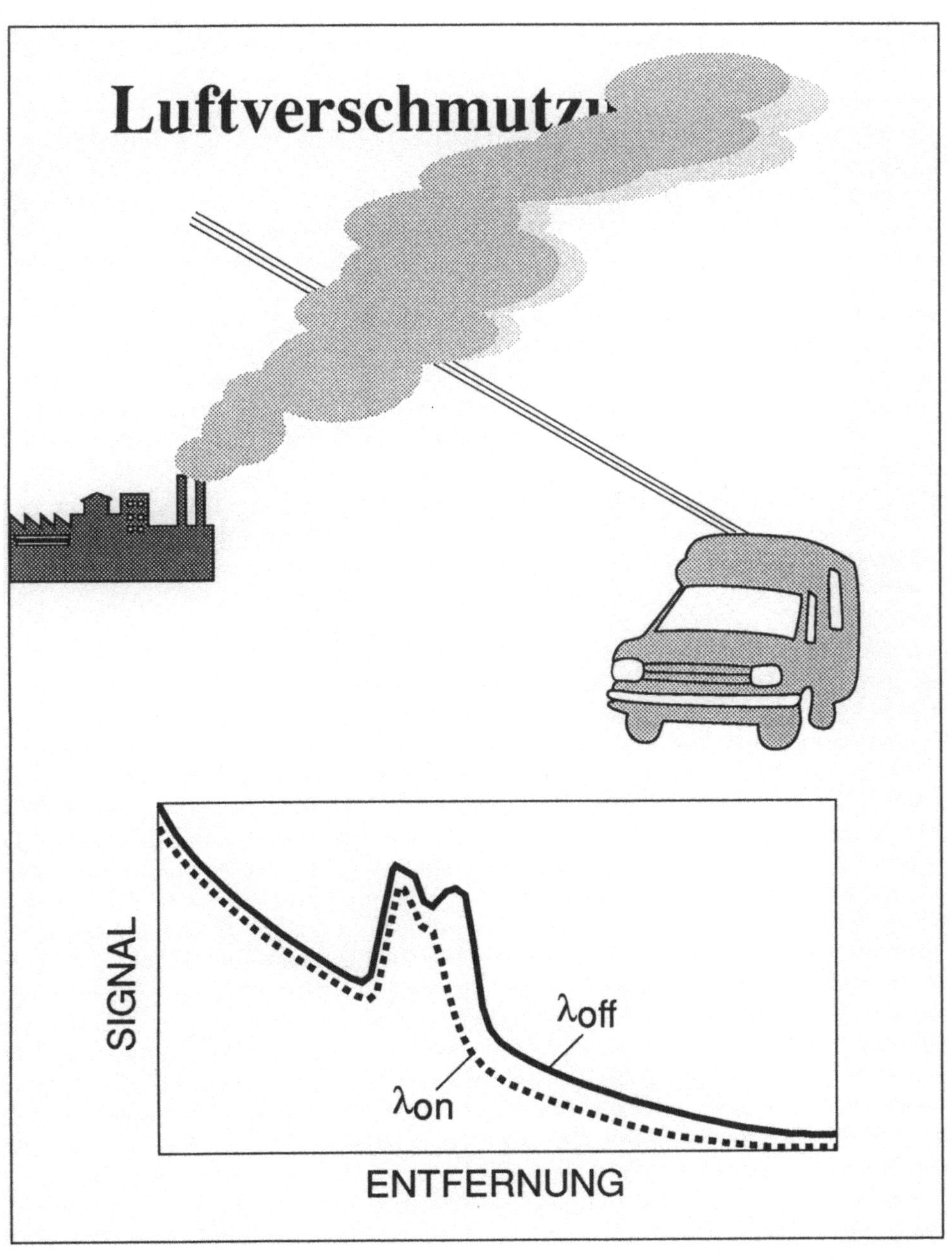

Probing Air Pollutants by Differential Absorption LIDAR

H.J. Kölsch, P. Rairoux, J. P. Wolf, L. Wöste
Freie Universität Berlin, Institut für Experimentalphysik, Molekülphysik,
D- W 1000 Berlin 33, Germany

Air pollution is related with numerous different physical, chemical and meteorological phenomena. So, the atmospheric equilibrium depends on hundreds of chemical species, but only few of them are directly emitted and considered as main pollutants. All the others are trace constituents, being nevertheless of outstanding importance for the chemical dynamics in the atmosphere. Since, e.g. smog situations do not only depend on the occurring emissions but also in a crucial way on the meteorological situation, the physical dynamics in the atmosphere are of the same importance for the description of air pollution as the chemical aspects. For those reasons, atmospheric physics, chemistry and meteorology must each contribute in an interdisciplinary manner in order to find adequate solutions for a given problem. As a consequence, the old conventional techniques of air pollution control do no longer meet our needs. Therefore, remote sensing techniques have more and more been put to use. And now, after years of scientific and technical development, some of them are ready for routine measurements [1]. Thus, complex phenomena like urban smog or acid rain can be investigated by continous monitoring on a large and 3D scale.

The LIDAR technique (Light Detection And Ranging) is one of the most promising remote sensing techniques [2]. Unlike RADAR (Radiowaves Detection And Ranging) the former uses UV, visible or IR light. A short laser pulse is sent into the atmosphere. The light is scattered by molecules (Rayleigh) and aerosols (Mie) in all directions, also back to the source. The backscattered light intensity is registered as a function of time being directly proportional to the covered distance. This in situ measurement without any sampling procedure is very specific for a given gaseous molecule, if it has characteristic absorption bands. Indeed, the monitoring of gaseous air pollutants is done using the DIAL technique (Differential Absorption LIDAR). Here, two wavelengths are used : one being highly absorbed by the pollutant, the other one being less absorbed. So, the Beer-Lambert Law can be applied, like in the laboratory where test-tubes for probing and as a reference are used. By steering both superposed laser beams towards all directions, 3D maps of the mixing ratio of the considered pollutant are obtained. No other existing conventional technique can furnish comparable results.

The mobile LIDAR system, that we developed, uses an excimer pumped dye laser as the source of light and a Newtonian telescope for light collection. Interference filters of narrow bandwidth protect the photomultiplier tube from background radiation. The DIAL system is implanted in a van of less than 3500 kg total weight, which allows high mobility. In numerous field campaigns we monitored SO_2, NO, NO_2, and O_3 in immission or emission [3-10].

In the following, some expressive examples shall illustrate the possibilities of the LIDAR technique. Figure 1 represents a vertical mapping of the NO_2 mixing ratio over a chemical factory. The high spatial resolution allows the monitoring of macro-scale turbulences inside the smoke tail. Under sufficiently stable meteorological situations (timescale larger than one minute), the high repetition rate of the system (80 Hz) allows even three-dimensional analysis [4].

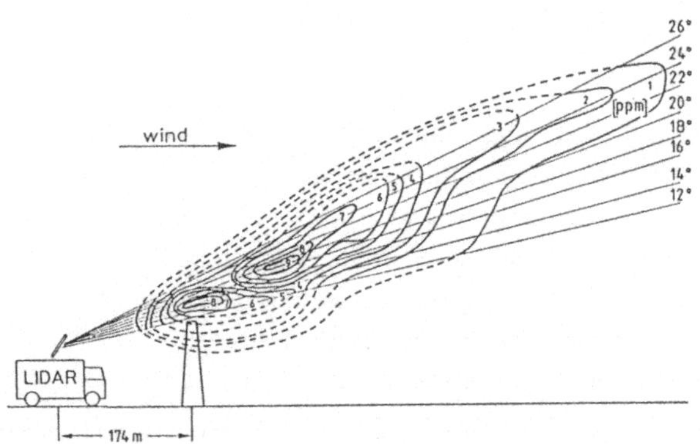

Figure 1 : NO_2 Emission from a chemical factory, vertical profile (in ppm) [3,4].

Since, according to legislation, emission is already directly controlled inside the smoke stack, the main interest in LIDAR application has become immission control. Stuttgart, e.g. suffers from its geographical situation in a valley and often has capping temperature inversions at altitudes lower than 700 m. A vertical NO profile in the center showed clearly a visible trapping of the pollutant at an altitude of about 400 m (Fig. 2). Normally, according to smog legislation, this kind of measurement is done using tethered balloons.

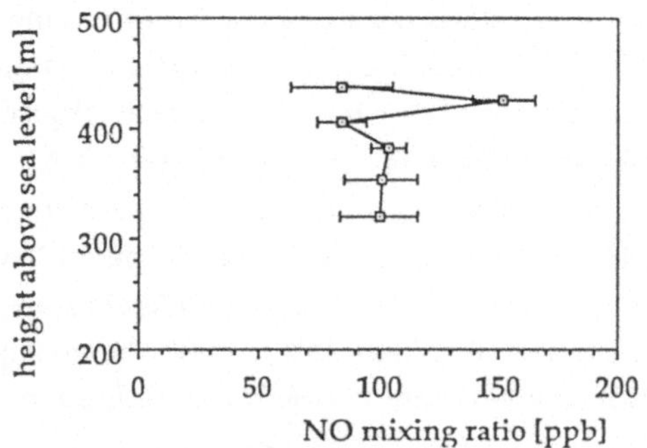

Figure 2 :   Vertical NO profile above the center of Stuttgart [9].

Tropospheric ozone is formed in a photochemical cycle starting with NO_2, which is dissociated by light with wavelengths shorter than about 430 nm. An oxygen atom is formed and reacts with an oxygen molecule to build O_3. Finally, since ozone is a strong oxidant, it can react with nitric oxide and thus closes the cycle by formation of NO_2. A typical diurnal ozone measurement is shown in Fig. 3. Ozone is considered as a health hazard, when it exceeds 120 ppb. Note the last peak in the evening which is due to ozone transport during a thunderstorm.

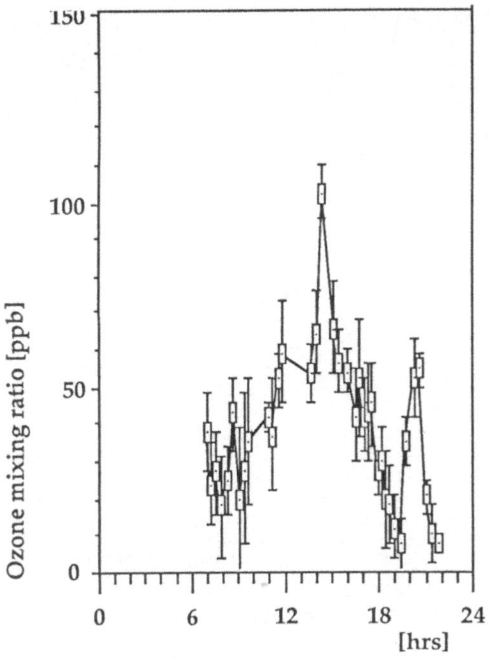

Figure 3 : Diurnal formation and decay of O_3 in a rural area nearby Zurich in summer [9].

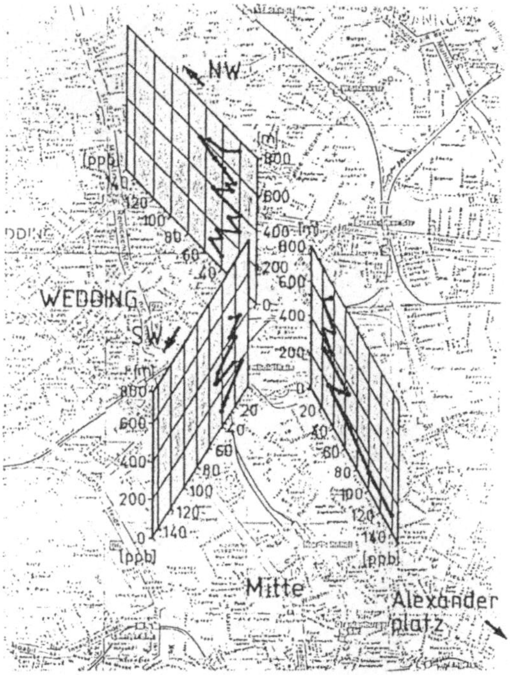

Figure 4 : Vertical SO_2 profiles above Berlin in winter [9].

Berlin is still divided by the different use of fossil fuels in the former western and eastern parts of the city. Fig. 4 shows three vertical profiles measured in Wedding (West) and Mitte (East). As shown, the SO_2 mixing ratio is highest just above the roofs and reaches 140 ppb in Mitte, but only about 40 ppb in Wedding. Of course, at higher altitudes, the differences were smeared out by better mixing.

Because Berlin is the largest city in Germany and consists of two very different halves which are just merging together, after a long time of separation, a particular effort for pollution monitoring is necessary. We have developed a new LIDAR station with better reliability for routine measurements. This station will be placed at the top of the Charité Hospital and will be able to monitor air pollution up to a range of about 10 km (using special reflectors, see Fig. 5). By monitoring the main air pollutants as well as the aerosol size distribution [10,11], we thoroughly want to analyze smog situations in order to find new ways to prevent them.

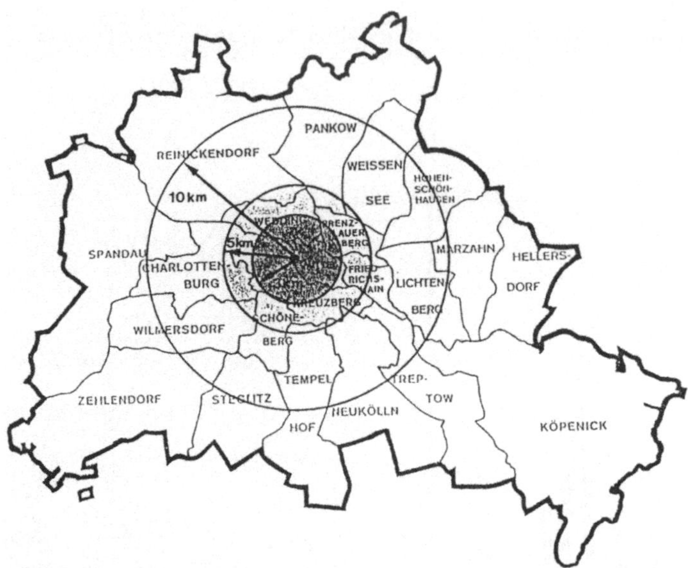

Figure 5 :   Planned range of the LIDAR station Berlin.

[1]   Weber, K.: "Fernmeßverfahren zur Bestimmung von Luftschadstoffen", DGMK-Berichte, Tagungsbericht **8901**, 57-84 (1989). DGMK Deutsche Wissenschaftliche Gesellschaft für Erdöl, Erdgas und Kohle e.V., Hamburg 1989.

[2]   Measures, R.M.:   "Laser Remote Chemical Analysis", John Wiley & Sons, New York, 1988, pp. 308-318.

[3]   Wolf, J.P., Wöste L.:   "Détection séléctive et à distance de la pollution par lidar", Helv. Phys. Acta, **60**, 161-170 (1987).

[4]   Wolf, J.P. : "Applications de la spectroscopie laser à la pollution atmosphérique", Ecole Polytechnique Fédérale de Lausanne, Thesis N° 685 (1987).

[5]   Kölsch, H.J., P. Rairoux, J.P. Wolf and L. Wöste: "Simultaneous NO and NO_2 DIAL Measurements using BBO Crystals", Appl. Optics, **28**, 2052-2056 (1989).

[6]   Beniston, M., J.P. Wolf, M. Beniston-Rebetez, H.J. Kölsch, P. Rairoux, and L. Wöste : "Use of Lidar Measurements and Numerical Models in Air Pollution Research", J. Geophys. Research, **95**, 9879-9894 (1990).

[7]   Kölsch, H.J., P. Lambelet, H.G. Limberger, P. Rairoux, S. Recknagel, J.-P. Wolf and L. Wöste: "LIDAR - Pollution Monitoring of the Atmosphere", in : W. Waidelich : Laser/Optoelektronik in der Technik, Springer, Berlin, Heidelberg (1990).

[8]   Wolf J.P., H.J. Kölsch, P. Rairoux, and L. Wöste (1990) Remote Detection of Atmospheric Pollutants using Differential Absorption LIDAR Techniques, in : W. Demtröder and M. Inguscio : "Applied Laser Spectroscopy",NATO ASI Series, Series B : Physics, Vol. 241, Plenum Press, New York and London, 1990, pp. 435-467.

[9]   Kölsch H.J. :   "Probing the Atmosphere :   Air Pollution Studies by LIDAR", doctoral thesis, Freie Universität Berlin, 1990.

[10]   Rairoux, P. : "Mesures par lidar de la pollution atmosphérique et des paramètres météorologiques", Ecole Polytechnique Fédérale de Lausanne, dissertation 1991.

[11]   Flesia, C., H.J. Kölsch, P. Rairoux, J.P. Wolf and L. Wöste : "Remote Measurement of the Aerosols Size Distribution by LIDAR", J. Aerosol Sci., **20**, 1213-1216 (1989).

Ein troposphärisches Ozonlidar

WALTER CARNUTH, ULRICH KEMPFER, RAOUL LOTZ, THOMAS TRICKL
FRAUNHOFER-INSTITUT FÜR ATMOSPHÄRISCHE UMWELTFORSCHUNG (IFU),
W-8100 GARMISCH-PARTENKIRCHEN, DEUTSCHLAND

Zur Bestimmung der vertikalen Verteilung des Ozons, eines der wichtigsten atmosphärischen Spurenstoffe, wird in neuerer Zeit auch in der Troposphäre zunehmend die Lidarmethode angewandt, die konventionelle Methoden wie Meßflugzeuge oder Radiosonden ergänzen oder auch ersetzen kann. Das Prinzip der Methode (Lidar = "Light detection and ranging") besteht darin, daß ein kurzer Laserpuls in die Atmosphäre emittiert und das an Aerosolteilchen und Luftmolekülen zurückgestreute Licht aufgefangen und als Funktion der Laufzeit gemessen wird. Zur Messung von absorbierenden gasförmigen Komponenten der Atmosphäre wird speziell die Methode der differentiellen Absorption (DIAL = "Differential absorption lidar") eingesetzt. Es werden Laserpulse in wenigstens zwei Wellenlängen emittiert, die von der gesuchten Komponente verschieden stark absorbiert werden. Aus der unterschiedlichen Schwächung der empfangenen Signale kann die Konzentration des Spurenstoffs entfernungsaufgelöst berechnet werden.

Am IFU wurde ein troposphärisches Ozonlidar entwickelt, dessen Aufbau in Abb. 1 schematisch dargestellt ist. Es arbeitet im Bereich der im UV liegenden Hartley-Huggins-Absorptionsbanden. Als Strahlungsquelle dient ein schmalbandiger KrF-Excimerlaser mit 248,5 nm Wellenlänge, 10 pm Bandbreite, 240 mJ Impulsenergie und 80 Hz Wiederholrate. Durch stimulierte Ramanstreuung in Wasserstoff werden zusätzlich die Wellenlängen 277 und 313 nm (erste und zweite Stokes-Ordnung) erzeugt und simultan vertikal emittiert. Dazu wird der Laserstrahl in eine mit Wasserstoff von mehreren bar Druck gefüllte Zelle mit zwei Endfenstern fokussiert und das divergent austretende Wellenlängengemisch (Grundwellenlänge und mehrere Stokesordnungen) mit einer Kollimationslinse wieder parallel gerichtet. Wegen der starken Absorption in 248 nm wird überwiegend das Paar 277/313 nm eingesetzt. Für später ist alternativ zu 277 nm der Einsatz von 292 nm (2. Stokesordnung in Deuterium) vorgesehen. Man erzielt damit höhere Reichweiten und eine geringere Querempfindlichkeit gegenüber Aerosol.

Da sich herausgestellt hat, daß die Divergenz der ramanverschobenen Linien infolge von Vierwellenmischen mit ca. 1,5 mrad deutlich größer ist als die des Lasers selbst (0,2 mrad), wurde nachträglich zur Strahlaufweitung anstelle der Kollimationslinse nach dem Ramanshifter ein Konkavspiegel mit 5 m Brennweite eingesetzt. Damit werden eine 5fache Strahlaufweitung und eine entsprechende Einengung der Divergenz erzielt sowie chromatische Aberrationen vermieden.

Die Dynamik der zurückgestreuten Signale ist wegen der $1/r^2$-Dämpfung und der atmosphärischen Extinktion extrem hoch (6 Dekaden). Deshalb werden für den Nah- und Fernbereich je ein komplettes Detektionssystem mit Empfangsteleskopen von 13 bzw. 50 cm Öffnung eingesetzt. Das kleine Teleskop ermöglicht außerdem wegen seiner geringen Brennweite Messungen bereits ab 100 m Höhe. Hinter der Brennebene der Teleskope werden die Wellenlängen mit dichroitischen Strahlteilern und Interferenzfiltern separiert und mit je einem Photomultiplier pro Wellenlänge und Teleskop gemessen. Für später sollen die Strahlteiler und Filter durch Gitterspektrometer ersetzt werden, mit welchen eine bessere Wellenlängentrennung sowie eine geringere Detektionsbandbreite und damit höhere Reichweiten bei Tageslicht erzielt werden können. Zur weiteren Reduzierung der Signaldynamik wird die Verstärkung der Multiplier zeitabhängig umgeschaltet ("Range gating").

Die Multipliersignale werden verstärkt und durch 4 Transientenrekorder mit 8 bit Amplituden- und 30 MHz Zeitauflösung mit angeschlossenen schnellen Mittelwertrechnern digitalisiert. Durch Mittelung vieler Einzelsignale kann das Signal/Rauschverhältnis erheblich verbessert werden. Für den Fernbereich ab etwa 6 km wird zusätzlich die noch rauschärmere Methode der Einzelphotonenzählung angewandt. Dadurch wird eine Reichweite von über 10 km erzielt.

Die digitalisierten Meßsignale werden in einen Rechner übertragen und gespeichert. Die mittlere Konzentration $c(z)$ der O_3-Moleküle pro m^3 im Entfernungsintervall zwischen z und $z+\delta z$ errechnet sich anhand der sogenannten DIAL-Gleichung:

$$c(z) = \frac{1}{2\cdot\delta q\cdot\delta z}\cdot\ln\frac{p(z,\lambda_{on})\cdot p(z+\delta z,\lambda_{off})}{p(z,\lambda_{off})\cdot p(z+\delta z,\lambda_{on})} + \text{Korrekturterme} \qquad (1)$$

wobei δq die Differenz der Absorptionsquerschnitte in m^2 von Ozon für die Wellenlängen λ_{on} und λ_{off} und $p(z,)$ die aus der Entfernung bzw. Höhe z empfangenen Signalamplituden für die Wellenlänge bedeuten. Gl. (1) enthält weder die Laserpulsenergie noch irgendwelche Kalibrationsfaktoren. Die Korrekturterme enthalten Beiträge, von konkurrierender differentiellen Absorption durch Fremdgase sowie Streuung an Aerosolpartikeln herrühren und hier nicht explizit aufgeführt sind. Die Aerosolbeiträge sind umso kleiner, je geringer der Abstand der Wellenlängen ist.

Aus (1) geht auch hervor, daß der Fehler von $c(z)$ umso größer ist, je kleiner das Höhenintervall δz gewählt wird. Im Bereich bis ca. 5 km beträgt der Fehler <3 ppb bei δz = 100 m, im oberen Bereich steigt er auf über 10 ppb bei δz = 300 m.

Abb. 2 zeigt ein noch provisorisch ausgewertetes Beispiel für eine aus Lidardaten mit einer Höhenauflösung von 125 m berechnete Verteilung der Ozondichte als Funktion der Höhe z über Grund dar. Das Ozondichteprofil zeigt bei größeren Höhen noch stärkere Fluktuationen. Diese werden später durch Auswertung der Photonenzähldaten noch erheblich reduziert werden. Mit eingetragen sind zum Vergleich Meßwerte von benachbarten Bergstationen in verschiedenen Höhen. Trotz der horizontalen Entfernung von 7 bzw. 10 km für die Stationen in 1 und 2,3 km über

Grund wird eine recht gute Übereinstimmung beobachtet. Abb. 3
zeigt ein gleichzeitig mit einer ECC-Ozonsonde gemessenes Profil. Die Übereinstimmung kann angesichts der bei diesen Sonden
in der Troposphäre auftretenden Unsicherheiten als befriedigend
bezeichnet werden.

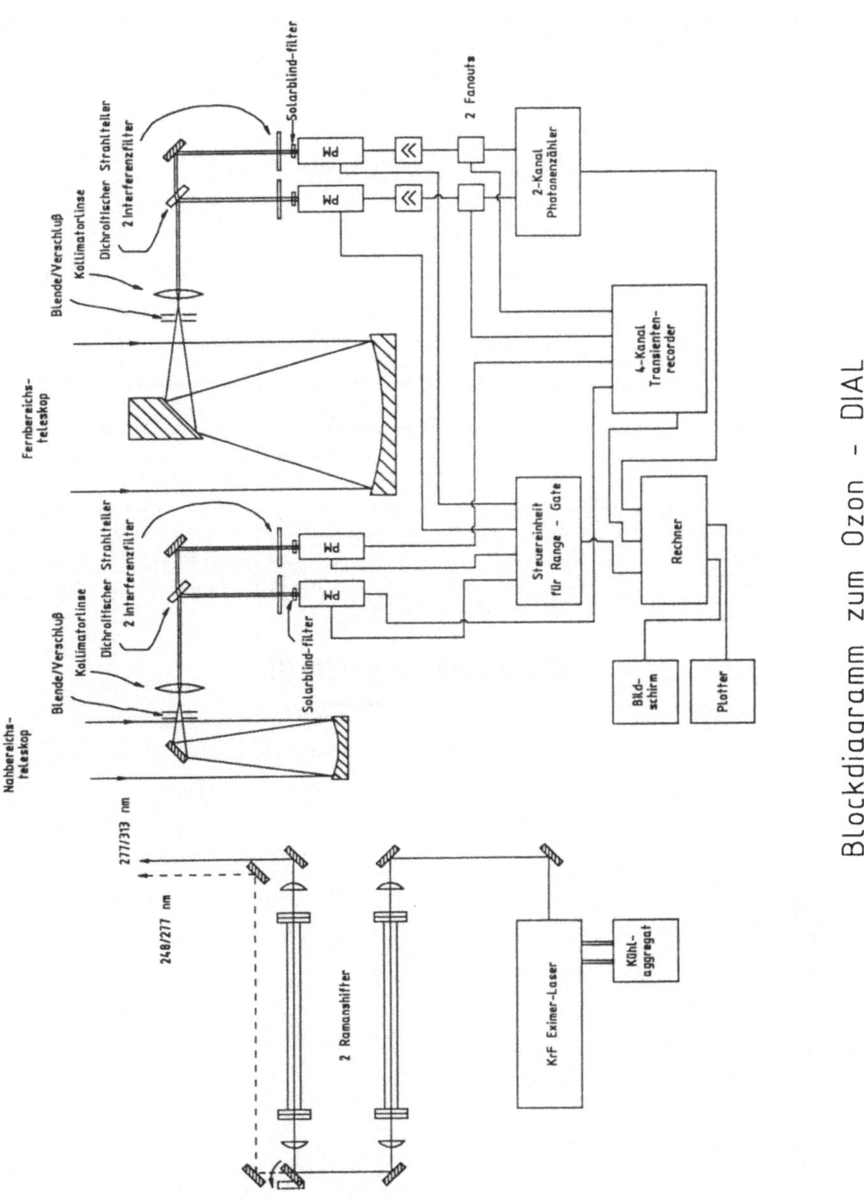

Abb. 1: Schematische Darstellung des Ozonlidars

92

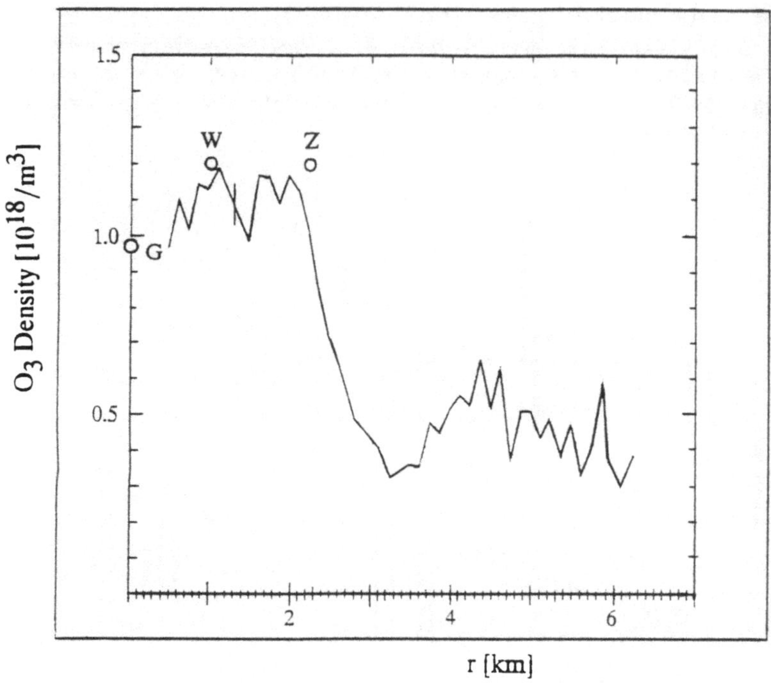

Abb. 2: Mit dem Lidar am 11.04.91, 11.31 bis 11.48 MEZ, gemessene Vertikalverteilung der Ozondichte; Abszisse: Höhe über Grund, Ordinate: Ozonkonzentration in Molekülen/m^3. $\delta z = 125$ m, 15000 Schüsse. Die Kreuze bezeichnen Meßwerte von benachbarten Feststationen in verschiedenen Höhen

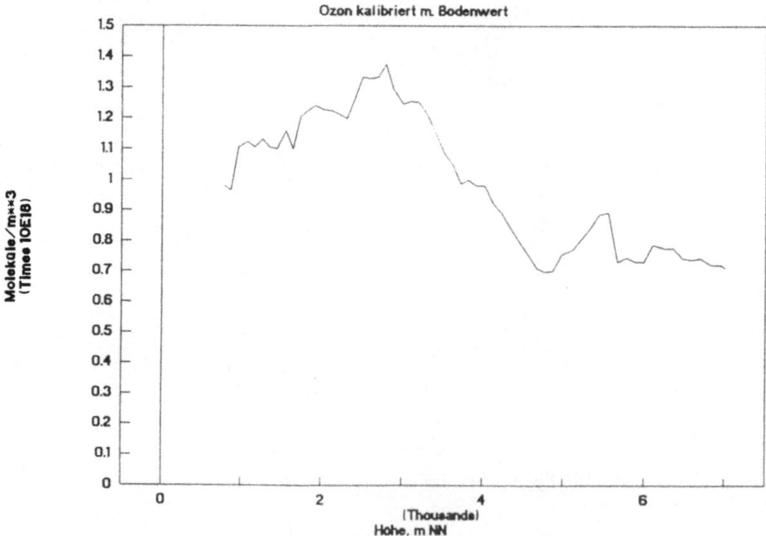

Abb. 3: Mit einer ECC-4A Ozonsonde gemessene Ozonhöhenverteilung am 11.04.91, ca. 11.30 Uhr MEZ

Lidarmessungen in der Stratosphäre.
Ein Auswerteverfahren zur Bestimmung von Ozonprofilen

F. SCHÖNENBORN, H. CLAUDE
Deutscher Wetterdienst, Meteorologisches Observatorium Hohenpeißenberg
Albin-Schwaiger-Weg 10, W-8126 Hohenpeißenberg, FRG

Das langjährige Ozonmeßprogramm des Meteorologischen Observatoriums Hohenpeißenberg wurde 1987 durch operationelle Messungen mittels DIAL erweitert.
Das hiermit vorgestellte Auswerteverfahren ermöglicht die Berechnung der stratosphärischen Ozonverteilung bis in Höhen um 50 km. Dabei ist ein Optimum von
sowohl Genauigkeit als auch Strukturtreue des resultierenden Ozonprofils gewährleistet.

In 1987, the schedule of long-time ozone monitoring at the Meteorological Ob-
servatory Hohenpeißenberg was extended by operational DIAL measurements. An
evaluation method is represented, which allows the calculation of stratospheric ozone distribution up to 50 km. An optimal balance of precision and range
resolution is achieved.

Beschreibung des Auswerteverfahrens

Aufgrund der hohen Dynamik des Rückstreusignals kann die Messung im unteren
Höhenbereich nur mit einem Graufilter erfolgen. Deshalb wird während einer
Meßnacht programmgesteuert in zwei Abschnitten gemessen (CLAUDE 1989). Die resultierenden Rückstreuprofile beginnen ab etwa 15 bzw. 25 km Höhe (Abb. 1).
Die Höhenauflösung beträgt 300 m. Neben verschiedenen geräteabhängigen Parametern wird zur Berechnung des Ozonprofils die Vertikalverteilung von Temperatur
und Luftdichte benötigt. Dabei handelt es sich um aus Sondenmessungen abgelei-
tete Jahreszeitenmittel, die oberhalb 35 km durch Standardprofile ergänzt wurden.

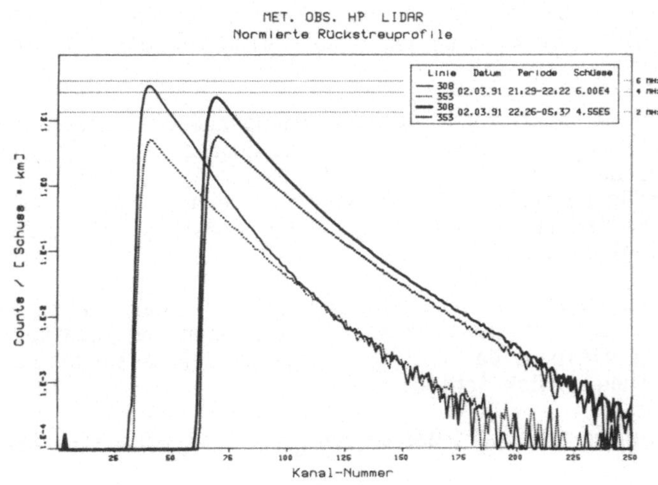

Abbildung 1: Rückstreu-
profile aus zwei Höhen-
bereichen, gemessen am
1./2. März 1991.

Zu Beginn der Auswertung wird gemäß der Poisson-Verteilung für jedes Höhenintervall der relative Fehler berechnet. Während der folgenden Auswerteschritte erfolgt eine Fehlerrechnung nach dem Gaußschen Fehlerfortpflanzungsgesetz. Nach der Normierung der Rückstreusignale auf 1/(Schuß x km) werden die durch die hohe Anfangsbelastung der Photomultiplier verursachten Nichtlinearitäten korrigiert (Abb. 2). Die Korrekturfunktion wurde empirisch aus unter Realbedingungen durchgeführten Testmessungen abgeleitet. Sie kompensiert das individuelle Verhalten der beiden Photomultiplier.

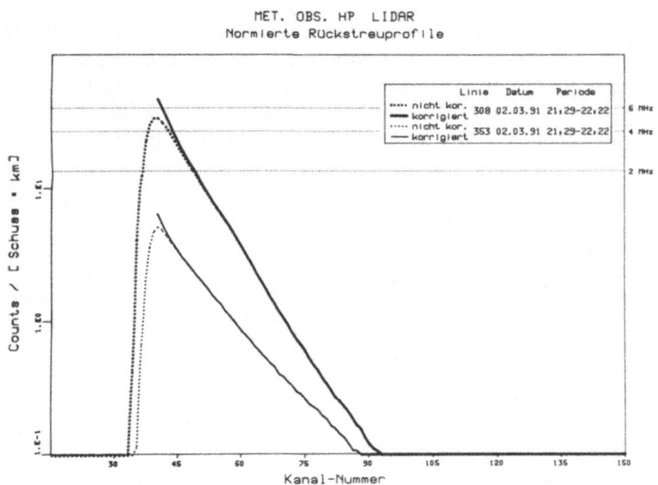

Abbildung 2: Korrektur der Photomultiplier-Nichtlinearität. Messung im unteren Höhenbereich am 1./2. März 1991.

Um über den gesamten Höhenbereich eine akzeptable Genauigkeit zu erreichen, müssen die Rückstreuprofile geglättet werden. Es wird ein in der Literatur als "Gaußsche Tiefpaßfilterung" bekannter Algorithmus verwendet. Die Stärke der Glättung ist abhängig von der Meßdauer, nimmt jedoch im wesentlichen exponentiell mit der Höhe zu. Dies führt zu einer kontinuierlichen Verringerung der Ortsauflösung.

Anschließend an die Glättung der beiden Rückstreuprofile von Referenz- und Absorptionswellenlänge erfolgt die Berechnung des logarithmischen Rückstreuverhältnisses $\ln(S_{ref}/S_{abs})$.

Sollen die beiden Messungen im unteren bzw. oberen Höhenbereich zu einem Gesamtprofil verbunden werden, muß die bisher beschriebene Prozedur auch für die zweite Messung angewandt werden, so daß an diesem Punkt der Auswertung beide Kurven $\ln(S_{ref}/S_{abs})$ zur Verfügung stehen. Nun erfolgt die Verbindung der beiden Messungen durch einfache Parallelverschiebung, wobei der Fitpunkt am Beginn der oberen Messung liegt (Abb. 3).

Die gebildete Rückstreuverhältniskurve wird nun noch einmal einer Gaußschen Tiefpaßfilterung unterzogen. Sie ist nur sehr schwach bemessen und kann über beide Höhenbereiche konstant bleiben, da die Eigenheiten beider Messungen bereits durch die erste Glättung berücksichtigt wurden.

Die Ableitung der geglätteten Kurve ergibt das Ozonprofil. Unter Zuhilfenahme

des eingangs erwähnten Luftdichteprofils wird die Rayleighkorrektur durchgeführt. Anschließend wird anhand einer frei wählbaren Fehlergrenze das obere
Ende des Auswertebereichs festgelegt.

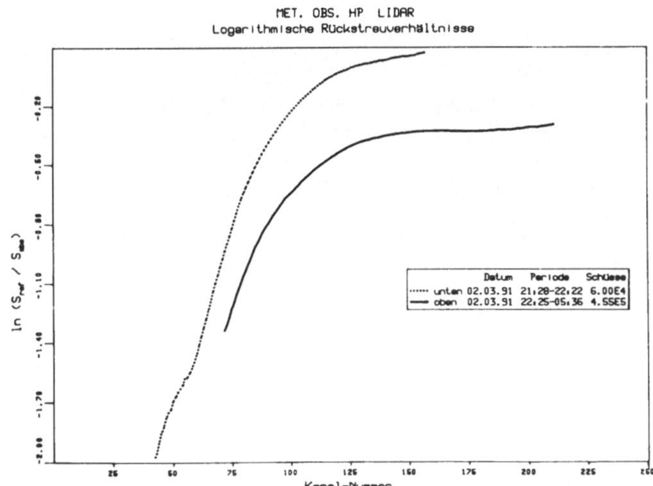

Abbildung 3: Logarith-
misches Rückstreuver-
verhältnis für untere
und obere Messung am
1./2. März 1991.

Das nun vollständig vorliegende Ozonprofil wird von Teilchendichte [1/m^3] in
Massendichte [μg/m^3] umgerechnet, um Vergleiche mit anderen Meßsystemen zu erleichtern. Zuvor muß jedoch die Temperaturabhängigkeit der Ozon-Absorptions-
querschnitte durch eine dementsprechende Korrektur (WERNER 1984) berücksichtigt werden.

Vergleiche mit Spektrophotometermessungen erfordern die Berechnung des Gesamt-
ozonwertes durch Integration des Ozonprofils. Der internationalen Konvention
entsprechend werden diese Gesamtozonwerte in Dobson Units [D.U.] angegeben,
wobei 1 D.U. 0,01 mm Ozonschichtdicke entspricht. Um zu aussagekräftigen Werten zu kommen, muß aber auch der durch die Lidarmessung nicht erfaßte tropo-
sphärische Bereich einbezogen werden. Dies geschieht unter Zuhilfenahme eines
externen Jahreszeitenmittelprofils aus Sondenmessungen.

Es bleibt zu bemerken, daß seit Beginn der Messungen im Jahre 1987 anstatt des
weitverbreiteten "range gating" der Photomultiplier (McDERMID et al. 1991,
McGEE et al. 1991) ein mechanischer Chopper verwendet wird. Außerdem wurde sichergestellt, daß die Photomultiplier grundsätzlich unterhalb der Sättigungs-
grenze betrieben werden. Da somit sämtliche Messungen frei von "signal-induced
noise" sind, erübrigen sich entsprechende Korrekturen im Auswerteprogramm.

Auch im Hinblick auf die Durchführung der Messungen haben sich einige wichtige
Hinweise ergeben. So sollte die maximale Belastung der Photomultiplier 4 MHz
(= Counts/μs) nicht übersteigen, um übermäßige Nichtlinearitäten in den ersten
Kilometern der Messung zu vermeiden. Der für die Messung im unteren Bereich
nötige Graufilter und die Dauer dieser Messung sind so zu wählen, daß bis hin
zur Anfangshöhe der oberen Messung eine genügende Qualität des Rückstreusignals erzielt wird.

Wichtig ist auch die Anpassung der Ramankonversion an die aktuellen Verhältnisse in der Atmosphäre und die zur Verfügung stehende Laserenergie. Sie sollte stets so erfolgen, daß aus großen Höhen in etwa gleiche Rückstreuraten von
Referenz- und Absorptionslinie empfangen werden. Die erreichbare Höhe wird vom
jeweils schwächeren der beiden Signale bestimmt.

Ergebnisse

Abbildung 4 zeigt das aus den in Abbildung 1 gezeigten Rückstreuprofilen berechnete Ozonprofil. Die Messung im unteren Höhenbereich wurde noch einmal ohne Linearitätskorrektur gesondert ausgewertet (gepunktete Linie). Sie reicht
bis 30 km Höhe und stimmt im Überlappungsbereich gut mit der Messung im oberen
Höhenbereich überein. Die Auswirkung der Linearitätskorrektur zu Beginn des
Gesamtprofils ist sehr gut zu erkennen. Zum Vergleich ist die mit der Brewer/
Mast-Sonde am vorhergehenden Morgen gemessene Ozonverteilung eingezeichnet
(gestrichelte Linie).

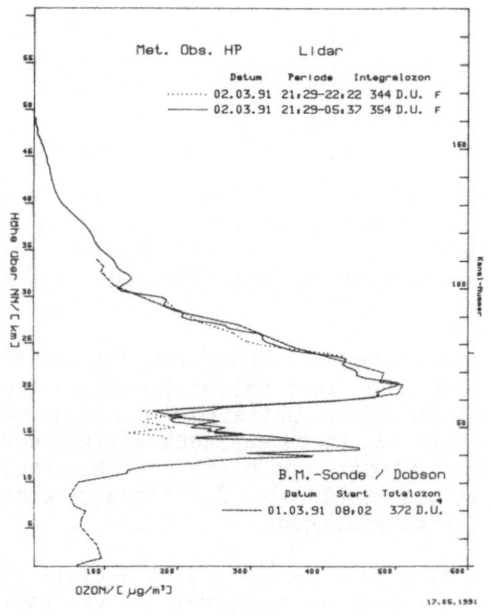

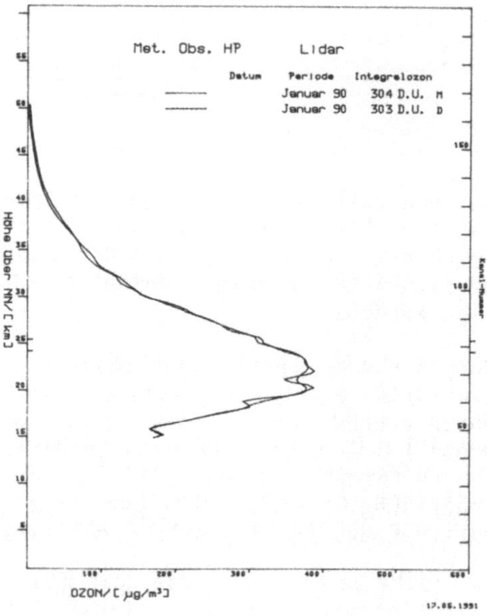

Abbildung 4: Vertikales Ozonprofil vom 1./2. März 1991, gemessen mit Lidar und Ozonsonde.

Abbildung 5: Aus elf Messungen bestimmtes Ozonprofil für Januar 1990, ausgewertet anhand
--- einzelner Ozonprofile
—— aufsummierter Rückstreuprofile

Zur klimatologischen Auswertung der Lidarmessungen sind Mittelprofile über
größere Zeiträume erforderlich. Sie werden im allgemeinen aus den zur Verfügung stehenden Ozonprofilen des entsprechenden Zeitraumes gebildet. Es ist
aber auch möglich, die Rückstreuprofile - getrennt nach Messungen, mit bzw.
ohne Filter - aufzusummieren und anschließend auszuwerten. Abbildung 5 zeigt

nach beiden Methoden bestimmte Mittelprofile für den Monat Januar 1990. In beiden Fällen sind jeweils elf Messungen berücksichtigt. Die Profile stimmen sehr gut überein, wobei die Auswertung der Summen-Rückstreuprofile etwas stärkere Strukturen zeigt. Hier wirkt sich die Berücksichtigung der Meßdauer im Auswerteverfahren positiv aus. Ein weiterer Vorteil besteht darin, daß im Gegensatz zur konventionellen Mittelwertbildung die Einzelmessungen entsprechend ihrer Qualität in das Summenprofil eingehen.

Die hohen Erwartungen, die seinerzeit zur Installation der Lidaranlage auf dem Hohenpeißenberg geführt haben, sind durch die bis heute vorliegenden Ergebnisse voll erfüllt.

<u>Literatur</u>

CLAUDE, H., 1989: Ozonmessung mittels Lidar auf dem Hohenpeißenberg. In: Vorträge des 9. Internationalen Kongresses Laser 89, Springer Verlag.

McDERMID, S., D.A. HANER, M.M. KLEIMAN, T.D. WALSH, M.L. WHITE, 1991: Differential absorption Lidar systems for tropospheric and stratospheric ozone measurements. Optical Engineering, Jan. 1991, Vol. 30, No. 1.

McGEE, T.J., D. WHITEMAN, R. FERRARE, J. BUTLER, J.F. BURRIS, 1991: STROZ LITE: Stratospheric Ozone Lidar Trailer Experiment. Optical Engineering, Jan. 1991, Vol. 30, No. 1.

WERNER, J., 1984: Messung der stratosphärischen Ozonkonzentration mit Hilfe eines Laser-Radar-Systems. Dissertation, Universität München.

Wasserdampfmessungen mit einem Ramanlidar

Claus Weitkamp, Albert Ansmann, Maren Riebesell, Ulla Wandinger, Walfried Michaelis

Institut für Physik   GKSS-Forschungszentrum Geesthacht GmbH   W-2054 Geesthacht, Germany

1. Einleitung

Mit der fortschreitenden Industrialisierung und Technisierung nimmt auch die Gefahr zu, daß Umwelt und Klima durch Aktivitäten des Menschen nachteilig beeinflußt werden. Zur Erkennung von Veränderungen der Atmosphäre reichen die bisherigen Meßmethoden nicht aus; vielmehr müssen zu den konventionellen, i.w. lokalen Meßverfahren neue Verfahren hinzutreten, mit denen die Fernmessung der wichtigsten atmosphärischen Parameter möglich wird.

Eine Größe, die für Wetter- und Klimaforschung von großer Bedeutung ist, ist der Wasserdampfgehalt der Atmosphäre. Wasser ist aufgrund seiner Verfügbarkeit und der hohen latenten Wärme bei Phasenumwandlungen von elementarer Bedeutung für alle Wettererscheinungen wie Regen, Schnee, Wolken, Gewitter und tropische Wirbelstürme und außerdem entscheidend am Strahlungs- und Wärmehaushalt des Planeten Erde beteiligt. Der Wasserdampfgehalt der Troposphäre weist eine große räumliche und zeitliche Varabilität zwischen 0 und 15 000 ppm auf (1 ppm = 1 Raumteil Gas pro 1 000 000 Raumteile Luft). Deshalb ist bei Wasserdampfmessungen einerseits eine möglichst gute räumliche und zeitliche Auflösung erforderlich, andererseits sind die Anforderungen an die Meßgenauigkeit mit ±5 bis ±20% gemäßigt.

2. Meßprinzip und Meßsystem

Bei GKSS wurde daher ein Lidarsystem entwickelt [1], das die inelastische (Raman-) Streuung von Licht aus einem XeCl-Excimerlaser ausnutzt (Abb. 1).

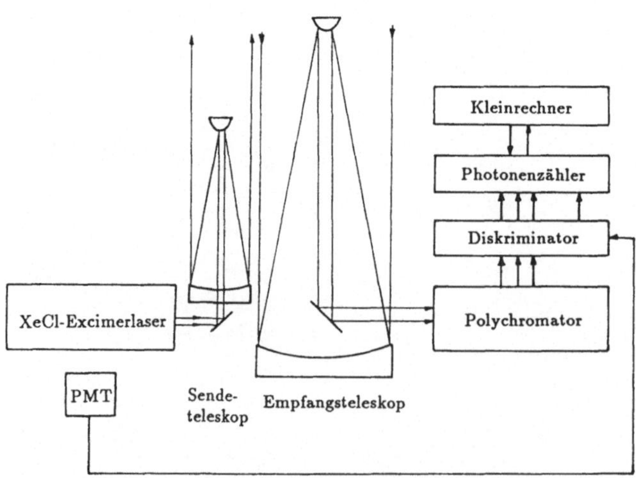

Abb. 1: Aufbau des Ramanlidar

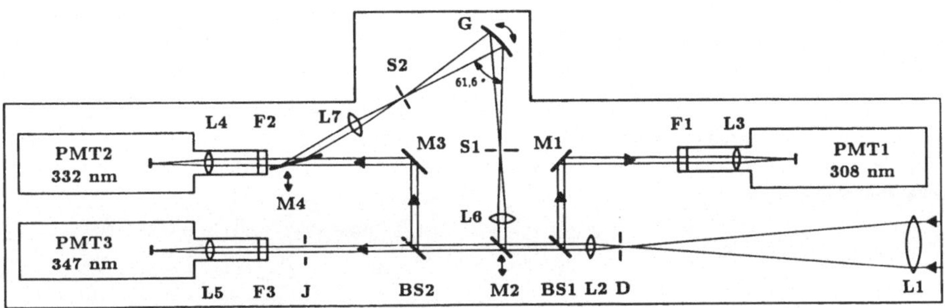

Abb. 2: Aufbau des Filterpolychromators. L1 bis L7 Linsen, D Eingangsspalt, BS1, BS2 Strahlteiler, M1 bis M4 Umlenkspiegel, F1 bis F3 Interferenzfilter, PMT1 bis PMT3 Photomultiplier, G holographisches Konkavgitter, S1, S2 Spalte, J Justierblende. Die Spiegel M2 und M4 werden nur zur Aufnahme eines Spektrums in den Strahlengang eingeschoben.

Bei einer Primärwellenlänge von 308 nm liegt die Wellenlänge des Wasserdampf-Rückstreusignals bei 347 nm, die des als Referenz benutzten Signals von molekularem Stickstoff bei 332 nm. Als Polychromator für die Empfangsseite dient ein System aus dichroitischen Strahlteilern und Interferenzfiltern, das in Abb. 2 wiedergegeben ist [2].

Das Ramanlidar zeichnet sich vor anderen Lidarvarianten zur Messung von Wasserdampf-Höhenprofilen durch sein einfaches Meßprinzip und, dadurch bedingt, die weitgehende Freiheit von systematischen Fehlern sowie durch einfache Bedienung aus. Für den Bereich, in dem sich Sendestrahl und Empfängergesichtsfeld voll überlappen, ist das Volumen-Mischungsverhältnis von Wasserdampf und (trockner) Luft in der Höhe z gegeben durch

$$\frac{\rho_{H_2O}}{\rho_{Luft}}(z) = C \cdot K(z) \cdot \frac{P(\lambda_{H_2O}, z)}{P(\lambda_{N_2}, z)}, \tag{1}$$

wobei $P(\lambda_i, z)$ die bei der Wellenlänge λ_i aus der Höhe z gemessenen Rückstreusignale sind und K ein Korrekturfaktor ist, der die unterschiedliche Extinktion für die Rückstreuwellenlängen des Wasserdampfs und des Stickstoffs beinhaltet und sich mit guter Genauigkeit berechnen läßt; die Extinktion bei der Primärwellenlänge geht in das Ergebnis nicht ein. Der Faktor C ist eine apparative Konstante, die im Prinzip ab initio berechnet werden kann, in der Praxis aber präziser einmal durch eine Vergleichsmessung z.B. mit Radiosonden bestimmt wird.

3. Ergebnisse

Das System kann routinemäßig eingesetzt werden. Der größte zusammenhängende Datensatz an Feuchteprofilen wurde während des Internationalen Zirrus-Experiments 1989 (ICE'89) auf Norderney gemessen [3]. Zwei Beispiele zeigen die Abb. 3 und 4. Wiedergegeben sind jeweils das Wasserdampfmischungsverhältnis und der relative Fehler der Lidar-Feuchtemessung, die Rückstreusignale im elastischen Kanal, auf Abstand und Rayleigh-Extinktion korrigiert, aus denen sich Ort und ungefähre Dichte vorhandener Aerosolfelder ablesen lassen, sowie die relative Feuchte. Die gestrichelten Linien bei den Feuchtemessungen sind Ergebnisse eines Radiosondenaufstiegs.

Am 3.10.1989 zeigt sich in der Messung von 21:10 Uhr (Abb. 3) kein Zirrus (=Eiswolke), die Feuchte erreicht ein Maximum, das in 9500 m Höhe erscheint und gerade bei 50 % liegt; auch im späteren Verlauf der Nacht werden in Norderney keine Zirren erscheinen. Von einer weiter östlich gelegenen Lidarmeßstation wird jedoch ein Zirruswolkenfeld erfaßt.

Anders liegen die Verhältnisse am 24.10.1989 (Abb. 4). Nachdem sich ein über 1000 m dicker Zirrus in 8000 m Höhe am frühen Abend aufgelöst hat, verbleibt in 11 km Höhe noch immer ein massiver, nahezu 2000 m starker Cirrostratus; die vergleichsweise geringe Rückstreuung zwischen 9 und 10 km Höhe ist auf Virgae, Fallstreifen von Eiskristallen, zurückzuführen. Sättigung über Eis liegt in 8 km

Höhe (-32 °C) bei 75%, in 10 km (-46 °C) bei 65 % und in 11,5 km Höhe (-57 °C) bei 57 % der auf Wasser bezogenen Feuchte vor. Sättigung über Eis herrscht im Cirrostratus, nicht jedoch im Bereich der Fallstreifen (9 bis 10 km).

Auffallend ist die stets beobachtete, hier besonders hervorstechende Abweichung der Sonden- von den Lidarwerten zu niedrigeren Feuchten bei tiefen Temperaturen. Die Auswertung einer Vielzahl von Radiosondenaufstiegen zeigt, daß dieser systematische Effekt auf fehlerhafte Sondenmessungen zurückzuführen ist.

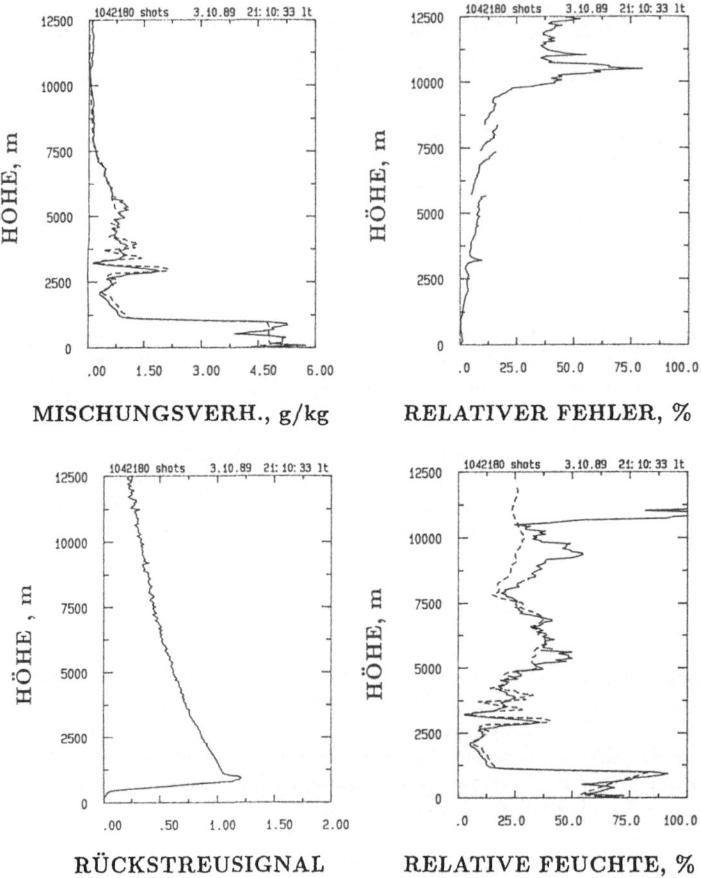

<u>Abb. 3</u>: Wasserdampfmessung mit dem GKSS-Ramanlidar auf Norderney im Rahmen des Internationalen Zirrus-Experiments (ICE'89). Mischungsverhältnis, statistischer Fehler der Lidarmessung, elastisches Rückstreusignal und relative Feuchte. Die gestrichelten Linien sind Ergebnisse eines Radiosondenaufstiegs. Messung am 3.10.1989, 21:10 bis 23:48 Uhr Ortszeit, Radiosondenaufstieg um 21:46 Uhr Ortszeit. Die gleitende Mittelung erfolgte bis 5700 m Höhe über jeweils 60 m, bis 7280 m über 300 m, bis 8400 m über 900 m und bis 12500 m über 1800 m.

Zusammenfassend kann gesagt werden, daß mit dem beschriebenen Ramanlidar ein System zur Verfügung steht, das die Messung höhenaufgelöster Feuchteprofile vom Boden bis zur Tropopause erlaubt. Trotz der recht großen Laserleistung (bis 240 mJ bei 250 Hz), der lichtstarken Empfangsoptik (0,8 m Durchmesser des Hauptspiegels) und des kleinen Empfängergesichtsfelds (0,15 mrad) ist allerdings der nutzbare Höhenbereich bei Messungen am Tage auf die Grenzschicht beschränkt, weil der Himmelslichtuntergrund gegenüber den schwachen Raman-Rückstreusignalen zu intensiv ist. An der Verbesserung der Meßeigenschaften bei Tage wird gegenwärtig gearbeitet.

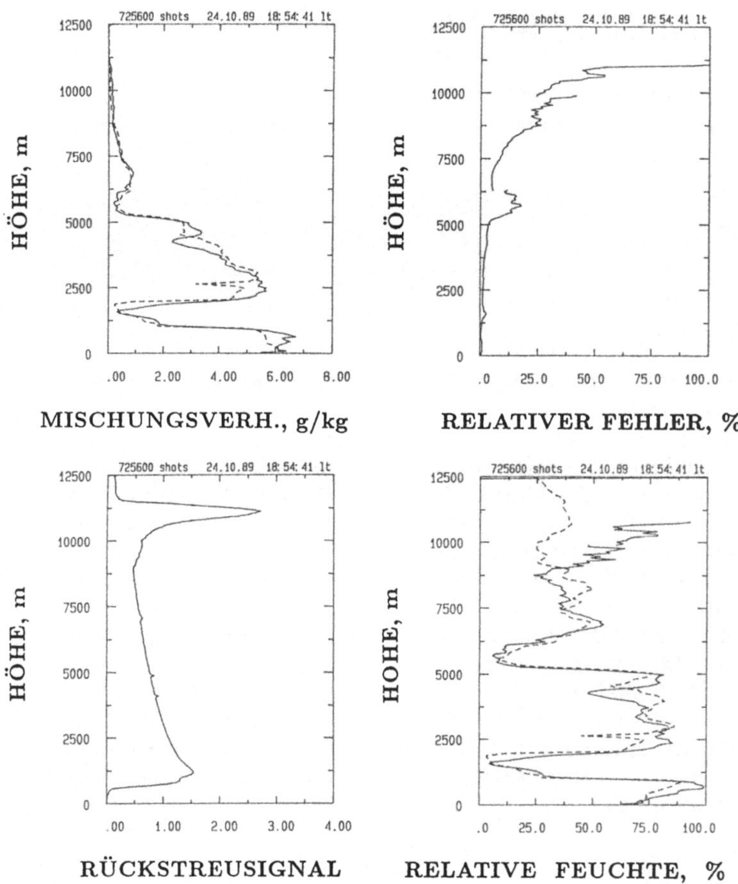

<u>Abb. 4</u>: Wie Abb. 3. Messung am 24.10.1989, 18:54 bis 20:46 Uhr Ortszeit, Radiosondenaufstieg um 18:49 Uhr Ortszeit. Die gleitende Mittelung erfolgte bis 3000 m Höhe über jeweils 60 m, bis 6300 m über 120 m, bis 9900 m über 600 m und bis 12500 m über 1200 m.

Literatur

[1] M. Riebesell: Ramanlidar zur Fernmessung von Wasserdampf- und Kohlendioxid-Höhenprofilen in der Troposphäre. Dissertation, Universität Hamburg 1990; GKSS 90/E/13 (1990), 126 S.

[2] U. Wandinger: Entwicklung und Erprobung eines Filterpolychromators für ein Raman-Lidar. Diplomarbeit, Fachbereich Physik, Universität Hamburg (1990); GKSS 90/E/48 (1990), 89 S.

[3] J. Bösenberg et al.: Measurements with lidar systems during the International Cirrus Experiment 1989. Max-Planck-Institut für Meteorologie Hamburg, Bericht No. 60 (1990), 152 S.

Wasserdampf-Differential-Absorptions-Lidar im nahen Infrarot

G. Ehret, C. Kiemle, W. Renger, G. Simmet
Institut für Physik der Atmosphäre, DLR Oberpfaffenhofen, D-8031 Wessling

1 Das Meßprinzip

Lidar (Light Detection and Ranging) ist ein aktives Fernmeßverfahren zur Sondierung der Atmosphäre. Ähnlich wie Radaranlagen senden Lidargeräte kurze elektromagnetische Pulse aus. Als Sender werden leistungsstarke gepulste Festkörper- und Gas-Laser eingesetzt, deren Wellenlängen im sichtbaren und infraroten Spektralbereich liegen. Ein kleiner Bruchteil dieser Strahlung wird von den Luftmolekülen und Aerosolteilchen wieder zum Sender zurückgestreut und mit einem Empfangssystem nachgewiesen. Aus der Zeitdifferenz zwischen dem Aussenden der Lichtpulse und dem gemessenen Signal läßt sich die Entfernung zum streuenden Medium bis auf wenige Meter genau bestimmen. Die rückgestreute Lichtintensität ist ein Maß sowohl für die Dichte und die optischen Eigenschaften des streuenden Mediums, als auch für die optische Transmission in der Atmosphäre. Aus den Rückstreudaten lassen sich eine Vielzahl meteorologisch wichtiger Parameter ableiten. Insbesondere zeigen zahlreiche Systemstudien, unter anderem auch für Satelliteneinsatz, das große Entwicklungspotential des Lidar-Verfahrens bei der Fernerkundung von Aerosolen, Spurengasen und atmosphärischem Wasserdampf [1].

2 Das DIAL-Verfahren

Abhängig von der jeweiligen meteorologischen Fragestellung wurden in den letzten Jahren unterschiedliche Lidar-Techniken entwickelt. Für die aktive Fernerkundung von Wasserdampfverteilungen in der Atmosphäre ist das Differential-Absorptions Lidar-Verfahren geeignet. Eine zuverlässige Methode zur Fernerkundung des Wasserdampfs wird für viele Fragen der atmosphärischen Umwelt- und Klimaforschung besonders dringend benötigt. Wasserdampffelder sind räumlich und zeitlich sehr variabel und mit konventionellen Meßmethoden nur ungenau und lückenhaft meßbar. Außerdem gehört Wasserdampf zu den Spurengasen, die den Treibhauseffekt besonders stark beeinflussen.

Das Prinzip des DIAL-Verfahrens beruht auf der Absorptionsspektroskopie gasförmiger Substanzen unter Atmosphärenbedingungen. Im Unterschied zum einfachen Rückstreulidar, bei dem der Laser Lichtpulse bei einer festen Wellenlänge aussendet, strahlen Dial-Systeme Lichtpulse bei zwei eng benachbarten Wellenlängen λ_{on} und λ_{off} kurz hintereinander aus. Bei der Wellenlänge λ_{on} verursacht das Spurengas, aufgrund von Absorption, eine zusätzliche Schwächung des Laserlichtes beim Durchlaufen der Atmosphäre. λ_{off} ist die zugehörige Referenzwellenlänge, die so gewählt wird, daß hier eine deutlich geringere Absorption stattfindet. Die rückgestreuten Signale beinhalten somit die vom Spurengas verursachte differentielle Absorption auf der Wegstrecke zwischen Sender und Rückstreumedium. Dabei ist zu beachten, daß die Wegstrecke von den ausgesandten Lichtpul-

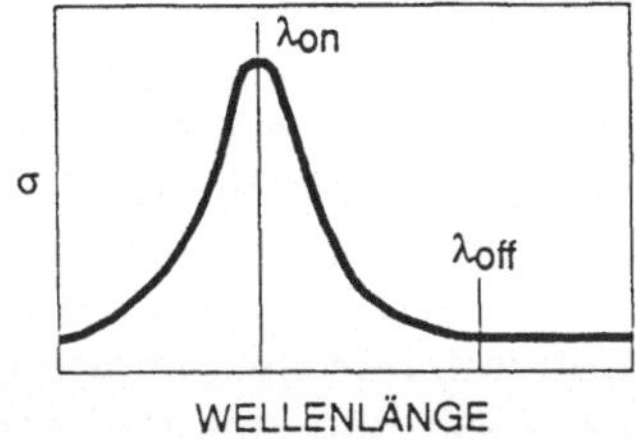

$$N(R) = \frac{1}{2 \cdot \Delta R \cdot \Delta\sigma} \cdot \ln\left(\frac{P_{off}\,(R + \Delta R) \cdot P_{on}\,(R)}{P_{on}\,(R + \Delta R) \cdot P_{off}\,(R)}\right)$$

N   = Zahl der Wasserdampfmoleküle

$\Delta\sigma$ = Differenz der molekularen
           Absorptionsquerschnitte $\sigma_{on} - \sigma_{off}$

$P_{on,\,off}$ = Rückstreusignale

ΔR = Entfernungsauflösung

Bild 1. DIAL-Gleichung

sen doppelt zurückgelegt wird. Da die Signale zeitaufgelöst aufgezeichnet werden, kann die gemessene differentielle Absorption auch differentiell hinsichtlich der Entfernung vom Sendelaser ausgewertet werden. Dies führt zur lokalen optischen Spurengasdichte in Abhängigkeit von der Entfernung vom Sendelaser. Damit läßt sich die gesuchte lokale Teilchendicke in Ausbreitungsrichtung des Sendelasers berechnen, sofern die molekularen Absorptionsquerschnitte bezüglich der Wellenlängen λ_{on} und λ_{off} bekannt sind (vgl. Bild 1).

Das Wassermolekül besitzt im nahen Infrarot um 720 nm eine Serie schmalbandiger Absorptionslinien, die für das DIAL-Verfahren in Frage kommen [2]. Einige dieser Linien sind besonders für die Vertikalsondierung von atmosphärischen Wasserdampf geeignet, weil deren Absorptionsquerschnitte nur eine geringe Temperaturabhängigkeit zeigen.

3   Der optische Aufbau des H_2O-DIAL's im Flugzeug

Wasserdampf-DIAL-Systeme, die im nahen Infrarot betrieben werden, sind apparativ sehr aufwendig und nicht einfach handhabbar. Die wenigen einsatzfähigen Geräte werden deshalb auch überwiegend am Boden betrieben. Das erste und neben unserem System auch bislang einzige flugfähige DIAL wurde Mitte der 80er Jahre am NASA Langley Research Center in Hampton, Virginia aufgebaut [3]. Der Sendeteil dieses DIAL-Systems besteht aus zwei vollständig getrennten großen Lasersystemen, womit neben großem Platz- und Gewichtsbedarf auch eine hohe elektrische Leistungsaufnahme im Flugzeug verbunden sind. Für solch ein umfangreiches DIAL-System kommen nur größere Flugzeuge als Meßträger in Frage. Unser Ziel war es deshalb, ein möglichst kompaktes Wasserdampf-DIAL zu entwickeln, das in die uns zur Verfügung stehenden meteorologischen Meßflugzeuge (Falcon 20, Do 228) ohne Probleme eingebaut werden kann.

Bild 2 zeigt die schematische Anordnung von Sender und Empfänger (Teleskop) unseres DIAL-Systems im Flugzeug. Die Forderungen, hohe Wellenlängenstabilität und kleine spektrale Bandbreite der emittierten Lichtpulse, erfordern einen sehr stabilen und steifen mechanischen Aufbau des gesamten Systems. Das DIAL ist aus Platzgründen quer zur Flugrichtung eingebaut, mit Blickrichtung nach unten. Die Vertikalsondierung der Atmosphäre von "oben" nach "unten" hat gegenüber der umgekehrten Richtung, wie dies bei bodengebundenen Systemen der Fall ist, den entscheidenden Vorteil, daß die Dichte des Rückstreumediums (Aerosole und Luftmoleküle) nach unten hin zunimmt und damit die Reichweite des DIAL's vergrößert. Sender und Empfänger sind über einen Rahmen aus hochfestem Aluminium starr miteinander verschraubt und mit schwingungsdämpfenden Gummielementen an den Sitzschienen des Flugzeugs befestigt.

Als abstimmbare gepulste Lichtquelle wurde ein Farbstofflaser in das Sendeteil des DIAL's integriert. Dieser wird von einem frequenzverdoppelten Nd:YAG-Laser bei einer Wellenlänge von 532 nm gepumpt. Der Farbstofflaser besteht aus einem Oszillator und zwei Verstärkerstufen. Im Oszillator wird die spektrale Intensitätsverteilung der Farbstofflaserpulse mit Hilfe eines Gitters und Etalons aktiv eingeengt. Man erreicht damit Laserbandbreiten < 1 pm pro Puls. Diese schmalbandigen Pulse durchlaufen nach dem Oszillator die zwei Verstärkerstufen, womit sehr hohe Pulsleistungen erzielt werden (ca. 1 MW bei 720 nm). Die Pulsfolgefrequenz wird vom Nd:YAG-Laser vorgegeben und beträgt maximal 10 Hz.

Die Wellenlänge des Farbstofflasers läßt sich durch synchrones Verkippen der frequenzselektiven Elemente (Gitter + Etalon) im Oszillator in Schritten < 0.1 pm nahezu kontinuierlich durchstimmen. Damit ist eine präzise Abstimmung der Sendefrequenz auf die Linienmitte der Wasserdampflinie (On-line) möglich. Das Verstimmen erfolgt mit rechnergesteuerten Schrittmotoren. Die Off-line Wellenlänge erhält man durch sehr schnelles Verkippen des Gitters, bis der Oszillator auf dem nächsten Transmissionsmaximum des Etalons anschwingt. Die Wellenlängendifferenz zwischen On-line und Off-line beträgt ca. 39 pm.

Die Absoluteichung der On-line-Wellenlänge erfolgt mit einer wasserdampfgefüllten photoakustischen Zelle. Damit ist jedoch nur eine Momentaneichung, welche in der Regel kurz vor Meßbeginn erfolgt, möglich. Weil jedoch im Flugzeug Kabinendruckschwankungen, Temperaturänderungen oder Vibrationen etc. leicht Wellenlängenveränderungen des Senders im Pikometerbereich verursachen können, ist eine zusätzliche Wellenlängenüberwachung von Laserpuls zu Laserpuls erforderlich. Diese Wellenlängenkontrolle geschieht mit einem Fizeau-Spektrometer. Damit kann die Sendewellenlänge auf ca. 0.1 pm genau, während des Fluges, kontrolliert werden.

Der Empfangsteil besteht aus einem Spiegelteleskop (Cassegrain-Typ) mit einstellbarem Gesichtsfeld zur Unterdrückung der Hintergrundstrahlung. Damit können ohne Probleme Nachtmessungen durchgeführt werden. Bei Tage muß man jedoch zusätzlich ein schmalbandiges, temperaturstabilisiertes Interferenzfilter benutzen. Die mit dem Teleskop gesammelten rückgestreuten Photonen werden mit einem empfindlichen Photomultiplier nachgewiesen. Das Ausgangssignal des Photomultipliers wird anschließend verstärkt und mit einem schnellen Analog-Digital-Wandler (Transiac, 12 bit, 20 MHz) digitalisiert und gespeichert. Die Steuerung des Gesamtsystems und die Überwachung der Datenaufzeichnung übernimmt ein schneller Kleinrechnern (J11 aus der PDP-11 Familie). Bild 3 zeigt einen

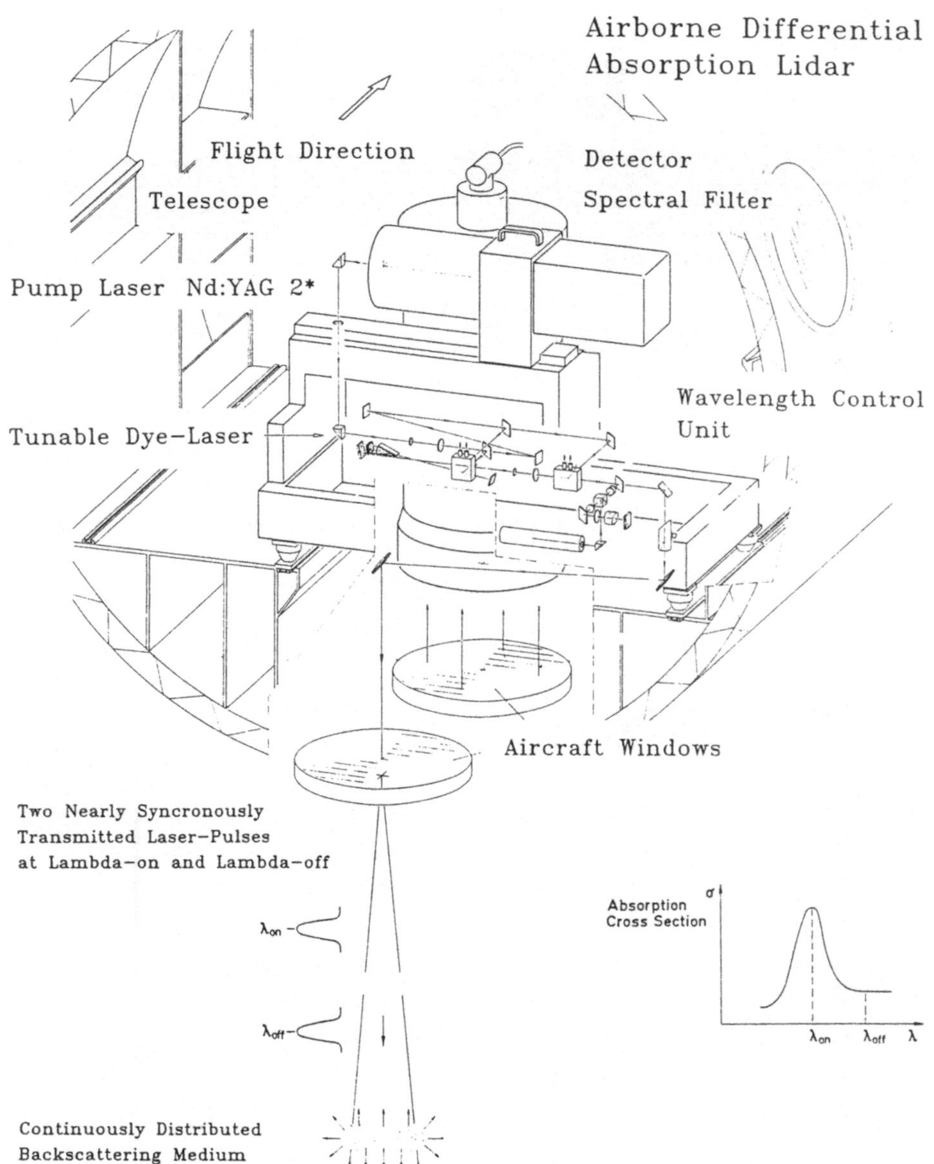

Bild 2. Optischer Aufbau des *H_2O* DIAL's in der Falcon

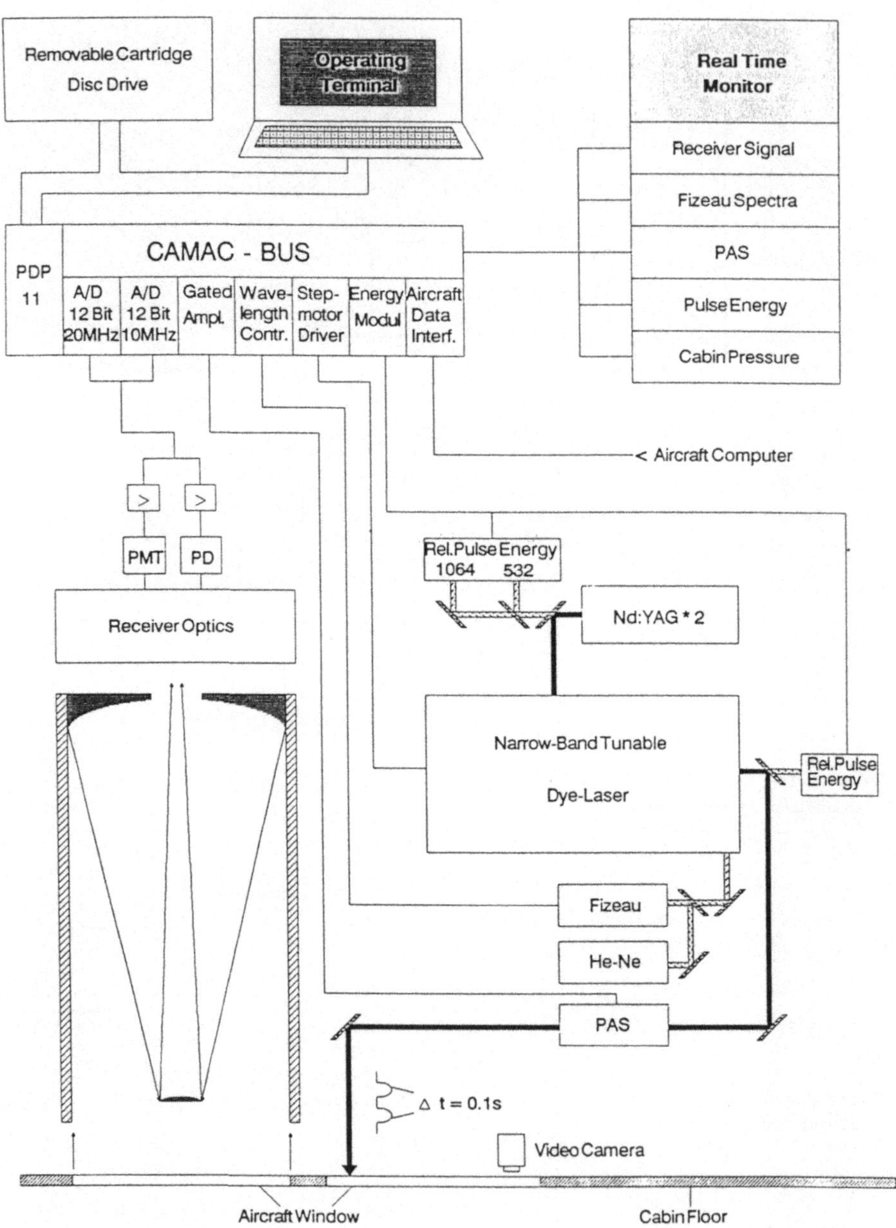

Bild 3. Schematischer Überblick über das Gesamtsystem.

schematischen Überblick über das System. Die Systemparameter des Wasser-dampf-DIAL's sind in Tab. 1 aufgelistet.

Tabelle 1. *H_2O*-DIAL System Parameter

Pump Laser

Manufacturer	Int. Laser Systems
Type	NT 572
Energy per shot	500mJ at 1.06 μm
Simultaneous	200mJ at 0.53 μm
Beam quality	multimode
Beam divergence	1.5 mrad
Rep. rate	single shot to 10 Hz
Power cons.	24 V/50 A max.

Dye Laser

Manufacturer	Lambda Physics
Type	FL 2002 E
Dye solution	Pyridin 2 in Methanol
Energy per shot	30-40mJ at 0.72 μm
Beam divergence	0.5 mrad
Bandwidth	0.015 cm^{-1} (FWHM)

Fizeau Spectrometer

Type of wedge	Air spaced Fabry Perot plates
Spacer material	Temperature Insensitive Zerodur
Wedge angle	10"
Free Spectral Range (FSR)	0.56 cm^{-1}
Finesse	80
Frequency resolution	0.02 cm^{-1}
CCD-Array	512 pixel separated by 25 μm/pixel
Pixel resolution	0.002 cm^{-1}/pixel

PAS cell

Manufacturer	Burleigh Instruments, Inc.
Sealed gas mixture	Water vapor $\sim$ 15 Torr
	Clean nitrogen 50-100 Torr

Telescope

Manufacturer	Halle
Type	Cassegrain
Primary diameter	35 cm
Focal length	400 cm
Field of View	typ. 0.8 mrad

Spectral Filter

Manufacturer	L.O.T.
Type	3 cavity I.F.
Center wavelength	724.5 nm
Bandwidth at center wavelength	0.65 nm (FWHM)
Transmission	50 %
Angle tunable	724 - 722 nm

Detector

Photomultiplier	Hamamatsu R 928
Photodiode	Si: APD from RCA

Digitizer

Transiac	12 bit 10 MHz
	12 bit 20 MHz

Data Acquisition System

Computer	PDP 11
Bus-system	Q-Bus, CAMAC
Storage medium	Removable disc from Syquest 50 Mbyte

4 Erste Messungen und Ausblick

Die Resultate zweier Meßkampagnen im Juni/Juli und November dieses Jahres zeigen, daß das von uns entwickelte Wasserdampf-DIAL sowohl am Tage als auch nachts operationell in der Falcon eingesetzt werden kann, um Aerosol- und Feuchtefelder in der Troposphäre zu vermessen. Mit diesem System konnten in diesem Jahr erstmals zuverlässige Wasserdampfprofile mit dem DIAL-Verfahren vom Flugzeug aus in der höheren Trophosphäre vermessen werden [4,5]

Das Meßprinzip im Flugzeug beruht auf der paarweisen Aufzeichnung der Lidarsignale (Schußpaare) On- und Off-line mit einer Frequenz von ca. 4 Hz. Die Zeitdifferenz zwischen On- und Off-line beträgt ca. 0,1 s. Typischerweise werden ca 25-30 mJ Laserenergie bei einer Wellenlänge um 723 nm in die Atmosphäre emittiert. Die rückgestreuten Signale werden mit 12 bit Auflösung und einer Geschwindigkeit von 10 MHz bzw. 20 MHz digitalisiert. Hieraus ergibt sich eine Entfernungsauflösung von 15 bzw. 7.5 m.

Für die Berechnung der Feuchtefelder mit der DIAL-Gleichung in der unteren Troposphäre müssen ca. 20 Pixel vertikal und 50 Pixel horizontal (Grenzschicht) gemittelt werden. Abhängig von der Fluggeschwindigkeit ergeben sich hieraus ca. 1 km horizontale und 150-300 m vertikale Auflösung im Wasserdampffeld.

Erste Wasserdampfberechnungen bei Flughöhen um 10 km ergeben ca. 10 km horizontale- und 300-600 m vertikale Auflösung im Feuchtefeld.

Bild 4 zeigt einen quantitativen Vergleich zwischen Feuchtemessungen mit dem DIAL-Verfahren vom Flugzeug aus und Falcon in-situ Messungen mit dem Taupunkt-Hygrometer. Beide Instrumente zeigen gute Übereinstimmung bezüglich der vertikalen Schichtung des Feuchteprofils zwischen 8 km und 1.5 km Höhe. Wie aus der Abbildung ersichtlich ist, liefert das Taupunktinstrument oberhalb 7.5 km keine zuverlässigen Daten mehr. Hier ist ein Vergleich nicht möglich. Da die Taupunktwerte dem relativ schnellen Abstieg des Flugzeuges aus größerer Höhe entnommen wurden, sind die systematischen Abweichungen zwischen 2,5 und 5 km sehr wahrscheinlich auf die relativ große Trägheit dieses Hygrometertyps zurückzuführen. Die gemessenen Abweichungen der Absolutwerte unterhalb 1.5 km spiegeln einerseits die hohe räumliche und zeitliche Variabilität der Feuchtestruktur in der Grenzschicht wieder. Die Zeitdifferenz zwischen den DIAL-Messungen und den Falcon in-situ Messungen betrug hier ca. 1.5 Std. Andererseits sind bei hohen Feuchten auch Fehler aufgrund des nicht ideal monochromatischen Laserlinienprofils zu erwarten, die sich in systematisch zu niedrigen Werten widerspiegeln. Maßnahmen zur Korrektur dieses Fehlers sind Teil der gegenwärtigen Forschungsziele.

5 Literatur

[1]   Browell, E.V.; Wilkerson, T.D.; McIlrath, T.J.
Water vapor differential absorption lidar development and evaluation.
Appl.Opt., Vol.18, No.20 (1979) pp.3475-3483.

[2]   Wilkerson, T.P.; Schwemmer, G., Gentry, B.
Intensities and N_2 Collision-broadening coefficient measured for selected H_2O absorption lines between 715 and 722 nm.
J.Quant.Spectrosc.Radiat.Transfer, 22 (1979) pp.71-77.

[3]   Browell, E.V.; Shipley, S.T.; Butler, C.F; Ismail, S.
Airborne DIAL water vapor and aerosol measurements over the Gulf
Stream wall (abstract). 12th International Laser Radar Conference, p.151,
Aix en Provence, France, August 13-17, 1984.

[4] Ehret, G. and Renger W.: Water Vapour and Aerosol Profiling Using an Airborne DIAL System in the Near IR.
15th International Laser Radar Conference, Tomsk, USSR
Abstracts of Papers, Part I, 1990, S. 67-69.

[5] Ehret, G., Kiemle, C., Renger W. and Simmet, G.: Multi-Wavelength Lidar System for Airborne Remote Sensing of Atmospheric Parameters and Consi-
tuents.
41st Congress of the International Astronautical Federation, 1990, Dresden
Conference. Proceedings.

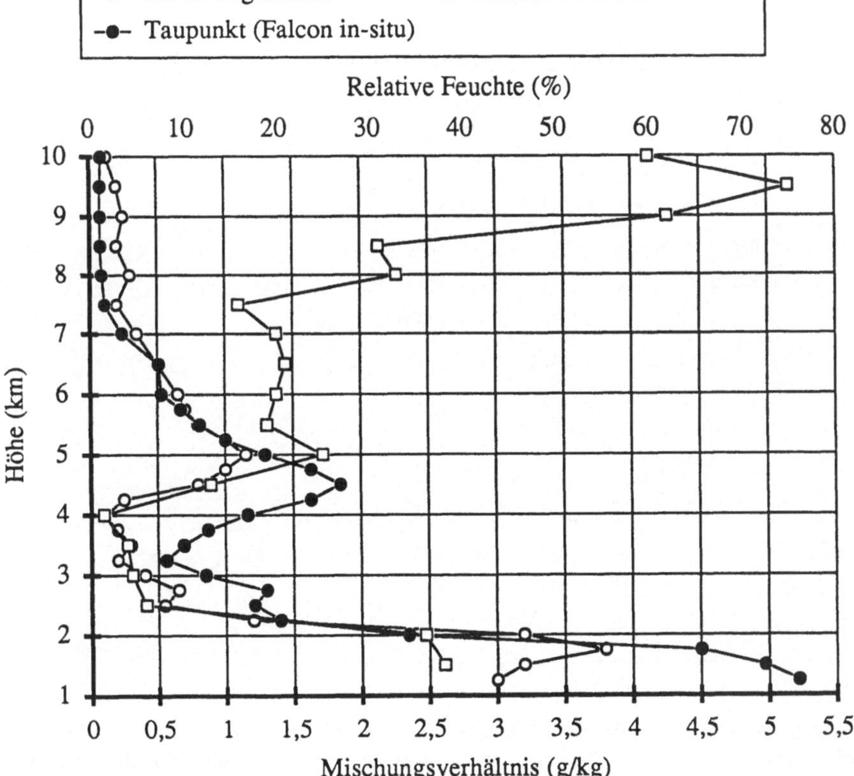

Bild 4.   Vergleich der DIAL-Ergebnisse mit in-situ-Feuchtemessungen des Flugzeugs.

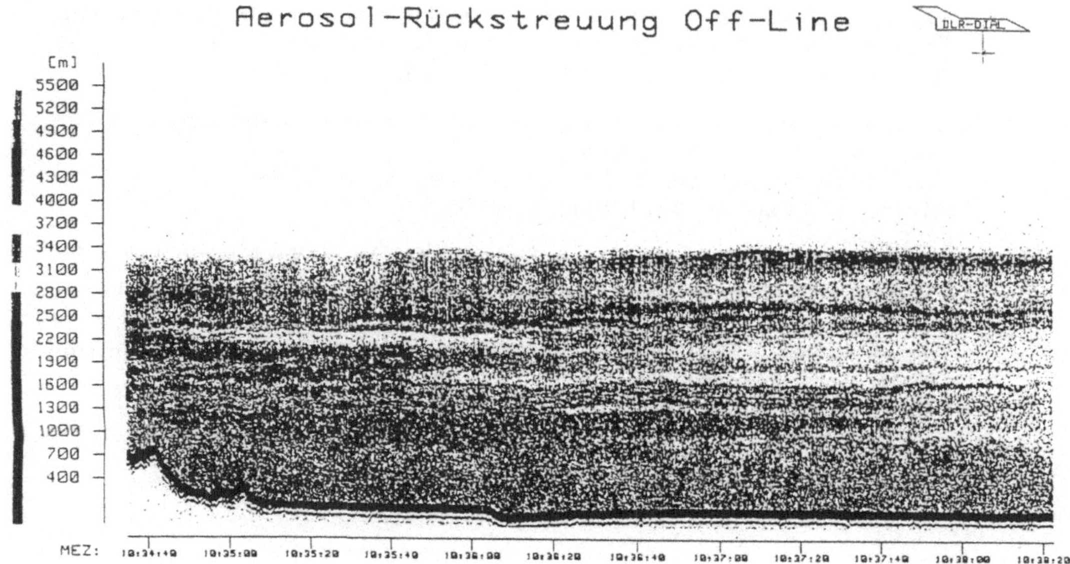

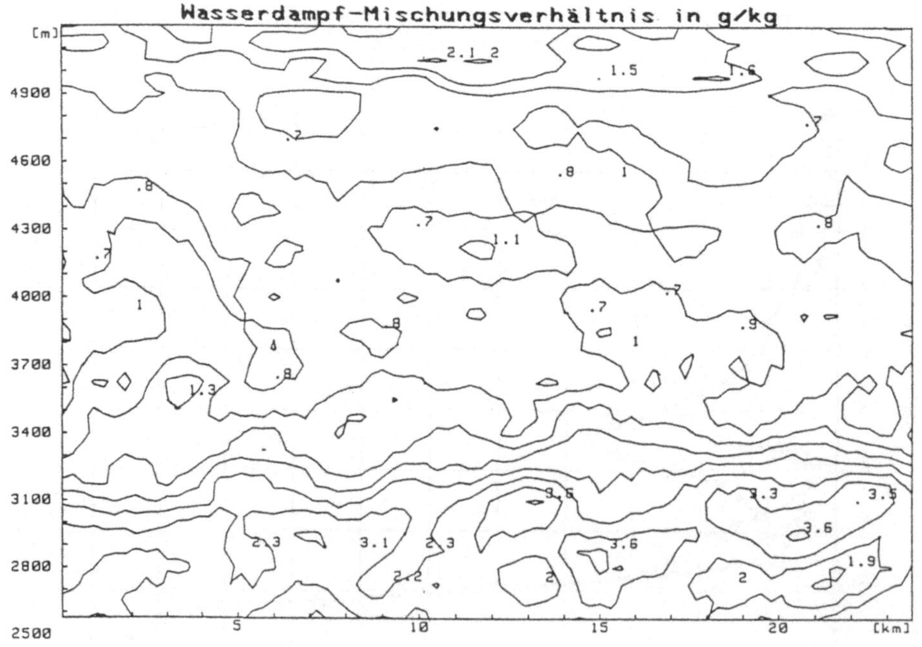

Bild 5. Aerosolrückstreuung über der Poebene, darunter Wasserdampf-Mischungsver-
hältnis entlang derselben Strecke; jeweils senkrechte Schnitte durch die Atmosphäre. Die relativ feuchte Schicht unterhalb 3400m fällt zusammen mit erhöhter
Aerosolrückstreuung. Aufgrund der Mittelung beträgt die vertikale Auflösung ca.
300m und die horizontale ca. 3km im unteren Bild. Der Abstand zwischen den
Isolinien beträgt 0.5 g/kg.

WORKSHOP - ZIEL

Themenbereiche	Einzelthemen		
Szenarien	Klima (Immission)	kleinräumige Umweltprobleme (Diff. Emission)	Störfall (Emission)
Anforderungen Behörden, Industrie	Abkommen über Reduktion von klimarelev. Spurengasen	TA Luft	Störfall-verordnung
Sensoren	Lidar	Spektrometer	Langpfad-absorptions-meßgeräte
Meßträger	ortsfest	Fahrzeug	Flugzeug	Satellit
Ausbreitung	Messungen, Modelle		
Expertensysteme	Datenbanken		
Kalibrierung	Richtlinien Anforderungen Verfahren		
Aufgaben des Workshop	Welcher Sensor für welches Szenario? Wo ist Entfernungsauflösung notwendig? Was muß wie kalibriert werden?		

ZIEL

- Definition der spezifischen Einsatzbereiche.
- Möglichkeiten der Anpassung von bestehenden Richtlinien auf optische Fernmeßverfahren.
- Weiteres Vorgehen bei der Zulassung und Validierung optischer Fernmeßverfahren.

5.1 Kalibrierung und Luftchemie
Calibration and Air Chemistry

Optische Fernmeßverfahren zur Erfassung von Luftverunreinigungen

Ein Workshop im Rahmen der Laser 91

In den vorangegangenen Vorträgen wurde das Anwendungsgebiet von lasergestützten Meßverfahren im Umweltbereich dargestellt. In den Beiträgen des nachfolgenden Workshop wurde die breite Palette von optischen Meßverfahren diskutiert, die zur Detektion von gasförmigen Luftverunreingungen eingesetzt werden können.

Die Beiträge des ersten Teils des Workshop stellen einerseits den derzeitigen Stand der Technik dar. Andererseits werden aus Sicht der Vertreter der chemischen Industrie und der Behörden Anforderungen an diese Meßverfahren dargelegt.

Im zweiten Teil des Workshop diskutierten die Teilnehmer in drei Arbeitsgruppen folgende Themenbereiche:

- Überwachung der Luftqualität

- Störfall und diffuse Quellen

- Klimarelevante Spurengase

Die Ergebnisse dieser Arbeitsgruppen wurden anschließend durch die Diskussionsleiter der Arbeitsgruppen allen Teilnehmern dieses Workshops im Rahmen einer abschließenden Podiumsdiskussion präsentiert.

Optische Fernmeßverfahren zur Bestimmung gasförmiger Luftschadstoffe in der Troposphäre

W. Diehl, V. Klein, Battelle-Institut e.V., Frankfurt am Main
K. Weber, VDI-Kommission Reinhaltung der Luft, Düsseldorf

Fernmessungen von gasförmigen Verunreinigungen können mit verschiedenen optischen Meßverfahren durchgeführt werden. In den meisten Fällen wird dabei die optische Absorption der zu bestimmenden Luftverunreinigungen ausgenutzt. Die Meßverfahren lassen sich - je nachdem, ob eine eigene Lichtquelle benutzt wird oder nicht - in aktive bzw. passive Methoden klassifizieren. Einige Fernmeßmethoden liefern ortsaufgelöste, andere räumlich integrierte Ergebnisse. Jede Methode hat ihre individuellen Stärken und spezifischen Einsatzbereiche.

PASSIVE MEßVERFAHREN

Die am häufigsten angewandten passiven Fernmeßverfahren sind die Korrelationsspektroskopie und die FTIR-Spektroskopie. Als Lichtquelle dient Sonnen- oder Himmelslicht.

Korrelationsmeßverfahren
Exemplarisch vorgestellt wird das Korrelatiosspektrometer COSPEC sowie das Gasfilter-Korrelationsspektrometer GASPEC, zwei Meßgeräte, die schon seit geraumer Zeit zur Fernmessung von luftförmigen Schadstoffen eingesetzt werden.

Korrelationsspektrometer COSPEC
Bei dem Korrelationsspektrometer COSPEC (Fa. Barringer, Res. Inc., Kanada) wird das Spektrum des einfallenden Lichtes mit einem vorgegebenen geätzten Schlitzmaskenspektrum von SO_2 oder NO_2 korreliert (Absorption im blauen bzw. nahen UV-Spektralbereich). Mit dem Gerät kann der Gesamtgehalt der Atmosphäre an SO_2 und NO_2 vertikal über dem COSPEC-Teleskop bestimmt werden.

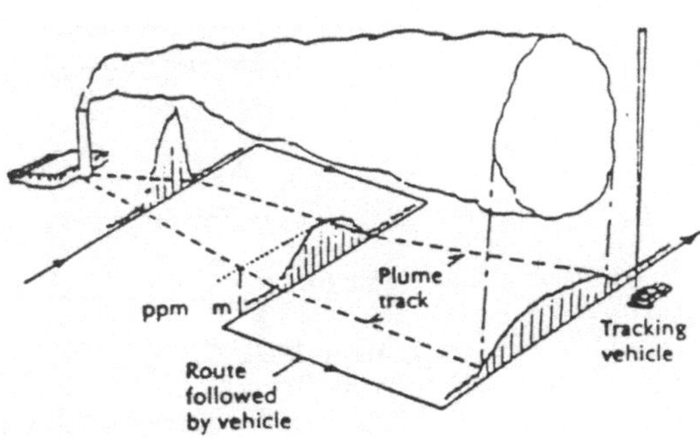

Bild 1:
Schema einer Fahnen-Messung
mit dem COSPEC

Ein entscheidender Vorteil des COSPEC-Gerätes ist, daß es in ein Fahrzeug oder auch Flugzeug montiert werden und während der Fahrt betrieben werden kann. So erhält man die Schadstofflast über dem gefahrenen Weg in Abhängigkeit von der Wegstrecke und kann bei Kenntnis des Windvektors Angaben über den Schadstofftransport machen. Damit eignet sich das Gerät z.B zur Vermessung unsichtbarer Abgasfahnen. Für das COSPEC V wird eine Empfindlichkeit von 2,5 ppm·m für SO_2 und NO_2 angegeben.

durchgeführt, wie Bestimmung von Gasarten und -flüssen bei einem Kraftwerk, einer Raffinerie und einer chemischen Fabrik, Messungen grenzüberschreitender Schadstofftransporte nach Nordostbayern, Transportmessungen im Ruhrgebiet usw.

Gasfilter-Korrelationsspektrometer GASPEC

Dieses Meßverfahren beruht auf der selektiven Filterwirkung von gasgefüllten Küvetten. Die Meßgröße wird durch das unterschiedliche Absorptionsverhalten eines spektral inerten Gases im Vergleich zum Absorptionsverhalten des nachzuweisenden Gases ermittelt.

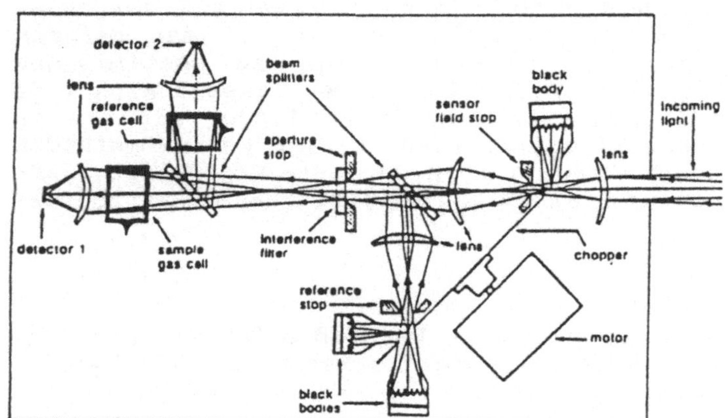

Bild 2:
Optische Auslegung eines GASPEC-Instrumentes

GASPEC-Geräte wurden z.B. bei Space-Shuttle-Flügen zur Messung von troposphärischem CO sowie zur Vertikalprofilbestimmung von Freonen eingesetzt. Weitere Gasfilter-Korrelationsspektrometer wie GASCOFILL, GASCOSCAN sind Modifikationen des GASPEC-Gerätes und wurden z.B. zur Messung des CO-Säulengehaltes in Toronto und zur Untersuchung von Rauchgaswolken von Waldbränden eingesetzt.

Fourier-Transformations-IR-Spektroskopie

Das zu untersuchende IR-Licht wird über einen Strahlteiler ST aufgeteilt. Die beiden Strahlenbündel werden nach Durchlaufen der Reflexionsstrecke wieder überlagert. Das bei dieser Interferenz entstehende Signal wird vom IR-Detektor D in Abhängigkeit von der Weglängendifferenz der beiden Reflexionsstrecken aufgezeichnet. Aus dem so entstehenden Interferenzmuster wird mit Hilfe der Fourier-Transformation im Computer ein optisches Spektrum ermittelt.

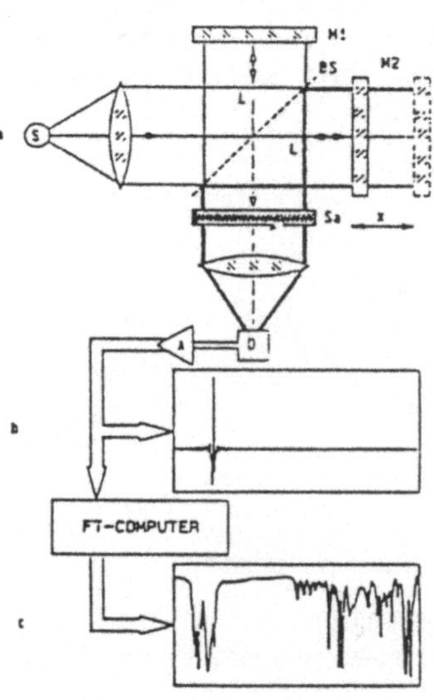

Bild 3: Schematischer Aufbau eines FTIR-Spektrometers

FTIR-Messung als passive Meßmethode bietet folgende potentielle Einsatzmöglichkeiten:

- Emissionsfernmessung von heißen Gasen einer Abgasfahne
- Absorptionsmessung gegen die Sonne

Schon seit geraumer Zeit werden FTIR-Spektrometer dazu benutzt, Absorptions- bzw. Emissionsspektren atmosphärischer Spurengase aufzunehmen. Sie wurden vom Weltraum, vom Ballon, vom Flugzeug und vom Boden aus eingesetzt.

FTIR-Emissionsfernmessung von heißen Gasen einer Abgasfahne

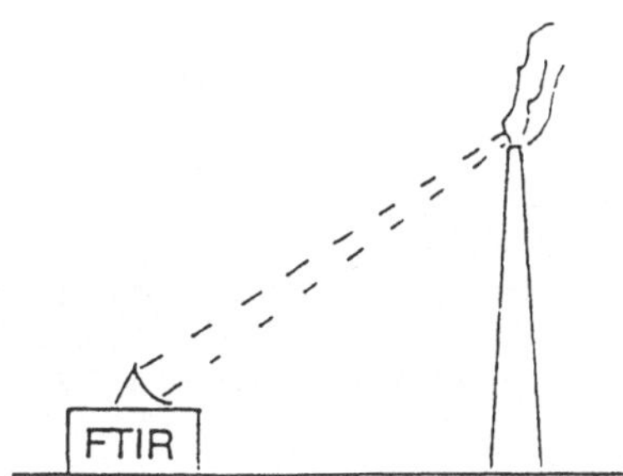

Die Konzentrationsbestimmung der heißen Gase erfolgt durch Bestimmung der spektralen Emissionen. Viele Randbedingungen wie Strahlungsvordergrund und -hintergrund sowie die Temperatur des Gases gehen in die Messung ein. Die Temperaturbestimmung ist ein wichtiges Problem, da es sich aus der Intensität der Emissionslinien die Konzentration nur bei Kenntnis der Temperatur ermitteln läßt.

Bild 4: FTIR-Messung von heißen Gasen einer Abgasfahne

In den USA wurden verschiedene Emissionsfernmessungen mit Hilfe von FTIR-Spektrometern durchgeführt, z.B. wurden mit dem ROSE-System Abgasfahnen von Flugzeugtriebwerken sowie die Abgasfahne am Schornstein einer Zementfabrik ausgemessen. Die Abgastemperatur wurde dabei direkt aus den Emissionsspektren aus der CO_2-Bande bestimmt. -
In Deutschland wurden erste FTIR-Messungen am Abgaskamin einer Müllverbrennungsanlage mit einem Doppelpendelinterferometer (Spezialform des Fourier-Transformspektrometers) durchgeführt. Die Entfernung des Fernmeßsystems vom Kamin betrug dabei 700 bzw. 200 m. Es wurde NO, CO, SO_2, HCL und NO_2 detektiert.

FTIR-Absorptionsmessungen gegen die Sonne

Aus Absorptionsspektren von Spurengasen gegen die Sonne als Lichtquelle können die Säulengehalte der Spurengase, d.h. integrale Konzentrationen, ermittelt werden (vielfältiger Einsatz in der Ozonforschung).

In Deutschland wurde im Frühjahr '89 das MIPAS-Instrument (Michelson-Interferometer for Passive Atmospheric Sounding) für Absorptionsspektren gegen die Sonne auf dem Jungfrau-Joch eingesetzt. Aus den dabei ermittelten Absorptionsspektren wurden die Säulengehalte von z.B. HCL, O_3, N_2O, CH_4, CO, HNO_3, F12 und Wasserdampf berechnet. Weitere Meßkampagnen wurden in Skandinavien durchgeführt.

Unter geeigneten Randbedingungen können mit FTIR-Spektrometern Spurengase auch über ihre thermische Emission detektiert werden. Mit MIPAS wurde bei einem Stratosphärenballon-Experiment eine Horizontsondierung durchgeführt, bei dem auch die obere Troposphäre erfaßt wurde. Bei den so gewonnenen Emissionsspektren der atmosphärischen Spurengase konnten O_3, CO_2, H_2O, HNO_3, F11 und F12 ermittelt werden.

AKTIVE FERNMEßVERFAHREN

Folgende aktive optische Fernmeßverfahren sollen hier behandelt werden:

- Differentielle optische Absorptionsspektroskopie (DOAS)
- FTIR-Spektroskopie (aktiv)
- Derivativ-Spektroskopie
- Differentielle Absorptionsspektroskopie des Streulichts (DAS

Differentielle optische Absorptionsspektroskopie (DOAS)
DOAS ist eine aktive, räumlich integrierende Meßmethode, bei der die Absorption der zu bestimmenden Gase im UV bzw. sichtbaren Spektralbereich auf einer bis zu mehreren Kilometer langen Meßstrecke zwischen einer künstlichen Lichtquelle und einem Empfängersystem ausgenutzt wird.

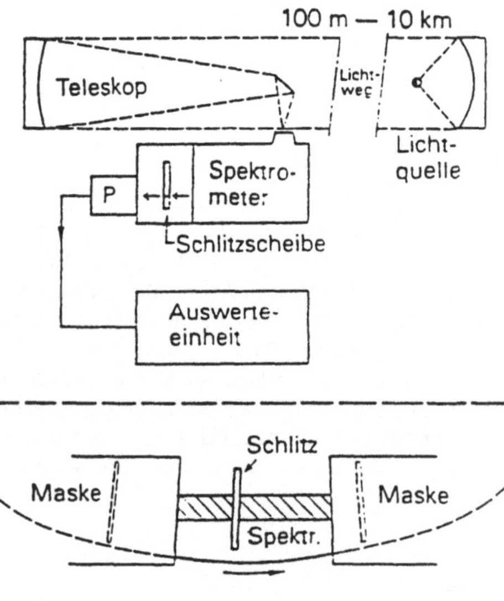

Bild 5: Prinzip einer DOAS-
Meßeinrichtung

Als Lichtquelle wird typ. eine kollimierte Xe-Hochdrucklampe oder Jodquarzlampe verwandt. Auf der Empfangsseite wird das Licht mit einem Teleskop eingefangen und nach Durchstrahlung eines Spektrometers in dessen Austrittsebene auf einen Photomultiplier abgebildet, vor dem eine rotierende Schlitzscheibe angeordnet ist. Die Schlitze sind so angeordnet, daß nur der gewünschte Spektralbereich (typ. 40 nm) in kurzer Zeit abgetastet wird. Während einer Messung (typ. 10 ms) werden mehrere hundert Werte in den Rechner eingelesen, aufaddiert und gemittelt.

Das DOAS-Meßverfahren eignet sich ideal zur Realisierung "Optischer Zäune". Weiterhin können gleichzeitig mehrere Komponenten bestimmt werden und es ist auch die Erkennung unerwarteter Komponenten möglich. DOAS wurde schon vor Jahren zur empfindlichen Messung von SO_2, NO_2, O_3, NO_3, HNO_2, CS_2, OH, Hg usw. bei luftchemischen Untersuchungen eingesetzt. Kommerzielle Systeme werden von den schwedischen

Firmen Opsis und Daltek angeboten. DOAS-Geräte sind in Schweden und in der Schweiz vielfältig im Einsatz (Umweltämter, Überwachung von Industrieanlagen). Vergleichsmessungen mit konventionellen Meßsystemen in Schweden, der Schweiz und den USA (EPA) zeigten bislang gute Korrelation. In Deutschland wird z.Z. bei der UMEG eine Eignungsüberprüfung für ein OPSIS-Gerät durchgeführt.

Folgende Nachweisgrenzen werden für ein OPSIS-Gerät angegeben:

<u>Tabelle 1:</u> Nachweisgrenzen für ein OPSIS-DOAS-Gerät

500 m Absorptionsstrecke
5 min. Messung

Substanz	Nachweisgrenze $\mu g/m^3$
SO_2	1
NO	2 (200 m)
NO_2	1
O_3	3
NO_3	0,1
HNO_2	2
NH_3	2 (200 m)
Hg	0,02
Benzol	5
Toluol	5
p-Xylol	5
Styrol	5
Phenol	5
Formaldehyd	2
Chlorid	2

FTIR-Spektroskopie (aktiv)
Bei diesem Meßverfahren wird die Langwegabsorption des zu bestimmenden Schadgases zwischen einer künstlichen IR-Lichtquelle und dem FTIR-Spektrometer gemessen und daraus die integrale Konzentration über die Absorptionsstrecke ermittelt. Es wurden monostatische Aufbauten (unter Zuhilfenahme eines Retroreflektors) sowie bistatische Aufbauten (IR-Quelle und FTIR-Geräte diametral gegenüber) realisiert.

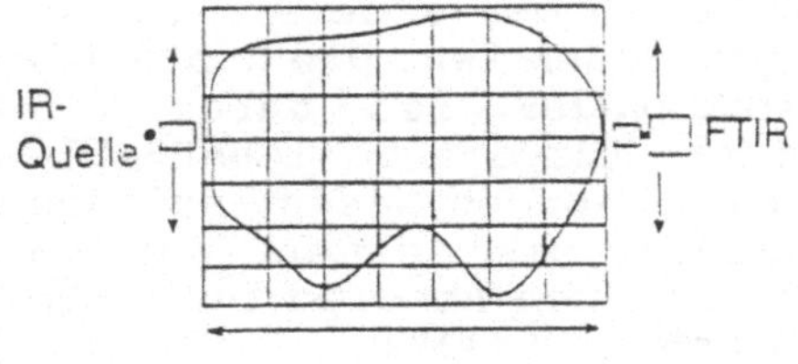

Bild 6:

FTIR-Spektroskopie als
aktive Meßmethode mit
IR-Lichtquelle.

Das Langwegmeßverfahren gestattet die Möglichkeit der Überwachung nach der Art eines 'optischen Zauns'. Es bietet sich aber auch zur Charakterisierung von Flächenquellen wie z.B. frisch ausgehobene Deponien an, da man durch Gittermessungen einen Überblick über die lokale Schadstoffverteilung und über das emittierte Komponentenspektrum erhalten kann.

118

In den USA haben im Rahmen des Superfund-Projektes, bei dem Altlaster
und Deponien charakterisiert und saniert werden, eine ganze Reihe
solcher Messkampagnen (EPA) incl. Vergleichsuntersuchungen mit
Punktmeßverfahren stattgefunden.

Tabelle 2:   Nachweisgrenzen FTIR Langwegabsorption
               (nach Angabe von Tecan Remote, USA)

Substanz	Nachweisgrenze (pbb·km)
CO	15
NO_2	60
SO_2	40
Aceton	20
Benzol	20
Chlorbenzol	10
Chloroform	3
Tetrachlorethen	1
Toluol	10
1,1,1-Trichlorethan	3
Trichlorethen	2
Vinylchlorid	10
meta-Xylol	10
orto-Xylol	40
para-Xylol	40

Derivativ-Spektroskopie

Die Derivativ-Spektroskopie läßt sich nur mit Lasern anwenden, die
zumindest über einen engen Wellenlängenbereich kontinuierlich
abstimmbar sind und bei denen die Breite der Laserlinie klein ist
gegen die Breite der Absorptionslinie des zu messenden Gases. Hierfür
werden typischerweiser Bleisalzlaserdioden eingesetzt. Bei dieser
Meßtechnik wird das Laserlicht kontinuierlich ausgesandt. Die Laserwellenlänge wird exakt auf das Maximum der Absorptionslinie des zu messenden Gases abgestimmt und mit der Frequenz f moduliert. Diese Modulation bewirkt, daß die empfangene Laserleistung mit der doppelten Frequenz 2f moduliert ist, sofern das zu messende Gas in der Meßstrecke vorhanden ist. Die Größe des 2f-Modulationsgrades ist dabei ein eindeutiges Maß für die Teilchenzahldichte des zu messenden Gases, solange keine Koinzidenz mit einer ähnlich stark strukturierten Absorptionslinie aus der Atmosphäre besteht.

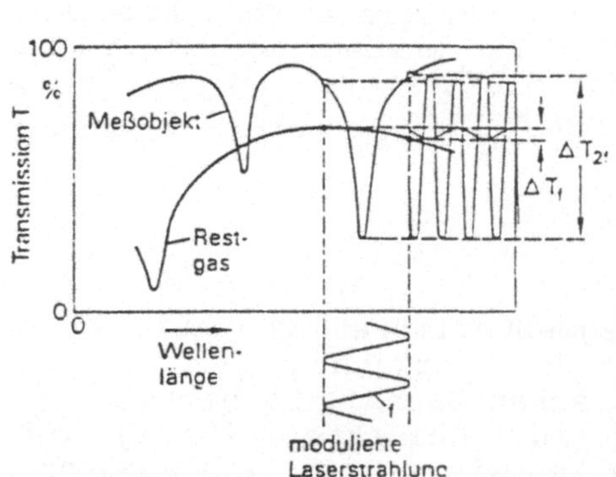

Bild 7:   Entstehung des Nutzsignals
          und Kompensation von Stör-
          einflüssen bei der Deriva-
          tivtechnik

Die Meßmethode zeichnet sich durch hohe Empfindlichkeit, Selektivität und Zeitauflösung aus. Durch Aufstellen mehrerer Reflektoren lassen sich Meßanordnungen nach der Art des 'optischen Zauns'auch im Viereck bzw. Vieleck realisieren.

In Europa wurden verschiedene Laserdioden-Fernmeßsysteme aufgebaut, die seit Jahren erfolgreich in diversen Meßkampagnen erprobt werden. Vom Battelle-Institut Frankfurt/Main wurde das transportable Meßsystem COMO (CO-Monitor) entwickelt, daß z.B. für CO-Messungen in Straßenschluchten im Frankfurter Stadtgebiet im Routinebetrieb eingesetzt wurde. Ein ähnliches Meßsystem, daß in einem Meßwagen untergebracht ist, wurde von dem National Physical Laboratory in England entwickelt und für Methanmessungen an Mülldeponien einge- setzt. Weitere spektakuläre Einsätze dieses Gerätes waren CO- Messungen auf einem gewinkelten Meßweg in einer Kohlenverarbeitungs- anlage, Methan- und Ammoniakmessungen bei einer Kokerei sowie Ethan- und Ethenmessungen in der Art eines optischen Zaunes bei einer Chemiefabrik. Neuere Entwicklungen z.B. an der Humboldt-Universität Berlin zeigen den Trend zu kompakten modularen Meßgeräten unter Einsatz verbesserter Signalverarbeitungstechniken.

Tabelle 3: Nachweisgrenzen für Langwegabsorption mit durchstimmbaren Diodenlasern, bezogen auf 500 m Absorptionsweg und 1 s Meßzeit (Quelle NPL, England)

Gas	Nachweisgrenze (ppb)
CO	0,5
N_2O	0,2
NO_2	30
NO	2
HCL	1
SO_2	5
Ammoniak	5
Ethan	1
Ethylen	5

Differentielle Absorption des Streulichtes (DAS)
Für das im weiteren dargestellte LIDAR-Meßverfahren wird typischer- weise die differentielle Absorption des Streulichtes (DAS) ausge- nutzt. Diese Technik wird in etwas allgemeinerem Sinne auch als DIAL (Differential Absorption Lidar) bezeichnet.

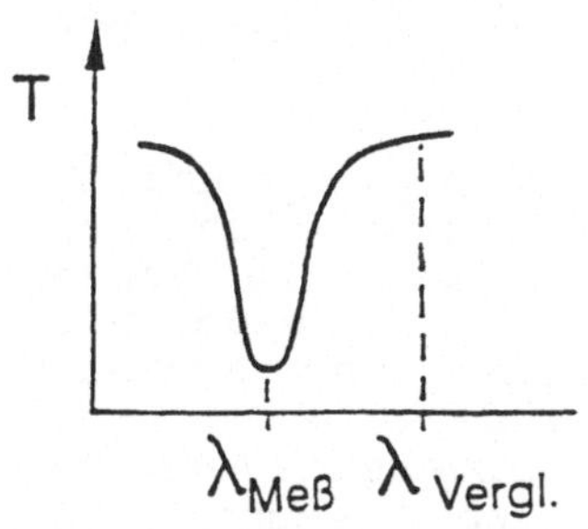

Bild 8: DAS-Meßtechnik

Bei dem DAS-LIDAR werden zwei Laserpul- se kurz hintereinander mit dicht nebeneinanderliegenden Wellenlängen $\lambda_{Meß}$ und $\lambda_{Vergleich}$ ausgesandt. Die eine Wellenlänge $\lambda_{Meß}$ ist dabei so gewählt, daß das Laserlicht durch das zu bestimmende Schadgas stark absorbiert wird (Meß- wellenlänge). Bei der Wahl der anderen Wellenlänge $\lambda_{Vergleich}$ wird darauf geachtet, daß das Laserlicht durch das Schadgas nicht bzw. nur wenig absorbiert wird (Vergleichswellenlänge).

Wenn kein Schadgas vorhanden ist, sind bei genügend dicht zusammenliegenden Laserwellenlängen die Rückstreusignale gleich. Ist jedoch Schadgas in der Meßstrecke, zeigen die Rückstreusignale aufgrund der Absorption charakteristische Unterschiede, aus denen die Schadgaskonzentration berechnet werden kann. Weiterhin kann über die Lichtgeschwindigkeit auch die Entfernung des Schadgases bestimmt werden.

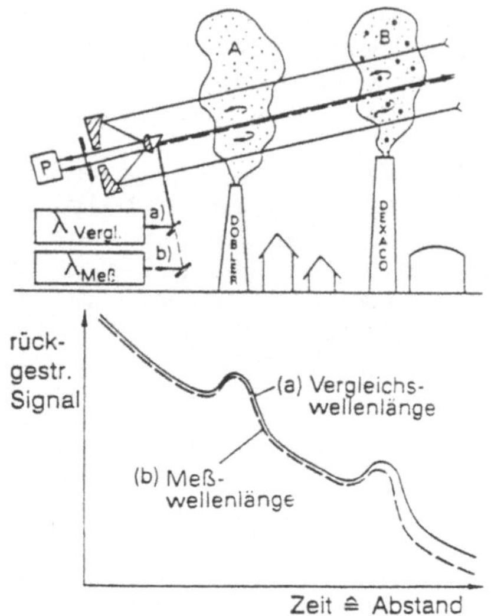

Bild 9: Prinzip des DAS-LIDARS

Im UV-sichtbaren Spektralbereich werden häufig durchstimmbare Laser wie Farbstofflaser, Excimerlaser, Alexandritlaser etc. eingesetzt. Bei Messungen im Infrarotspektralbereich werden typischerweise CO_2-Laser und DF-Laser eingesetzt, die zahlreiche diskrete Laserlinien emittieren. Die Auswahl des zu verwendenden Lasers ist abhängig von den zu messenden Schadstoffkomponenten. Der Vorteil der DAS-Lidarsysteme liegt darin, daß man Schadgase berührungslos und räumlich aufgelöst messen kann. Vielfältige Messungen wurden sowohl im Immissions- als auch Emissionsbereich (z.B. Abgasfahnen) durchgeführt. Als Meßträger dienten stationäre Plattformen (Meßcontainer), Meßfahrzeuge und Meßflugzeuge.

In den letzten 15-20 Jahren wurden weltweit verschiedene LIDAR-Systeme entwickelt und erprobt. Wurde in den früheren Jahren die Messung von Massenschadstoffen wie SO_2 und NO_2 favorisiert, sind jetzt z.B. mehr und mehr Messungen organischer Stoffe von Interesse.

SO_2 und NO_2-Messungen wurden in Europa z.B. von Forschungsgruppen der GKSS (Geesthacht), Der EPFL (Lausanne), der Lund-Universität, der niederländischen Umweltbehörde sowie dem NPL (Teddington) durchgeführt. Messungen von troposphärischem Ozon werden aus Frankreich und dem IAU (Garmisch-Partenkirchen) berichtet. Für Messungen von organischen Schadstoffen wird das Mobile Atmospheric Pollutant Mapping System (MAPM) des Jet Propulsion Laboratory (Pasadena, USA) eingesetzt, daß mit vier CO_2-Lasern bestückt ist.

Von NPL (Teddington) wurde ein LIDAR vorgestellt, das UV- und IR-Laserquellen zu einem Gesamtsystem vereinigt. Im UV bzw. sichtbaren Spektralbereich wurde hier SO_2, NO_2, NO, O_3, Toluol und Benzol gemessen. Im IR-Spektralbereich wurden die Konzentrationen von HCL, verschiedenen Kohlenwasserstoffen, höheren Alkanen und Aromaten ermittelt. Als Nachweisgrenze werden einige ppb angegeben.
In Deutschland wird gegenwärtig eine mobile Lidarversion von der Firma MBB unter dem Namen ARGOS (Advanced Remote Gaseous Oxide Sensor) zur Messung von SO_2, NO_2 und O_3 kommerzialisiert.

Für die Messung von SO_2 werden folgende Spezifikationen angegeben:
    Reichweite: 2 km
    Empfindlichkeit: 20 ppb
    Meßzeit für ein Profil: 2 min
    Tiefenauflösung: 35 m
Im Rahmen eines Verbundprojektes entwickelt das Battelle-Institut e.V., Krupp-MAK und ELTRO ein in ein Meßfahrzeug integriertes CO_2-Laser Lidar für die Messung von halogenierten Kohlenwasserstoffen. Das Gerät wird in ca. 2 Jahren für erste Messungen zur Verfügung stehen.

<u>Literatur:</u>

Cumming, C., Barringer Research Limited, Toronto Canada, Firmenprospekt und private Mitteilung (1989)

Grisar, R., H. Preier, G. Schmidtke, and G. Restelli: Monitoring of Gaseous Pollutants by Tunable Diode Lasers, D. Reidel Publishing Company, Dordrecht (1987)

Millan, M.M., Proceedings 4th Joint Conference on Sensing of Environmental Pollutants, American Chemical Society (1978), 40-43

Rippel, H., D. Kampf, T. Richter, Y. Schulz-Spahr, Immissionsmessung von Luftschadstoffen in Kaminabgasen mit dem Doppelpendelinterferometer (DPI), (1990) wird veröffentlicht

Werner, J., K.W. Rothe, and H. Walther, Proceedings of the NATO/CCMS Workshop on Experiences with the Application of Advanced Air Pollution Assessment Methods and Monitoring Techniques, Lindau (1985)

Woods, P.T., B.W. Jolliffe, M.J.T. Milton, T.J. McIlveen, N.R.W. Swann, D.D. Stuart, in: Optical Remote Sensing, Technical Digest Series, Vol. 4 (1990) 297-300

K. Weber, V. Klein, W. Diehl; VDI-Berichte Nr. 838, S. 201-246; 1990

Pachler, Klaus et.al.; Merck FT-IR Atlas, VCH Weinheim 1988

Meßaufgaben und Anforderungen an Fernmeßverfahren aus Behördensicht

Helmut Stahl
Umweltbundesamt, Berlin

Einleitung

In den zurückliegenden zwei Jahrzehnten wurden verschiedene optische Fernmeßverfahren zur Erfassung von Luftverunreinigungen entwickelt und erfolgreich erprobt. Es konnte überzeugend nachgewiesen werden, daß diese Verfahren eine Fülle neuartiger Meßaufgaben erschließen. Gleichwohl ist es bisher nur in Einzelfällen gelungen, Fernmeßsysteme in die Überwachungspraxis einzuführen, die die für die Luftreinhaltung zuständigen Behörden zu verantworten haben. Es gibt nur wenige ausgereifte Systeme, die bei vertretbarem personellen und apparativen Aufwand den Erfordernissen des praktischen Einsatzes gerecht werden. Für verschiedene Meßaufgaben, an deren Lösung die Behörden sehr interessiert sind, bieten sich optische Fernmeßverfahren geradezu an, sofern bestimmte Anforderungen erfüllt werden können.

Bestehende behördliche Aufgaben und Auflagen zur Überwachung der Luftreinhaltung

Die meisten Maßnahmen zur Luftreinhaltung stützen sich auf das Bundes-Immissionsschutzgesetz (BImSchG) und die dazu erlassenen Rechts- und Verwaltungsvorschriften. Um die Einhaltung gestellter Anforderungen überwachen und beweiskräftig nachprüfen zu können, gibt das Gesetz den Behörden das Recht, Messungen im Einzelfall, in regelmäßigen Abständen oder im kontinuierlichen Betrieb anzuordnen.

Emissionsüberwachung

Die größte Bedeutung haben Emissionsmessungen im Rahmen von Genehmigungsverfahren, die in der Technischen Anleitung zur Reinhaltung der Luft (TA Luft), für Großfeuerungs- und Aballverbrennungsanlagen in der 13. bzw. 17. Verordnung zum BImSchG geregelt sind. Durch Einzelmessungen soll nach Errichtung oder wesentlicher Änderung einer Anlage und dann wiederkehrend jeweils nach drei Jahren geprüft werden, ob die Genehmigungsvoraussetzungen erfüllt, d.h. die festgelegten Emissionsgrenzwerte eingehalten werden. Hierfür werden bisher keine Fernmeßverfahren routinemäßig eingesetzt. Zur Überwachung mengenmäßig bedeutsamer Schadstoff-Emissionen aus genehmigungsbedürftigen Anlagen werden kontinuierliche Messungen gefordert, die mit eignungsgeprüften Meßeinrichtungen durchgeführt und automatisch ausgewertet werden sollen. Für diese Aufgabe haben sich Fernmeßverfahren bereits bewährt - sofern man die linienhaften In situ-Messungen direkt im Abgaskanal ohne extraktive Probenahme den Fernmeßverfahren zurechnet.

Auflagen zur Emissionsüberwachung gibt es auch für kleinere Anlagen, die keiner immissionsschutzrechtlichen Genehmigung bedürfen. Hierzu zählen insbesondere die kleinen Feuerungsanlagen, die einmal jährlich vom zuständigen Bezirksschornsteinfegermeister durch Messungen überprüft werden müssen, oder Chemischreinigungsanlagen. Für Messungen an solchen Anlagen sind Fernmeßverfahren sicher zu aufwendig. Emissionsmessungen im Kraftfahrzeugbereich haben den Zweck, bei der Typprüfung, der Serienprüfung oder der Überprüfung der im Verkehr befindlichen Fahrzeuge festzustellen, ob die festgelegten Emissionsbegrenzungen nicht überschritten werden. Hier gibt es Bestrebungen, die lange Zeit üblichen Einzelkomponenten-Meßgeräte durch Mehrkomponenten-Meßgeräte zu ersetzen. Dazu werden Spektrometer eingesetzt, die auch in Fernmeßsystemen Anwendung finden (z.B. FTIR- oder Diodenlaser-Spektrometer).

Immissionsüberwachung

Im Genehmigungsverfahren wird nach Vorschriften der TA Luft durch Ermittlung der Vorbelastung festgestellt, ob die Immissionssituation vor Errichtung der neuen Anlage niedrig genug ist, um die zu erwartende Zusatzbelastung zulassen zu können.

Hierfür sind sowohl Stichprobenmessungen an wechselnden Stand-
orten als auch ortsfeste kontinuierliche Messungen zugelassen.
Neben diesen anlagenbezogenen Messungen sind gebietsbezogene
Immissionsmessungen wichtig. Die Umweltbehörden der Bundesländer betreiben pflichtgemäß in den Ballungsräumen automatische
Meßnetze, die an zahlreichen ortsfesten Stationen die wichtigsten Luftschadstoffe erfassen und die ermittelten Meßdaten
telemetrisch zusammenführen. Ein Teil der automatischen Meßstationen wird für den Smogwarndienst herangezogen. Nach den Vorschriften der Europäischen Gemeinschaft (EG) müssen auch Messungen an Belastungsschwerpunkten wie zum Beispiel im Straßenver-
kehrsbereich vorgenommen werden. Für die gebietsbezogene Überwachung werden bereits Fernmeßverfahren praktisch erprobt.

Neben den Messungen in Ballungsgebieten gewinnen Immissionsmessungen in quellfernen Gebieten zunehmend Bedeutung. Sie dienen
dazu, die Luftverunreinigung in ländlichen Regionen, den großräumigen Transport von Luftschadstoffen und die zeitliche Entwicklung des Schadstoffgrundpegels zu untersuchen. Für solche
Messungen unterhält das Umweltbundesamt (UBA) ein bundesweites
Meßnetz, daß zur Zeit auf die neuen Bundesländer ausgedehnt
wird. Für großräumige Untersuchungen haben Fernmeßverfahren
bereits praktische Bedeutung erlangt.

Meßaufgaben, für die sich optische Fernmeßverfahren anbieten

Emissionsüberwachung

Durch kontinuierliche Emissionsmessungen wird sichergestellt,
daß die technischen Möglichkeiten zur Vermeidung oder Verminderung von Schadstoff-Emissionen im täglichen Betrieb ausgeschöpft werden. Aus diesem Grund besteht bei den Umweltbehörden
ein großes Interesse, die kontinuierliche Überwachung auf weitere Schadstoffe und auf kleinere Industrie- und Gewerbebetriebe
auszudehnen. Unter Wahrung des Grundsatzes der Verhältnismäßig-
keit läßt sich das nur realisieren, wenn dafür preisgünstige
Meß- und Kontrolleinrichtungen auf dem Markt sind. Optische

Mehrkomponenten-Meßsysteme, die direkt im Abgaskanal messen, könnten hier einen Fortschritt ermöglichen. Die bereits verfügbaren eignungsgeprüften Systeme sind allerdings noch sehr aufwendig.

Eine interessante Meßaufgabe, die nur mit Hilfe von Fernmeßverfahren gelöst werden kann, sind Emissionsmessungen von außerhalb des Werkszauns. Die heute üblichen Kontrollmessungen sind in ihrer Aussagefähigkeit dadurch eingeschränkt, daß das beauftragte Meßinstitut mit dem Betrieb einen Termin vereinbaren muß und der Betreiber dadurch Gelegenheit erhält, seine Anlage in einem guten Betriebszustand vorzuführen. Fahrlässige oder gar vorsätzliche Grenzwertüberschreitungen lassen sich auf diese Weise nicht erfassen. Die Möglichkeit einer Kontrollmessung ohne jede Vorankündigung zu beliebiger Tageszeit wäre ein Gewinn. Die Schwierigkeit liegt darin, daß der meßtechnische Nachweis eines Deliktes sehr hohe Qualitätsanforderungen stellt und daß zur Auswertung von Emissionsmessungen im allgemeinen auch bestimmte Betriebsparameter und Bezugsgrößen bekannt sein müssen. Dies erklärt vielleicht, daß es bereits seit Mitte der siebziger Jahre auf diese Meßaufgabe zugeschnittene Entwicklungen gibt, bisher aber kein System erfolgreich in die Überwachungspraxis eingeführt werden konnte.

Zu den bisher weitgehend ungelösten Problemen gehört die Emissionsüberwachung linien- und flächenhafter Quellen. Dabei kommen Emissionen dieser Art ziemlich häufig und unter ungünstigen Austrittsbedingungen vor und tragen daher in hohem Maße zur Luftverschmutzung bei. Die Fortschritte in der Abgasreinigungstechnik haben zu einer erheblichen Verminderung der Emissionen aus definierten Quellen geführt, mit der Folge, daß der prozentuale Anteil diffuser Emissionen an der Schadstoffbelastung der Luft stetig gestiegen ist. Durch eine zuverlässige Erfassung der Emissionen aus Linien- und Flächenquellen könnte dieser Entwicklung entgegengewirkt werden. Die Fernmeßtechnik bietet dazu interessante Lösungsmöglichkeiten. Die Schwierigkeit liegt darin, daß zur Emissionsüberwachung Schadstoffmessungen nicht genügen, sondern auch mikrometeorologische Parameter mit hoher

Ortsauflösung erfaßt werden müssen. Es gibt bereits eine Reihe von Systementwicklungen für unterschiedliche Anlagearten (Beispiele: Aluminiumhütte, Kokerei, Raffinerie, Deponie). Zumindest in Deutschland hat aber bisher kein System praktische Bedeutung erlangen können.

Immissionsüberwachung

Die verfügbare Immissionsmeßtechnik ist ziemlich aufwendig. Das hat zur Folge, daß in den interessierenden Gebieten (z.B. Ballungsräume mit starker Industrialisierung oder hoher Verkehrsdichte, Smogalarmzonen, Waldschadensgebiete, Kurorte) immer nur eine sehr begrenzte Zahl von Meßstationen eingerichtet werden kann und unterstellt werden muß, daß die dort gewonnenen Meßergebnisse für ein größeres Gebiet repräsentativ sind. Diese Annahme ist in der Regel gerechtfertigt. In besonderen Situationen können aber erhebliche räumliche Inhomogenitäten der Immissionen und auch in ländlichen Gebieten extrem hohe Schadstoffkonzentrationen auftreten. Deshalb wäre es ein großer Fortschritt, wenn die verfügbaren Meßnetze zu flächendeckenden Systemen verdichtet werden könnten. Dies könnte zum Teil mit Hilfe von Fernmeßsystemen erreicht werden. Die Schwierigkeit liegt darin, daß Immissionsmessungen an den Orten vorgenommen werden müssen, an denen auch mögliche Wirkungen zu beurteilen sind. Für die Immissionsüberwachung hat es daher relativ wenig Sinn, ein Lidar-System über einer Großstadt kreisen zu lassen.

Naheliegend ist es, mit Hilfe optischer Fernmeßverfahren linienhaft auftretende Immissionen zu überwachen. Hierzu zählen vor allem Straßenverkehrs-Immissionen, die nach Überzeugung der EG-Kommission bei der in Deutschland entwickelten Praxis der Immissionsüberwachung nur unzureichend erfaßt werden. Für die Messung von Straßenverkehrs-Immissionen sind verschiedene Systeme entwickelt und in der Praxis erprobt worden. Der routinemäßige Einsatz konnte aber noch nicht erreicht werden.

In den letzten Jahren hat sich die Notwendigkeit ergeben, auch das großräumige Geschehen, insbesondere den grenzüberschreitenden Transport von Luftverunreinigungen regelmäßig meßtechnisch zu verfolgen. Zur Lösung dieser Meßaufgabe reicht eine Verknüpfung der bestehenden Meßnetze kaum aus. Zur Vervollständigung bietet sich an, mit Fernmeßverfahren ausgerüstete Meßfahrzeuge oder -flugzeuge einzusetzen. Eine wichtige Zielsetzung solcher Messungen ist die Smogvorhersage. Nach den beachtlichen Emissionsminderungen in den letzten zwei Jahrzehnten hat sich herausgestellt, daß in Deutschland auch durch Schadstofftransport aus entfernten Regionen Smogsituationen entstehen können. Da dieser advehierte Smog nicht durch Emissionsminderung im Smoggebiet behoben werden kann, also nur passive Schutzmaßnahmen in Betracht kommen, ist eine frühzeitige Vorinformation erwünscht. Diese Aufgabe erfüllt das vom UBA in Zusammenarbeit mit den Umweltbehörden der Länder und einigen Nachbarstaaten betriebene Smogfrühwarnsystem.

Anforderungen an Fernmeßverfahren

Messungen zur Erfassung von Luftverunreinigungen, die von Behörden vorgenommen oder angeordnet werden, können erhebliche Konsequenzen nach sich ziehen. Emissionsmessungen können zum Beispiel dazu führen, daß dem Betreiber zusätzliche Auflagen erteilt, ein Bußgeld auferlegt oder der Weiterbetrieb untersagt wird. Anhand von Immissionsmessungen wird beispielsweise entschieden, ob Smogalarm ausgelöst werden soll und vorübergehend Betriebs- und Verkehrsbeschränkungen in Kauf genommen werden müssen. Wegen dieser Erheblichkeit werden hohe Anforderungen an die Richtigkeit und Vergleichbarkeit solcher Messungen gestellt. Es können daher nur Meßverfahren und Meßgeräte mit guter Präzision und Genauigkeit verwendet werden. Andere wichtige Verfahrenskenngrößen wie zum Beispiel Nachweisgrenze, Empfindlichkeit, Querempfindlichkeit, Driftverhalten oder Beeinflussung durch veränderliche Umgebungsbedingungen müssen, abgestimmt auf die jeweilige Meßaufgabe, bestimmte Mindestanforderungen erfüllen. Solche Qualitätserfordernisse gelten ausnahmslos für alle Meßverfahren, die zur Überwachung der Luftreinhaltung eingesetzt werden und die verbindliche quantitative Meßergebnisse liefern sollen. Sie sind deshalb auch der Maßstab zur Beurteilung von Fernmeßverfahren.

Grundsätzlich gibt es keine Zweifel, daß Fernmeßverfahren die gesteckten Qualitätsansprüche erfüllen können. Schwierigkeiten ergeben sich erst durch die zusätzliche Forderung, daß es möglich sein sollte, die wichtigsten Verfahrenskenngrößen im Feldexperiment zu ermitteln oder zu überprüfen. Denn hierfür stehen vielfach - im Sinne der Terminologie der VDI-Richtlinien VDI 2449 und VDI 3950 - keine Referenzverfahren und -materialien zur Verfügung. Bestenfalls gibt es "Justierhilfen", mit denen lediglich eine Funktionsprüfung vorgenommen werden kann.

Besonders kritisch ist die Frage nach der Kalibrierfähigkeit von Fernmeßverfahren. Nicht selten wird hierzu die Auffassung vertreten, daß die bei optischen Fernmeßverfahren benutzten spektroskopischen Methoden gewissermaßen einen internen Standard besitzen und sich daher eine Kalibrierung weitgehend erübrigt, wenn die spektroskopischen Zusammenhänge genau bekannt sind. Dazu ist anzumerken, daß die recht zahlreichen konventionellen Meßgeräte zur Messung von Luftverunreinigungen, die nach spektroskopischen Methoden arbeiten, ebenfalls kalibriert werden müssen. Der Anlaß dazu liegt weniger im physikalischen Meßprinzip und mehr in der unvollkommenen technischen Realisierung begründet. Unter den schwierigen Einsatzbedingungen vor Ort werden erfahrungsgemäß Einflüsse festgestellt, die im Labortest nicht auftreten können und sich nur bedingt simulieren lassen.

Die zentrale Aufgabe der Kalibrierung vor Ort ist die Bestimmung der Analysenfunktion durch Vergleichsmessungen mit Hilfe eines Referenzmeßverfahrens oder unter Verwendung von Referenzmaterial (z.B. durch Aufgabe von Prüfgas). Beides ist bei Fernmeßverfahren häufig aus technischen Gründen oder wegen räumlicher Unzugänglichkeit nicht möglich. Man muß sich dann darauf beschränken, die im Labor gewonnene Kalibrierfunktion mittels Justierhilfen zu überprüfen. Dies geschieht beispielsweise dadurch, daß eine Küvette, die den gesuchten Stoff in bekannter Konzentration enthält, in den Strahlengang geschwenkt wird. Die Richtigkeit der Messungen kann dabei nur bedingt festgestellt werden, weil mit der Referenzküvette das Meßobjekt unter wesentlich veränderten Randbedingungen angeboten wird.

Ähnlich schwierig ist die Überprüfung der Querempfindlichkeit, weil es kaum möglich ist, dem Fernmeßsystem alle Stoffe anzubieten, die eine Querempfindlichkeit verursachen könnten. Außerdem ist die stoffliche Zusammensetzung der zu untersuchenden Luft immer nur partiell bekannt. Insbesondere bei Immissionsmessungen können in der Matrix Stoffe vorhanden sein, mit denen man nicht gerechnet hat und die das optische Spektrum in unbekannter Weise verändern.

Eine zweite existentielle Frage betrifft Aufwand und Kosten der Fernmeßverfahren. Die finanziellen Mittel, die für die Überwachung der Luftreinhaltung zur Verfügung gestellt werden, sind stets äußerst begrenzt. Nach dem beliebten, aber nicht unstrittigen Motto, daß durch Messungen allein die Luft nicht sauberer wird, müssen die Aufwendungen dafür immer klein sein im Vergleich zu den Investitionen für technische Maßnahmen zur Emissionsminderung. Das bedingt, daß die Überwachungsbehörden und die Meßinstitute, die Luftschadstoffmessungen als Dienstleistung anbieten, sehr sorgfältig Kosten und Preis zu prüfen haben. Deshalb müssen Fernmeßverfahren insbesondere dann, wenn sie nicht konkurrenzlos eine neue wichtige Meßaufgabe erschließen, auch kostenmäßig attraktiv sein. Bei Fernmeßsystemen, die als Einzelexemplare gebaut und im Rahmen eines Forschungsprogramms eingesetzt werden, sind die investiven Kosten in der Regel nicht sonderlich kritisch. Bei Beschaffungen für die routinemäßige Überwachung sind dagegen Kosten-Nutzen-Erwägungen unbedingt erforderlich.

Für die von Behörden durchgeführten oder veranlaßten Messungen können Fernmeßverfahren auch nur dann erfolgreich eingeführt werden, wenn sie in der Handhabung ausgereift sind. Systeme, die so kompliziert sind, daß sie nicht von einem Meßtechniker oder Laboranten bedient werden können, sondern zur Bedienung einen Laserspezialisten benötigen, haben wenig Chance, sich in der Überwachungspraxis durchzusetzen.

Bestimmung von Verfahrenskenngrößen bei Meßverfahren für gasförmige Luftverunreinigungen nach VDI-Richtlinien und DIN/ISO-Normen

Konradin Weber
Kommission Reinhaltung der Luft im VDI und DIN, Düsseldorf

Einleitung

Die Bestimmung von Verfahrenskenngrößen eines Meßverfahrens ist unabdingbar, um die Leistungsfähigkeit dieses Verfahrens beurteilen zu können, um den Vergleich verschiedener Meßverfahren zu ermöglichen und vor allem, um zu ermitteln, ob das Meßverfahren für eine bestimmte Meßaufgabe geeignet ist.

Im Hinblick auf die Wichtigkeit dieses Problemfeldes für die Luftreinhaltung haben sich auf internationaler Ebene das ISO Technical Committee 146 "Air Quality" und im nationalen Bereich die Kommission Reinhaltung der Luft im VDI und DIN mit der Definition und Ermittlung von Verfahrenskenngrößen beschäftigt. Als Ergebnis dieser Arbeiten liegen eine Reihe von Normen bzw. Normentwürfen vor:

[1]   ISO 6879, veröffentlichte Norm, 1983; derzeit in Revision
[2]   DIN/ISO 6879, deutsche Ausgabe der entsprechenden ISO-Norm, 1984
[3]   VDI 2449 Blatt 2, veröffentlichte Richtlinie, 1987
[4]   VDI 2449 Blatt 1, veröffentlichte Richtlinie, 1970
[5]   ISO 9169, Draft International Standard, 1991
[6]   VDI 2449 Blatt 1, veröffentlichter Entwurf, 1991; wird das Blatt 1 von 1970 ablösen.
[7]   VDI 3950 Blatt 1, veröffentlichter Entwurf, 1991.

Die ersten drei Dokumente geben Definitionen von Verfahrenskenngrößen. Die beiden letzten Papiere liefern die verfahrenstechnischen und mathematischen Mittel, um die Kenngrößen zu bestimmen. Das Dokument [6] ist dabei auf Immissionsmessungen beschränkt. Dokument [7] bezieht sich auf die Kalibrierung automatischer Emissionsmeßeinrichtungen.

In der Regel beziehen sich die Verfahrenskenngrößen auf vollständige Meßverfahren, d.h. nur in Ausnahmefällen auf Teile des Gesamtverfahrens. Zur vollständigen Meßeinrichtung gehören außer dem eigentlichen Meßgerät Vorrichtungen zur Probenahme, Probenaufbereitung und zur Registrierung [7] (weitere Einzelheiten siehe auch [8; 9]).

Die genannten Richtlinien bzw. Normen sind nicht direkt für Fernmeßverfahren entwickelt worden und müssen teilweise auch erst für die Anwendung auf Fernmeßverfahren adaptiert werden. Diese Richtlinien werden jedoch häufig als Grundlage zur Kennzeichnung und Beurteilung von Meßverfahren in der Luftreinhal-

tung herangezogen. Die Philosophie dieser Dokumente ist deswegen
für die Bestimmung von Verfahrenskenngrößen auch für Fernmeßverfahren von Bedeutung - ganz abgesehen davon, daß viele Kenngrößen in diesen Dokumenten eindeutig definiert sind und deswegen
auch nur in diesem Sinne verwandt werden sollten.

Arten von Verfahrenskenngrößen

Die Verfahrenskenngrößen werden typisiert in:

- Betriebliche (operative) Verfahrenskenngrößen
  Diese kennzeichnen den Einfluß der physikalischen und chemischen Eigenschaften der Umgebung sowie die mit der War-
  tung verbundenen Probleme. Als Beispiele für diese Art von
  Verfahrenskenngrößen seien hier genannt: Temperatur, mechanische Belastbarkeit, Rüstzeit, Standzeit, Einlaufzeit,
  Verfügbarkeit (siehe [1] bis [3]).

- Funktionale Verfahrenskenngrößen
  Diese sind Schätzwerte für den deterministischen Anteil
  des Meßvorgangs, beispielsweise die Empfindlichkeit und
  die Selektivität. Auch die Kalibrierfunktion wird häufig
  hierzu gezählt.

- Statistische Verfahrenskenngrößen
  Diese quantifizieren die möglichen Abweichungen, die sich
  für die Meßwerte aus dem zufälligen Anteil des Meßvorgangs
  ergeben. Beispiele für statistische Verfahrenskenngrößen
  sind: Wiederholbarkeit, Nachweis- und Bestimmungsgrenze.

Im folgenden wird nur auf die wichtigsten funktionalen und
statistischen Verfahrenskenngrößen eingegangen. Bezüglich der
anderen Verfahrenskenngrößen sei auf die zitierten Dokumente
verwiesen.

Von zentraler Bedeutung für vollständige Meßverfahren ist nach
den zitierten DIN/ISO- bzw. VDI-Dokumenten die Ermittlung der
Kalibrierfunktion. In Verbindung mit der Ermittlung der Kalibrierfunktion, d.h. aus dem Kalibrierexperiment, lassen sich die
wichtigsten Verfahrenskenngrößen ermitteln (siehe auch [8],
[9]).

Ermittlung der Kalibrierfunktion

Die Ermittlung der Kalibrierfunktion wird zunächst anhand der
Vorgehensweise des neuen, veröffentlichten Entwurfs der VDI 2449
Blatt 1 dargestellt. Nach diesem Dokument ist die "Kalibrierung
die Durchführung des Experimentes zur Schätzung der Kalibrierfunktion aus Messungen an Systemen mit als bekannt vorausgesetz-
ten Werten der Zustandsgröße. Die Kalibrierfunktion beschreibt
den Zusammenhang zwischen dem Wert der Zustandsgröße und dem
Erwartungswert der Meßgröße (Meßwert)".

Im einzelnen wird für die Kalibrierung folgendes vorgesehen: Die
Kalibrierung ist in dem der Problemstellung angepaßten Meßbe-

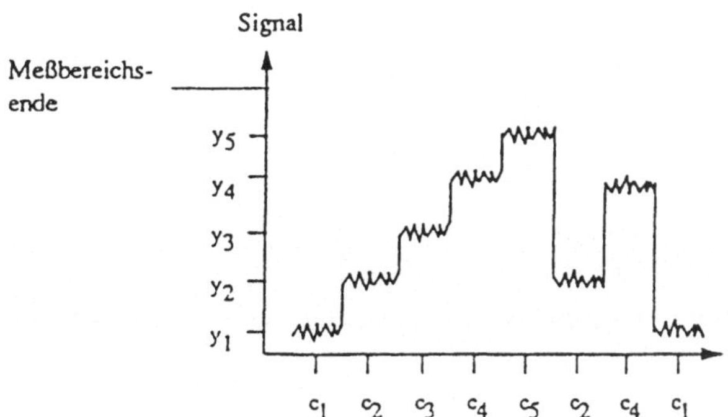

Abb. 1:   Reihenfolge der Zustandsänderungen bei der
           Kalibrierung (Beispiel aus [6])

reich durchzuführen. Sie umfaßt bei wenigstens fünf annähernd
äquidistanten Zuständen (Konzentrationen) mindestens zehn Wiederholungsmessungen. Es ist dabei sicherzustellen, daß Drift und
Hysterese des Verfahrens erkannt und berücksichtigt werden. Ein
empfohlenes Beispiel für die Aufgabe der verschiedenen Konzentrationen des Referenzmaterials zeigt Abb. 1.

Dabei wird angenommen, daß die angegebenen Werte der Referenzmaterialien mit den richtigen Werten identisch sind.

Für den Fall, daß man aufgrund des signalerzeugenden Prozesses
eine lineare Kalibrierfunktion vermuten kann, wird diese Kalibriergerade mit dem üblichen Verfahren der linearen Regression
ermittelt:

$$y = g(c) = a_{yc} + b_{yc} \cdot c$$

Danach wird der Vertrauensbereich der Kalibriergeraden bestimmt,
vergl. Abb. 2.

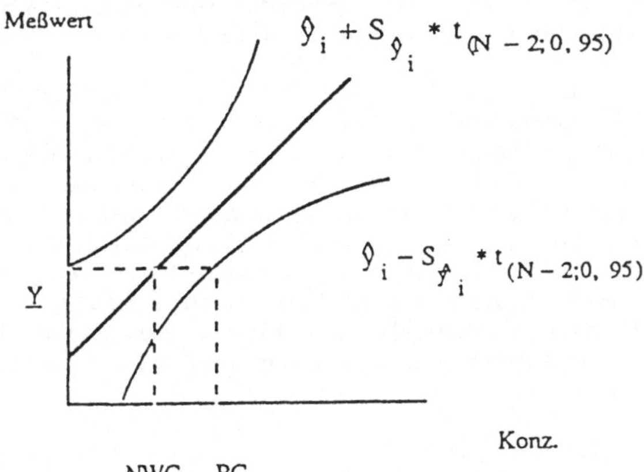

Abb. 2:   Kalibriergerade mit Vertrauensbereichen
           (Beispiel aus [6])

Dabei gilt für die Standardabweichung für einen erwarteten, zukünftigen Einzelwert $\hat{y}_i$:

$$S_{\hat{y}_i} = S_{y.c} * \sqrt{1 + \frac{1}{N} + \frac{(c-\overline{\overline{c}})^2}{Q_c}} \tag{1}$$

und für die Reststandardabweichung der Kalibrierfunktion:

$$S_{y.c} = \sqrt{\frac{Q_y - (Q_{yc})^2 / Q_c}{N - 2}} \quad *) \tag{2}$$

mit den Abkürzungen:

$$Q_c = \sum c^2 - \frac{1}{N} * \left(\sum c\right)^2$$

$$Q_y = \sum y^2 - \frac{1}{N} * \left(\sum y\right)^2$$

$$Q_{yc} = \sum cy - \frac{1}{N} * \left(\sum c\right) * \left(\sum y\right)$$

c = Konzentration
$\overline{\overline{c}}$ = Mittelwert aller Konzentrationen

Wenn der ermittelte Vertrauensbereich[*] den Meßanforderungen genügt, wird dem Verfahren endgültig eine lineare Kalibrierfunktion zugrunde gelegt. Ist dies nicht der Fall, kann ein Ausreißertest nach Grubbs durchgeführt werden.

Wenn sich mit diesem Test Ausreißer identifizieren lassen und eine experimentelle Begründung für die Ausreißer gefunden werden kann, dürfen diese eliminiert werden, jedoch nicht mehr als insgesamt zwei aus dem ganzen Kollektiv. Wenn sich nach Eliminierung dieser Daten Vertrauensbereiche ergeben, die den Meßanforderungen genügen, so wird schließlich auch in diesem Falle dem Verfahren eine lineare Kalibrierfunktion zugrunde gelegt. Andernfalls wird mit einem nichtlinearen Ansatz versucht, die Kalibrierfunktion neu aufzunehmen. Für eine quantitative Überprüfung der Kalibrierfunktion wird in [6] ein spezieller Linearitätstest beschrieben.

---

[*]   alternativ wird auch eine vereinfachte Schätzung des Vertrauensbereiches zugelassen, die auf der maximalen Varianz der einzelnen Gruppenwerte beruht.

Wenn die Kalibrierfunktion und die Verfahrenskenngrößen bereits bekannt sind, kann nach [6] auch ein vereinfachtes Verfahren zur Anwendung kommen (häufig auch als Überprüfung der Meßwertanzeige bezeichnet). Hierbei wird eine Zwei-Punkt-Messung bei einer niedrigen Konzentration (z.B. am Nullpunkt) und bei einer geeignet gewählten höheren Konzentration vorgenommen, jeweils mit fünf Wiederholungsmessungen. Ergibt sich aus diesen Daten ein Vertrauensbereich, der kleiner ist als der durch die Meßaufgabe geforderte Vertrauensbereich, so wird angenommen, daß die Kalibrierfunktion und die daraus gewonnenen Verfahrenskenngrößen Gültigkeit haben.

Diese Überprüfung wird auch vorgesehen bei allen Eingriffen in das Meßverfahren, die die Verfahrenskenngrößen ändern können.

In dem Draft International Standard zur ISO-Norm 9169 wird das Kalibrierexperiment prinzipiell ähnlich durchgeführt (mindestens 5 verschiedene Konzentrationen, 10 Wiederholungsmesssungen). Die Kalibrierfunktion wird jedoch nach einem ausgefeilteren Verfahren ermittelt. Hierbei wird davon ausgegangen, daß die Varianz des Meßverfahrens konzentrationsabhängig ist. Die Varianzfunktion des Verfahrens wird zunächst aus den Meßwerten geschätzt, d.h. über eine Fit-Prozedur bestimmt. Diese Varianzfunktion wird dann benutzt, um mit der Methode der gewichteten Regression die Kalibrierfunktion zu schätzen. Zur Überprüfung der Linearität wird der gleiche Linearitätstest wie in [6] benutzt.

In dem veröffentlichten Entwurf der VDI-Richtlinie 3950 Blatt 1 "Kalibrierung automatischer Emissionsmeßeinrichtungen" [7] wird ein etwas anderer Weg eingeschlagen. Dies liegt darin begründet, daß es im allgemeinen nicht möglich ist, ein Prüfgas herzustellen, das die Matrix und den thermodynamischen Zustand des Abgases vollständig wiedergibt. Deswegen kann für Emissionsmeßeinrichtungen am Abgaskanal das vollständige Meßverfahren nicht mit Hilfe von Prüfgasen kalibriert werden. Stattdessen wird in [7] vorgeschlagen, zur Beschreibung des Zusammenhangs zwischen der Geräteanzeige des registrierenden Meßverfahrens und der Quantität des Meßobjektes einen Vergleich mit Konventionsverfahren durchzuführen.

<u>Nachweisgrenze (NWG)</u>

Die Nachweisgrenze ist eine der wichtigsten Verfahrenskenngrößen eines Meßverfahrens. Z.B. liefert der Vergleich der Nachweisgrenze mit einem zu überwachenden Grenzwert eine der notwendigen Informationen, ob das Verfahren überhaupt zur Überwachung des betreffenden Grenzwertes geeignet ist. So zum Beispiel wird in den "Richtlinien für die Bauausführung und Eignungsprüfung von Meßeinrichtungen zur kontinuierlichen Überwachung der Immissionen" [10] gefordert, daß die Nachweisgrenze dieser Meßgeräte nicht 10 % des IW1 überschreiten soll.

Die Nachweisgrenze ist in den zitierten Normen definiert als der kleinste Wert der Zustandsgröße, der mit einer Sicherheit von 95 % (konventionsgemäß) von einem Zustand Null unterschieden werden kann.

Als Meßwert an der Nachweisgrenze ($\underline{Y}$) wird in [6] die obere Grenze des Vertrauensbereichs an der Stelle des untersten Kalibrierpunktes angegeben (entsprechend Abb. 2):

$$\underline{Y} = \hat{y}_{i(i=1)} + S_{\hat{y}_i} * t_{(N-2)} \tag{3}$$

Die Nachweisgrenze $\underline{c}$ (auf der Konzentrationsachse!) ergibt sich dann über

$$\underline{c} = \frac{1}{b_{yc}} * S_{\hat{y}_i} * t_{(N-2)} \tag{4}$$

Als "nullte" Näherung kann die Nachweisgrenze auch folgendermaßen bestimmt werden: Auf die Meßeinrichtung wird mehrfach sogenanntes Nullgas aufgegeben. Als Meßwert an der Nachweisgrenze ergibt sich dann

$$\underline{Y} = \overline{y}_{i(c=0)} + t_{(f;\,0,95)} * S_{i(c=0)} \tag{5}$$

Die Nachweisgrenze wird dann mit Hilfe von b_{yc} analog wie oben berechnet. Bei diesem vereinfachten Verfahren wird aber nicht die gesamte Information genutzt, die sich aus dem Kalibrierexperiment ergibt.

Im Draft International Standard zur ISO 9169 [5] ist zur Bestimmung der Nachweisgrenze wiederum ein modifiziertes Verfahren vorgesehen. Auch dieses Dokument benutzt die gesamte Information des Kalibrierexperiments zur Bestimmung der Nachweisgrenze. Ebenso wird auch eine Art "Unsicherheitsbereich" in der Nähe der kleinsten Konzentration benutzt. Anders als in [6] wird die Nachweisgrenze jedoch bestimmt sowohl unter Berücksichtigung der Varianzfunktion als auch des Kalibrierfehlers als solchen.

Bestimmungsgrenze (BG)

In [6] findet sich folgende Definition der Bestimmungsgrenze: "Die Bestimmungsgrenze ist der kleinste Wert der Zustandsgröße, der mit einer (vereinbarten) Sicherheit von 95 % von der Nachweisgrenze unterschieden weren kann (siehe Abb. 2)."

Empfindlichkeit

Die Empfindlichkeit ist nach VDI 2449 Blatt 2 definiert als "Differentialquotient aus der Änderung des Meßsignals nach der auslösenden Änderung des Wertes q_j des Luftbeschaffenheitsmerkmals j" (z.B. Konzentration).

$$s_j = \frac{\partial x}{\partial q_j} = \frac{\partial g}{\partial q_j} \tag{6}$$

Das bedeutet: Bei Existenz einer linearen Kalibrierfunktion ist die Empfindlichkeit durch die Steigung gegeben, ergibt sich also direkt aus der Kalibrierfunktion.

Achtung: Empfindlichkeit und Nachweisgrenze des Verfahrens dürfen nicht verwechselt werden!

Selektivität

Mit der Selektivität wird die Querempfindlichkeit des Verfahrens auf andere, d.h. Störkomponenten beschrieben. In der VDI 2449 Blatt 2 wird definiert:

"Die Selektivität beschreibt die Abhängigkeit des Meßwertes von der Anwesenheit anderer als dem gesuchten Luftbeschaffenheits- merkmal. Bei Vorliegen linearer Eichfunktionen wird die Selekti- vität durch die Matrix

$$I_{kl} = \frac{S_k}{S_l} \tag{7}$$

beschrieben, wobei k das gesuchte Luftbeschaffenheitsmerkmal kennzeichnet."

In [6] wird detaillierter ausgeführt, wie die Selektivität bestimmt werden soll. Dabei wird vorgeschlagen, das zu prüfende Verfahren mit Prüfgaskonzentrationen für die Meßkomponente von jeweils Null bzw. IW2 zu beaufschlagen und dann zusätzlich Prüfgaskonzentrationen für die Störkomponenten anzubieten, um ihren Einfluß auf das Verfahren zu ermitteln. Es soll jeweils hierbei der Einfluß von Komponenten und Konzentrationshöhen untersucht werden, die üblicherweise in Belastungsgebieten auftreten oder aufgrund des Meßprinzips einen Einfluß auf die Meßwertanzeige erwarten lassen. Die Kombinationswirkung von Feuchte soll auch berücksichtigt werden. Der Störeinfluß soll im Bereich der Immissionswerte IW1 und IW2 nicht mehr als 6 % des IW2 betragen.

Genauigkeit

In [3] wird die Genauigkeit definiert als "erwartbare Überein- stimmung von Meßwert und zugrunde liegendem wahren Wert des Luftbeschaffenheitsmerkmals." In [2] wird eine ähnliche Defini- tion gegeben. Die Genauigkeit wird im allgemeinen über die Ungenauigkeit quantifiziert, die als Differenz zwischen dem wahren Wert und dem Erwartungswert der Meßwerte des Luftbeschaf- fenheitsmerkmals angegeben wird. Der wahre Wert ist nicht von vornherein bekannt. Er ist aber beispielsweise abschätzbar aus Zusatzinformationen über das Meßverfahren und aus der Kenntnis der Herstellungsverfahren der Referenzmaterialien oder wird konventionsgemäß als über Referenzmeßverfahren ermittelbar angesehen. Ein explizites Berechnungsverfahren für die Ermitt- lung der Genauigkeit eines Meßverfahrens ist in den zitierten Dokumenten nicht genormt. Eine entsprechende Norm soll aber bei der ISO erarbeitet werden. Pragmatisch gesehen soll aber gerade die Kalibrierung eines Meßverfahrens die Genauigkeit desselben sicherstellen.

Präzision

Unter Präzision wird das Ausmaß der Übereinstimmung von Meßwerten verstanden, die unter bestimmten Bedingungen aus mehrmaliger Anwendung des Meßverfahrens erhalten werden [2; 3]. Die Präzision wird quantifiziert - je nachdem, ob für die Messungen Wiederhol- oder Vergleichbedingungen vorliegen - durch die Wiederholbarkeit bzw. die Vergleichbarkeit. Bei den Eignungsprüfungen und in einigen anderen Anwendungsfällen wird auch noch der Begriff der Reproduzierbarkeit verwendet, auf den hier aber nicht weiter eingegangen werden soll (siehe auch [4; 6]).

Wiederholbarkeit

Die Wiederholbarkeit r ist - anschaulich gesprochen - derjenige Betrag, um den sich zwei zufällig ausgewählte Einzelwerte, die unter Wiederholbedingungen gewonnen wurden, höchstens unterscheiden. Wiederholbedingungen heißt in diesem Fall: dasselbe Meßverfahren unter denselben Bedingungen (derselbe Bearbeiter, dasselbe Gerät, dasselbe Labor, kurze Zeitspanne).

Nach [6] wird die Wiederholbarkeit r berechnet zu:

$$r = t_{(f;\ 0.95)} * \sqrt{2} * S_r$$

wobei S_r eine aus allen Messungen des Kalibrierexperimentes gemittelte Standardabweichung ist.

Nach [5] wird r ähnlich ermittelt, jedoch wird S_r aus der (konzentrationsabhängigen) Varianzfunktion bestimmt. Somit ist r in [5] konzentrationsabhängig.

Vergleichbarkeit

Die Vergleichbarkeit R ist - anschaulich gesprochen - derjenige Betrag, um den sich zwei zufällig ausgewählte Einzelwerte, die unter Vergleichsbedingungen gewonnen wurden, höchstens unterscheiden.

Unter Vergleichsbedingungen versteht man dabei: identisches Material, aber unter verschiedenen Bedingungen (verschiedene Bearbeiter, verschiedene Geräte, verschiedene Laboratorien und/oder zu verschiedenen Zeiten. Zur Berechnung der Vergleichbarkeit siehe [11].

Instabilität

In [2] wird die Instabilität definiert als "Änderung des Meßsignals während eines festgesetzten Wartungsintervalls für einen
gegebenen Wert des Luftbeschaffenheitsmerkmals. Sie kann durch
die zeitliche Änderung des Mittelwertes zur Beschreibung der
Drift und durch die Streuung beschrieben werden."

Schlußbemerkung

Definitionen und Prozeduren zur Bestimmung von Verfahrenskenngrößen bei Meßverfahren für gasförmige Luftverunreinigungen sind
in den oben zitierten Normen und Richtlinien gegeben und bilden
eine Basis, die Leistungsfähigkeit dieser Meßverfahren zu charakterisieren. Für bisher schon "etablierte" punktförmig messende Verfahren können die zitierten Dokumente in den meisten
Fällen auch unmittelbar angewandt werden. So ist es nicht ver-
wunderlich, daß bei Eignungsprüfungen oder einschlägigen Veröffentlichungen im Gemeinsamen Ministerialblatt dieselben oder
ähnliche Begrifflichkeiten, wie sie in diesen Normen oder Richtlinien gegeben sind, verwandt bzw. direkt zitiert werden.

Für die Verwendung im Zusammenhang mit Fernmeßverfahren sind
einige der Definitionen bzw. Berechnungsprozeduren noch anzupas-
sen: Die Probenahme bei Fernmeßverfahren ist von anderer Art als
z.B. von naßchemischen Verfahren. Der Meßstrahl durchläuft in
der Regel in der freien Atmosphäre eine Stecke von einigen 100m
bis einigen Kilometern. Insofern ist eine Kalibrierung nicht
ohne weiteres in gleicher Form möglich wie bei herkömmlichen
Meßverfahren. Z.B. kann bei einer Kalibrierung von Langwegabsorptionsverfahren mit einer kurzen Absorptionszelle das
Problem auftreten, daß bei einem relativ hohen Partialdruck des
Meßgases sich die Absorptionsstrukturen aufgrund des "self-
broadening" verändern. Gleichwohl gibt es auch für Fernmeßverfahren ernstzunehmende Ansätze für eine Art "Kalibrierung": So
z.B. wird in einer Gruppe der US EPA für FTIR-Langwegabsorption
ein Kalibrierverfahren diskutiert, bei dem für die Grundkali-
brierung eine Mehrfachreflektionszelle und für Qualitätssiche-
rungs-Checks im Feld eine kurze Absorptionszelle verwendet wird
[12]. Mit diesen kurzen Absorptionszellen sollen im Feld beispielsweise Dejustierungen, Drifterscheinungen, Veränderungen in
der Präzision usw. erkannt werden.
Beim National Physical Laboratory (NPL) in England wurden Unter-
suchungsreihen zur Kalibrierung von Langwegabsorptionsverfahren
mit bis zu einigen 10 Meter langen Kalibrierküvetten durchgeführt, um festzustellen, bei welchen Gasen und bei welchen
Drucken/Temperaturen man lange Küvetten nehmen muß bzw. bei
welchen Verhältnissen man kurze Küvetten ohne allzu großen
Kalibrierfehler verwenden kann [13].

In einer ganzen Reihe von Veröffentlichungen werden Versuche
beschrieben, bei denen Fernmeßverfahren als Gesamtverfahren
durch Vergleich mit anderen bekannten Meßverfahren oder durch
Ausmessen von definierten Prüfgasfahnen validiert werden (Überprüfung der Genauigkeit).

Sowohl durch das NPL in Zusammenarbeit mit dem British Standard
Institute als auch bei der US EPA wird derzeit versucht, Quali-
tätssicherungsprozeduren bzw. Bestimmungsverfahren für Kenn-
größen von Fernmeßverfahren schriftlich zu fixieren [12; 13]. In
Deutschland wird derzeit eine Eignungsprüfung für ein DOAS-
Meßgerät durchgeführt [14].

Literatur

[1]   ISO 6879 "Air Quality - Performance characteristics and
      related concepts for air quality measuring methods" (ver-
      öffentlichte Norm von 1983, derzeit in Revision)

[2]   DIN/ISO 6879 "Verfahrenskenngrößen und verwandte Begriffe
      für Meßverfahren zur Messung der Luftbeschaffenheit"
      (deutsche Ausgabe der entsprechenden ISO-Norm, 1984)

[3]   VDI 2449 Blatt 2 "Grundlagen zur Kennzeichnung vollständi-
      ger Meßverfahren; Begriffsbestimmungen" (veröffentlichte
      Richtlinie von 1987)

[4]   VDI 2449 Blatt 1 "Prüfkriterien von Meßverfahren, Daten-
      blatt zur Kennzeichnung von Analysenverfahren für Gas-
      Immissionsmessungen" (veröffentlichte Richtlinie von 1970)

[5]   ISO 9169 "Air Quality - Determination of Performance Cha-
      racteristics of Measurement Methods" (Draft International
      Standard von 1991)

[6]   VDI 2449 Blatt 1 "Prüfkriterien von Meßverfahren, Ermitt-
      lung von Verfahrenskenngrößen für die Messung gasförmiger
      Schadstoffe (Immission)" (veröffentlichter Entwurf von
      1991; wird das Blatt 1 von 1970 ablösen)

[7]   VDI 3490 Blatt 1 "Kalibrierung automatischer Emissionsmeß-
      einrichtungen" (veröffentlichter Entwurf von 1991)

[8]   Buchholz, N.: Grundlagen zur Kennzeichnung vollständiger
      Meßverfahren. VDI Berichte Nr. 608 (1987) S. 99

[9]   Junker, A.; van de Wiel, H.J.: Leistungskriterien und
      Testverfahren zur Beurteilung der Eignung von vollständi-
      gen Meßverfahren. VDI Berichte Nr. 838 (1990) S. 585

[10] Bundeseinheitliche Praxis bei der Überwachung der Immis-
      sionen - RdSchr.d.BMI v. 19.8.1981 - U II 8 - 556 134/4 -
      Richtlinien für die Bauausführung und Eignungsprüfung von
      Meßeinrichtungen zur kontinuierlichen Überwachung der
      Immissionen

[11] DIN ISO 5725, Präzision von Prüfverfahren, Bestimmung von
      Wiederholbarkeit und Vergleichbarkeit durch Ringversuche
      (veröffentlichte Norm von 1988)

[12] Pritchett, T. H., US EPA, private Mitteilung

[13] Woods, P., NPL, GB, private Mitteilung

[14] Obländer, W., diese Konferenz.

Aufgaben aus der Praxis, Eignungsprüfungen und Mindestanforderungen, OPSIS Gerät als Modellfall für ein Zulassungsprüfverfahren

W. Obländer, E. Schmidt, R. Walenda
UMEG, Karlsruhe/D

Zusammenfassung

Die Durchführung einer Eignungsprüfung wird am Beispiel eines
Gerätes erläutert, das nach dem Prinzip der Differentiellen
Optischen Absorptions-Spektroskopie (DOAS) arbeitet. Auf die
Besonderheiten, die sich für die Prüfung aufgrund der "offenen
Meßkammer" ergeben, wird eingegangen.

The qualification test for a monitoring system is demonstrated
using an equipment, which works according to the principle of
Differential Optical Absorption Spectroscopy (DOAS). The
special problems, which result from the "open chamber" of this
system are discussed.

Mindestanforderungen

Die bundeseinheitliche Praxis bei der kontinuierlichen Überwachung von Immissionen sieht vor, daß nur Geräte benutzt werden,
die bestimmte Mindesanforderungen erfüllen. Diese Mindestanforderungen sind in einer Richtlinie [1] festgelegt. Die Geräte werden von den Prüfinstituten nach einem verbindlichen Prüfplan [2]
geprüft. Die wesentlichen Forderungen, die sich direkt auf die
Meßverfahren beziehen, sind folgende:

1.) Zwischen Meßsignal und Massenkonzentration des
    Meßobjektes in Luft muß ein definierter Zusammenhang
    bestehen, der sich durch Regressionsrechnung ermitteln
    läßt. Im allgemeinen wird ein linearer Zusammenhang
    erwartet.

2.) Die Nachweisgrenze soll 10 % des Langzeit-Immissions-
    wertes (IW1) nicht überschreiten.

3.) Die Reproduzierbarkeit R = IW2/U soll die Forderung
    R $\geq$ 10 erfüllen.

4.) Die Abhängigkeiten des Nullpunkt-Meßsignals und der
    Empfindlichkeit von der Umgebungstemperatur werden
    begrenzt.

5.) Eine Änderung der Temperatur des Meßgutes bei der
    Probenahme darf das Nullpunkt-Meßsignal und die
    Empfindlichkeit nur in bestimmten Grenzen beeinflussen.

6.) Die Driften des Nullpunkt-Meßsignals und der Empfindlichkeit werden für 2 Zeiträume (24-Stunden und Wartungsintervall) begrenzt.

7.) Für die Querempfindlichkeit $Q_E = (X - Xm)/IW2$ muß gelten: $Q_E \leq 0,06$

8.) Die Einstellzeit der Meßgeräte darf nicht mehr als 180 Sekunden betragen.

Hierbei bedeuten IW1 = Langzeit-Immissionswert
IW2 = Kurzzeit-Immissionswert
U   = Unsicherheitsbereich
X   = Meßwert ohne Störkomponente
Xm = Meßwert mit Störkomponente

Opsis Meßgerät

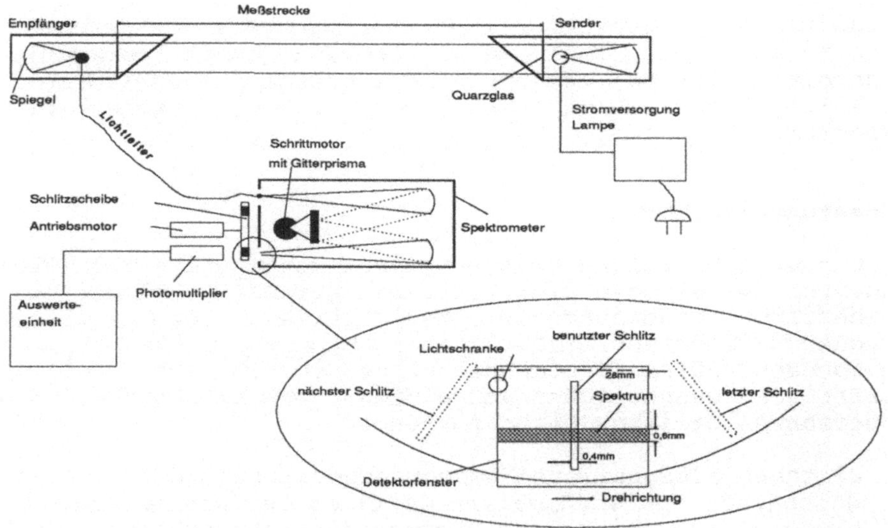

Abb. 1   Meßsystem

Das Gerät der Firma OPSIS, das zur Prüfung ansteht, arbeitet nach dem Prinzip der differentiellen optischen Absorptionsspektroskopie (DOAS). Eine Lichtquelle (Hochdruck-Xenon-Lampe und Spiegel) sendet einen stark gebündelten Lichtstrahl im Wellenlängenbereich von 200 nm bis 2000 nm aus. Im Empfänger, der im Abstand von mehreren 100 m vom Sender aufgestellt wird, wird das einfallende Licht durch einen Parabolspiegel auf die Eintrittsfläche eines Lichtleiters fokussiert. Der Lichtleiter verbindet den Empfänger mit dem Analysator, einem Gitterspektrographen. In der Fokalebene des Spektrographen wird ein 40 nm breiter Ausschnitt des Absorptionsspektrums ausgeblendet und durch bewegliche Austrittsspalte (0,4 mm Breite) abgetastet. Als Detektor wird ein Photomultiplier benutzt. Die Signale des Photomultipliers werden in einem schnellen Analog-/Digitalwandler verarbeitet.

Er gestattet die Aufnahme des 40 nm breiten Ausschnitts des Spektrums in 1000 Kanälen. Die spektrale Auflösung des Gerätes wird bei der vorliegenden Kontruktion durch die Breite des beweglichen Austrittsspaltes bestimmt.

Das Meßgerät benutzt das Lambert-Beer'sche Gesetz, das den Zusammenhang zwischen der gesuchten Konzentration C und der gemessenen Intensität I in Abhängigkeit von dem Absorptionskoeffizienten α_λ und der durchstrahlten Länge L beschreibt.

$$I = I_0 \cdot e^{-\alpha_\lambda \cdot C \cdot L}$$

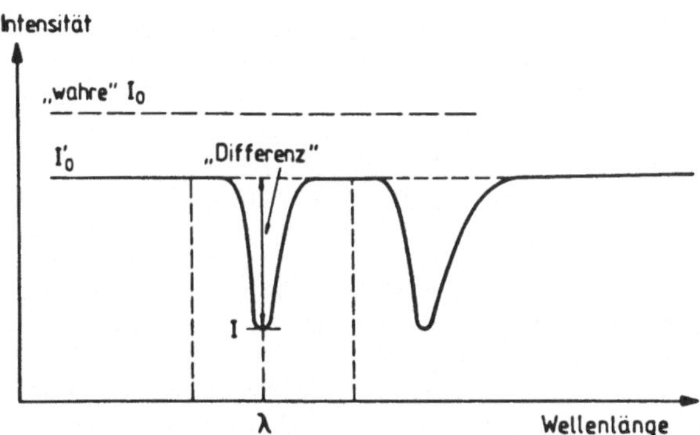

Abb. 2   Zur Berechnung von I'_0

Da die Intensität I_0 unbekannt ist, wird mit der "Differentiellen Absorption" gearbeitet [3], bei der die Intensität I'_0 benutzt wird, die sich als Intensität bei Abwesenheit bestimmter Absorptionsstrukturen einstellt. Sie ist wellenlängenabhängig und läßt sich in der Regel durch ein Polynom 5. Grades beschreiben. Die Berechnung der Konzentration geschieht in einem Näherungsverfahren, das die differentiellen Absorptionskoeffizienten des ganzen aufgenommenen Spektralbereiches benutzt.

Im Gegensatz zu den herkömmlichen Meßverfahren arbeitet das beschriebene Gerät nicht mit einer geschlossenen Meßkammer. Die o. a. Prüfkriterien sind auf Meßsysteme herkömmlicher Bauart zugeschnitten. Für die davon abweichenden wegintegrierenden Meßsysteme kann der Prüfplan nicht immer in vollem Umfang angewandt werden. Das für nahezu alle Prüfpunkte erforderliche Meßgut kann bei den Laborversuchen nur über Küvetten, welche in eine stark verkürzte Meßstrecke oder zwischen Lichtleiter eingebaut sind, eingebracht werden. Die zu untersuchenden Gase müssen deshalb in Konzentrationen aufgegeben werden, die um einen Faktor erhöht sind, der die Meßstreckenverlängerung kompensiert. Das bedeutet, daß die Matrix nicht mehr den realen Verhältnissen entspricht.

Im folgenden wird kurz auf die Probleme eingegangen, die sich bei der Prüfung der unter den Ziffern 1 bis 8 aufgelisteten Anforderungen ergeben.

Zu 1.)
Der Prüfplan sieht vor, daß der Zusammenhang zwischen Meßsignal und Massenkonzentration entweder mit Kalibriergasen verschiedener Konzentration (Kalibrierfunktion) oder durch Anwendung eines Referenzmeßverfahrens (Analysenfunktion) bestimmt wird. Dabei soll der Konzentrationsbereich von 0 bis 2 x IW2 abgedeckt werden. Da mit einer realen Absorptionsstrecke im Labor nicht gearbeitet werden kann, scheiden Referenz-verfahren aus. Zur Ermittlung der Kalibrierfunktion muß die Länge der Meßstrecke durch die Aufgabe höherer Konzentrationen in Küvetten simuliert werden. Dies läßt sich bewerkstelligen, wenn man die durch Ändern der Matrix vorgegebenen Verhältnisse hinnimmt.

Zu 2.)
Die Nachweisgrenze wird bei den herkömmlichen Verfahren aus der Streuung der Meßsignale bei Aufgabe von Nullgas ermittelt. Die Anwendung dieses Verfahrens wäre im vorliegenden Falle wenig sinnvoll, da unter realen Bedingungen die Nachweisgrenze von der durchstrahlten Weglänge und der Streuung in der Atmosphäre abhängt. Die Nachweisgrenze muß deshalb in Abhängigkeit von den atmosphärischen Bedingungen im Feldversuch bestimmt werden. Wir gehen davon aus, daß für das Meßgerät kritische Verhältnisse bei Nebel angetroffen werden. Es ist deshalb beabsichtigt,bei entsprechenden Wetterlagen unter Einbeziehung der meßbaren Lichtintensität die bei den vorliegenden atmosphärischen Streuverhältnissen noch nachweisbare Konzentration zu bestimmen.

Zu 3.)
Die Reproduzierbarkeit wird bei den Prüfungen im Laborversuch und im Feldversuch bestimmt. Dies kann auch im vorliegenden Fall geschehen, wenn im Laborversuch der Matrixeinfluß vernachlässigt wird.

Zu 4.)
Bei der Untersuchung des Einflusses der Umgebungstemperatur auf Nullpunktmeßsignal und Emfpindlichkeit werden die Meßgeräte verschiedenen Temperaturen im Bereich von -20 bis +40 °C ausgesetzt. Dies kann prinzipiell auch mit dem OPSIS-Meßsystem durchgeführt werden, wenn auch bei diesem Versuch die atmosphärische Meßstrecke durch Küvetten ersetzt wird.

Zu 5.)
Bei dem zu prüfenden Gerät findet eine Probenahme nicht statt. Deshalb sind Einflüsse auf die Meßsignale nicht zu befürchten. Das Gerät hat den Vorteil, daß es die Massenkonzentration direkt in der Atmosphäre bestimmt.

Zu 6.)
Nach dem Prüfplan werden die Driften im Feldversuch dadurch bestimmt, daß man in vorgegebenen zeitlichen Abständen Nullgas
bzw. Kalibriergas verschiedener Konzentrationen auf das Gerät
aufgibt. Die Drift kann bei dem zur Debatte stehenden Gerät
nicht nach der Vorschrift des Prüfplanes bestimmt werden. Als
Alternative bietet sich an, die Drift dadurch zu bestimmen, daß
man im Feldversuch in den Lichtleiter eine Küvette einbaut. Dort
können verschiedene Konzentrationen an Prüfgas aufgegeben werden; damit läßt sich die Drift in der Nähe des Nullpunktes und
die Drift der Empfindlichkeit ermitteln.

Zu 7.)
Bei dem Meßverfahren werden Einflüsse bekannter Beimengungen
rechnerisch berücksichtigt. Es muß deshalb bei der Prüfung
untersucht werden, in welchen Grenzen dies gelingt. Experimentell wird dies dadurch bewerkstelligt, daß im Doppelversuch verschiedene Konzentrationen an Prüfgas über Küvetten angeboten
werden.

Zu 8.)
Die Prüfung der Einstellzeit spielt bei dem OPSIS-System keine
Rolle, weil der Atmosphäre keine Probe entnommen wird und da-
durch weder eine Totzeit noch eine Anstiegszeit, bedingt durch
eine Konzentrationsänderung, beobachtet werden kann. Wenn das
Gerät als Mehrkomponentenmeßgerät eingesetzt wird, kann unter
Umständen die Meßzeit für jede Einzelkomponente die Bildung von
Halbstundenmittelwerten beeinflussen. Dies muß bei der Prüfung
beachtet werden.

Literaturhinweis

1) Bundeseinheitliche Praxis bei der Überwachung der
   Immissionen. – Richtlinien für die Bauausführung und
   Eignungsprüfung von Meßeinrichtungen zur kontinuierlichen Überwachung der Immissionen. RdSchr. d. BMI vom
   19.08.1981 – UII 8-556 134/4 GMBl 1981, S. 335 – 357.

2) Prüfplan für die Eignungsprüfung von Meßeinrichtungen
   zur kontinuierlichen Überwachung der Immissionen,
   Ausgabe Oktober 1990.

3) U. Platt u. D. Perner, Fresenius Z. Anal.Chem. (1984),
   317: 309 –313

Radiatively Active Trace Gases and Their Monitoring by Optical Remote Sensing

F. SLEMR

FRAUNHOFER-INSTITUT FÜR ATMOSPHÄRISCHE UMWELTFORSCHUNG,
KREUZECKBAHNSTRASSE 19, 8100 GARMISCH PARTENKIRCHEN

Abstract

Apart from CO_2 and atmospheric water, the major radiatively
active trace gases are CH_4, N_2O, tropospheric and
stratospheric O_3, $CFCl_3$, CF_2Cl_2, and $CHClF_2$. With exception
of ozone, the average residence time of all these substances
is longer than 5 years, in most cases even longer than 20
years. The longer the residence time of a gas is, the smaller
is the variability of its measured mixing ratios. Thus, only
a few measurements are required to determine the increasing
global trend of almost all radiatively active gases. In
general, these few measurements can be conveniently made with
classical techniques, and there is no urgent need for the
development of remote sensing techniques for this purpose. In
particular, however, the development of special instruments
for remote sensing of ozone and water as well as for flux
determination of methane may be of interest for the community
of atmospheric scientists. These examples will be discussed
shortly.

Zusammenfassung

Die wichtigsten klimawirksamen Gase sind, neben CO_2 und
atmosphärischem Wasser, die Spurengase CH_4, N_2O,
troposphärisches und stratosphärisches O_3, und die
Fluorchlorkohlenwasserstoffe $CFCl_3$, CF_2Cl_2, $CHClF_2$. Mit
Ausnahme von Ozon ist die mittlere Verweilzeit dieser Gase in
der Atmosphäre länger als 5 Jahre, in den meisten Fällen
länger als 20 Jahre. Je länger die mittlere Verweilzeit eines
Gases ist, desto weniger schwanken die gemessenen
Konzentrationen. Bei langlebigen Spurengasen reichen deshalb
zur Trendüberwachung nur wenige Messungen aus. Zur
Durchführung dieser Messungen reichen im allgemeinem die
bisherigen Meßverfahren aus. Aus der Sicht der

Atmosphärenforschung kann die Entwicklung von
Fernerkundungsverfahren deshalb nur für spezielle
Fragestellungen sinnvoll sein, wie für die Vermessung der
Ozon- und Wasserverteilung oder für die Bestimmung von
Methanflüssen aus unterschiedlichen Quellen. Diese Beispiele
werden kurz andiskutiert.

Großräumige Erfassung von Luftschadstoffen durch *IN SITU*-Messungen vom Flugzeug aus

M. Krautstrunk und D. Paffrath

DLR-Institut für Physik der Atmosphäre, 8031 Oberpfaffenhofen, Germany

Abstract:
Components of an airborne measurement system are described. Parameters influencing the measurements are discussed (pressure dependence and rise time of instruments, detection limits and interferences with other trace substances). Examples of airborne measurements showing typical distributions of several air pollutants in the atmosphere are presented. The selected examples should demonstrate the numerous applications of airborne measurements.

Es werden die wesentlichen Bestandteile eines flugzeuggetragenen Meßsystems vorgestellt. Faktoren, die die Messungen beeinflussen (Druckabhängigkeiten und Anstiegszeiten der Geräte, Nachweisgrenzen, Querempfindlichkeiten), werden erörtert. Anhand von Beispielen werden Ergebnisse von Meßflügen diskutiert, die typische Konzentrationsverteilungen von verschiedenen Schadstoffen in der Atmosphäre zeigen. Die ausgewählten Beispiele sollen die Einsatzmöglichkeiten von Flugzeugmessungen demonstrieren.

1. Einleitung:

Die Messung meteorologischer und chemischer Parameter bietet mit entsprechend instrumentierten Flugzeugen die Möglichkeit einer großräumigen und flexiblen Erfassung von horizontalen und/oder vertikalen Verteilungen von Luftschadstoffen in der Atmosphäre. Anthropogene Schadstoffimmissionen, verursacht durch Punkt-, Linien- oder Flächenquellen (z.B. Kraftwerke, Autobahnen und Städte) können durch Flugzeugmessungen in ihrer drei-dimensionalen Ausbreitung erfaßt werden. Emissionen können dabei in Einzelfällen sogar bis an ihre Quellen zurück verfolgt werden. Massenflüsse von Schadstoffen können entlang von Landesgrenzen oder entlang von gedachten Flächen im Raum bestimmt werden und Aussagen über Transportraten dieser Stoffe liefern (z.B. grenzüberschreitende Massenflüsse). *In situ*-Messungen atmosphärischer Parameter mit Hilfe von Flugzeugen sind in vielen Fällen zur Kalibrierung bzw. Kontrolle von Fernerkundungsmeßsystemen notwendig.

2. Meßsysteme:

Flugzeug-Meßsysteme können zur Aufzeichnung und Analyse der nachfolgend aufgeführten Größen eingesetzt werden:

A) Kontinuierliche Direktmessungen an Bord

Meteorologische Parameter:
Lufttemperatur, Wasserdampfgehalt der Luft, Luftdruck, Wind in Richtung und Geschwindigkeit, Turbulenz, elektromagnetische und radioaktive Strahlung.

Flugzeugparameter:
Position des Flugzeugs (x,y,z,t) im Raum, Geschwindigkeit und Beschleunigung, Lageparameter des Flugzeugs bezüglich seiner drei Achsen.

Luftchemische Parameter:
Schwefelverbindungen, Stickstoffoxide, Kohlenoxide, Photooxidantien wie Ozon und Wasserstoffperoxid, PAN.

Streukoeffizient: Partikelgehalt der Luft

B) Diskontinuierliche Probennahmen mit nachfolgender Laboranalyse

Partikeln:
Gesamtmassenkonzentration, Teilchengrößenverteilung, Anionengehalt, Kationengehalt, Schwermetalle, Radioaktivität, Ruß

Kohlenwasserstoffverbindungen:
Methan, Nichtmethan-Kohlenwasserstoffe, FCKW

Wolkenwasser:
pH-Wert, Leitfähigkeit, Ionengehalt, chemische Zusammensetzung, Rußgehalt

3. Qualitätssicherung der Messungen:

Die Sensoren und Analysegeräte benötigen umfangreiche Eichungen. Bei der Auswertung der Daten müssen verschiedene Einflüsse berücksichtigt werden. Die meisten Geräte zeigen eine starke Druckabhängigkeit. Sofern ihr Luftdurchsatz nicht durch Massenflußregler konstant gehalten wird, müssen die Druckeinflüße durch entsprechende Messungen in einer Unterdruckkammer bestimmt werden.

Ein weiteres Problem stellen die relativ langen Anstiegszeiten der Geräte dar, die bei den luftchemischen Analysegeräten im Größenbereich von mehreren Sekunden liegen können. Schnelle Konzentrationsänderungen in der Atmosphäre können somit unter Umständen nicht quantitativ erfaßt werden und um einen Faktor 2-3 zu niedrig angezeigt werden. Deshalb sollten die Transfereigenschaften der Analysatoren bei der Auswertung berücksichtigt werden. Ebenso sind Nichtlinearitäten der Geräte in niedrigen Konzentrationsbereichen und Querempfindlichkeiten zu anderen Substanzen in Betracht zu ziehen.

4. Beispiele für Flugzeugmessungen

Der Vorteil von Flugzeugmessungen liegt darin, daß man in kurzer Zeit Informationen über die luftchemische und meteorologische Situation an vielen Punkten im Raum bekommen kann. Da man allerdings jeden Raumpunkt nur einmal oder wenige Male anfliegt, zeigen die Meßergebnisse i.a. lediglich den momentanen status quo in Abhängigkeit von den gerade herrschenden meteorologischen Rahmenbedingungen. Zur Beurteilung der luftchemischen Daten ist es daher wichtig, Parameter wie Wind, Temperatur, Feuchte und Druck zu messen und bei der Datenauswertung mit zu berücksichtigen. Da besonders die luftchemischen Parameter, die bei der Photochemie eine Rolle spielen, einen mehr oder minder ausgeprägten Tagesgang besitzen, muß man durch geeignete Wahl des Meßkonzepts versuchen, diesen Tagesgang so weit wie möglich zu eliminieren, indem man z.B. die Meßstrecke mehrmals in kurzen Abständen nacheinander befliegt (nur bei kleinen Strecken möglich) oder indem man die Messungen an mehreren Tagen mit möglichst gleichartigen Wetterbedingungen in umgekehrter Richtung wiederholt (bei großen Strecken). Flugzeugmessungen sind besonders auch bei solchen Spurenstoffen von Interesse, bei denen entsprechende Bodenmessungen kein repräsentatives Bild abgeben. Das ist z.B. dann der Fall, wenn die Konzentrationen sehr stark mit der Höhe variieren (z.B. Stickstoffmonoxid, Wasserstoffperoxid, PAN).

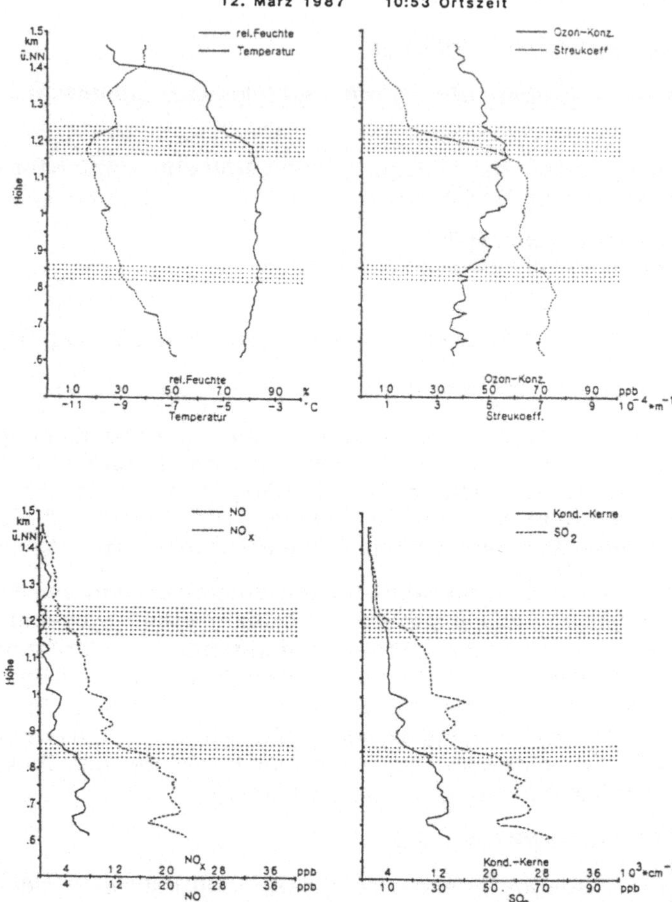

Bild 1

Vertikalstrukturen in der Atmosphäre

Die Vertikalverteilung in der Atmosphäre wird in erster Linie durch die Schichtung der Luftmassen bestimmt (Temperaturgradient). Isothermien und Temperaturinversionen beschränken den vertikalen Luftaustausch, so daß es unterhalb dieser Inversionsgrenzen zu einer erheblichen Akkumulation von Schadstoffen kommen kann. Beispiele für Messungen von Vertikalprofilen, d.h. von Mischungsverhältnissen, aufgetragen gegen die Höhe, werden in Bild 1 vorgestellt.

Großräumige Konzentrationsverteilungen-Horizontalstrukturen

Die Darstellung der Konzentration bzw. des Mischungsverhältnisses gegen den Flugweg (Zeit), erlaubt Rückschlüsse auf das Vorhandensein von Quellen und zeigt örtliche Anreicherungen sowie die großräumigen Hintergrundkonzentrationen (Bild 3). Ein Raster aus mehreren nebeneinanderliegenden Einzeltraversen läßt sich mittels geeigneter Computerprogramme zu einem zweidimensionalen Isodensitenbild zusammensetzen.

SO₂ - Massenflüsse
am 5.4.1988
Gesamtfluß: 526 t/h
0 20 40 60 ppb
0 50 100 150 km
Hamburg
Bremen
NL
DDR
Dortmund
WIND
25 t/h
Köln
BRD
B
226 t/h
Frankfurt
L
Merseburg
89 t/h
111 t/h
CSSR
44 t/h
Stuttgart
F
15 t/h
München
8 t/h
8 t/h
CH
A

Bild 2

SO₂-Messungen im Raum Leipzig aus der Queen Air
14.10.90   11:30 – 12:00 LT
SO₂-Mischungsverhältnis (ppb)
200
180
160
140
120
100
80
60
40
20
0
0 20 40 60 80 100 120 140
Flugweg (km)
Dessau
Bitterfeld
Leipzig
Altenburg

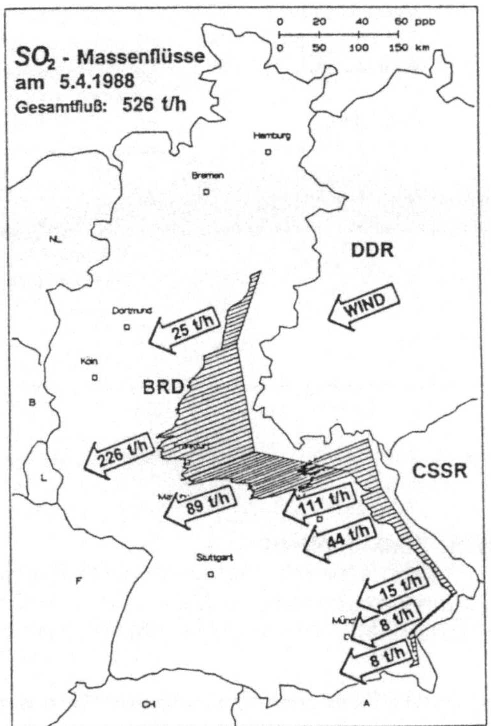

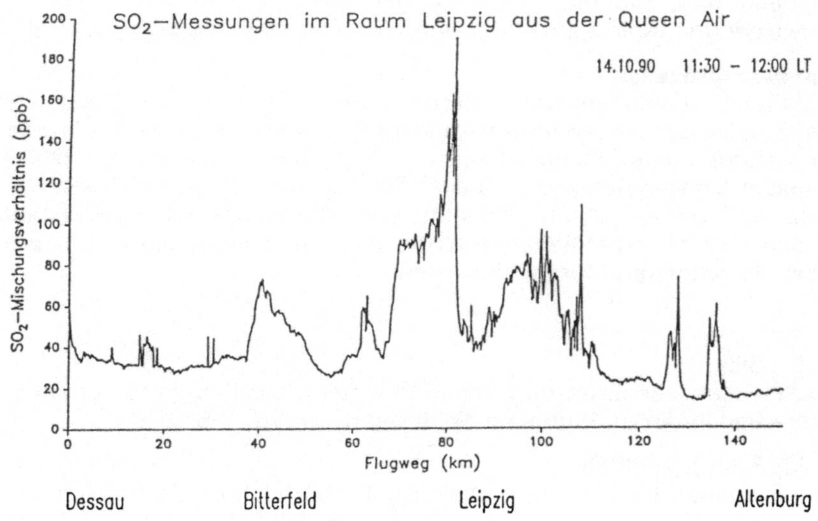

Bild 3

152

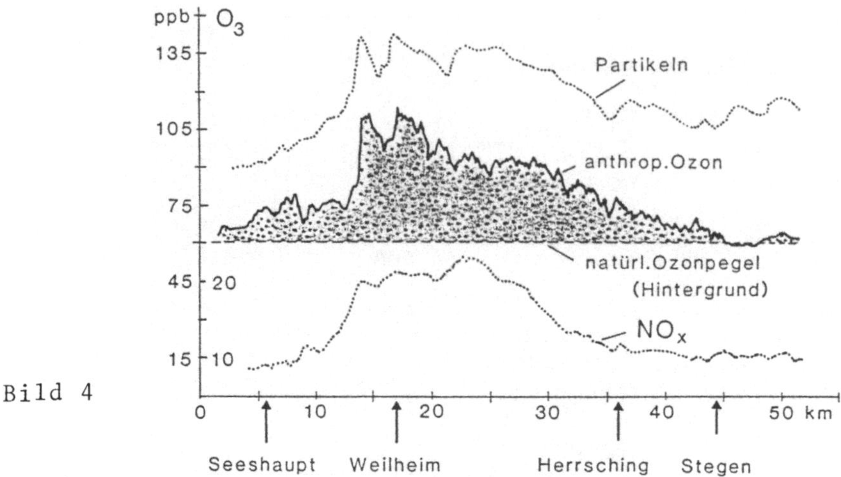

Bild 4

Aufspüren von Quellen (z.B. Punktquellen):

Bodenmessungen hoher Immissionswerte lassen keine Rückschlüsse auf die Position der zugehörigen Emissionsquellen zu. Mit Hilfe von Flugzeugmessungen lassen sich ausgeprägte Schadstoff-Fahnen bis an ihren Ursprungsort zurückverfolgen.

Untersuchungen der Abgasverteilung von Autobahnen (Linienquellen):

Schadstoffverteilungen an Autobahnen können durch geeignete Flugmuster in ihrer dreidimensionalen Ausdehnung erfaßt werden und es können Rückschlüsse auf die Ausbreitung der Autoabgase gezogen werden.

Massenflußmessungen

Interessant sind auch Messungen, die den Transport von Schadstoffen von einem Raumsektor in einen anderen bestimmen (z.B. grenzüberschreitende Massenflüsse) (Bild 2). Solche Meßwerte liefern wertvolle Hinweise für Maßnahmen der Luftreinhaltepolitik und können außerdem als Eingabedaten zur Simulation von Transportvorgängen oder zur Validierung von Modellen herangezogen werden.

Transformationsprozesse

Die Feststellung räumlicher Konzentrationsverteilungen liefert oftmals Hinweise auf Transformationsprozesse in der Atmosphäre. Beispiele hierfür sind die Erfassung der anthropogenen Ozonbildung in städtischen Abgasfahnen (Bild 4) oder die chemische Umwandlung von Stickstoffmonoxid in Stickstoffdioxid in Rauchfahnen von Kraftwerken. Durch Messungen verschiedener miteinander reagierender Komponenten an verschiedenen Orten der Abgasfahne kann der Verlauf von chemischen Reaktionen untersucht werden.

Literatur

Paffrath, D. 1985
DFVLR-Meßsystem zur Erfassung der räumlichen Verteilung von Umweltparametern in der Atmosphäre mit mobilen Meßträgern. DFVLR-FB 85-08

Paffrath, D., Peters, W. 1988
Flugzeugmessungen für die Luftreinhaltung. Farbbroschüre im Auftrag des Bayerischen Staatsministeriums für Landesentwicklung und Umweltfragen. Eigenverlag DLR, Oberpfaffenhofen 1988

Calibration Procedure for a Fourier Spectrometer with Automatic Determination of the Source Temperatures

Erwin Lindermeir, DLR - Oberpfaffenhofen, NE-OE-IR, Münchnerstr. 20, 8031 Weßling
Volker Tank, DLR - Oberpfaffenhofen, NE-OE-IR, Münchnerstr. 20, 8031 Weßling

Introduction

The aim of the work the authors are currently concerned with is the
determination of the concentrations of trace gases like CO, CO_2, NO, SO_2,
HCl, etc. in the exhaust gas of industrial smokestacks or aircrafts. The
instrument used for the measurements is a Fourier Transform Spectrometer (FTS)
operating in emission mode. Thus a passive remote sensing technique is
applied.

Before concentrations can be calculated from the spectra measured by the FTS
these spectra must be calibrated. This means emission spectra in units of
spectral radiance ($W/(cm^2\ sr\ cm^{-1})$) must be computed from the measured spectra,
which are in arbitrary, i.e. instrument dependent units. This paper describes
a calibration procedure, which does not need the exact knowledge of the
calibration sources' temperatures. Results of the measurement of spectra of
black bodies are presented.

Model of a Fourier Transform Spectrometer

Fundamental to the calibration of the measured spectra is a model describing
the spectra provided by the FTS as a function of the radiation emitted by the
object under investigation. The model presently used by the authors is
visualized in Fig. 1.

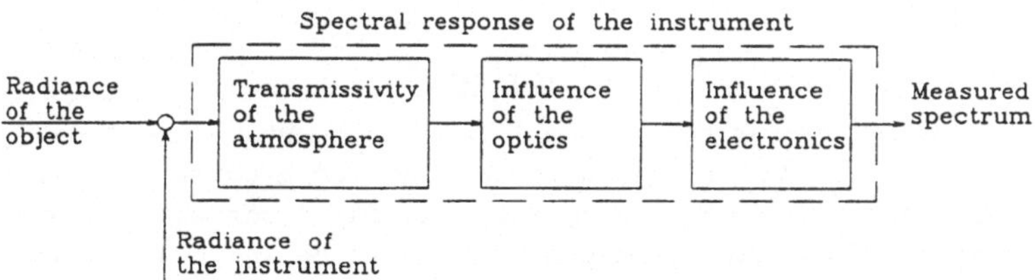

Figure 1: Sketch of the mathematical model.

Not only radiation emitted by the object but also radiatiom emitted by inner
parts of the instrument due to their temperature reaches the interferometer's
detector. These two components of radiation are influenced by the atmosphere,
the optics, especially by the non ideal beamsplitter and the detector, and by
the electronic compounds like amplifiers and filters.

From a more detailed point of view there could be more points in the model
where radiance of the instrument is added and especially the first box,
describing the influence of the atmosphere, could be divided into several
boxes, as radiation emitted by different parts of the instrument passes through

154

different atmospheric paths. But as only the radiation of the object is of
interest, the radiation of these different sources can be combined to one
quantity named instrument radiance $G(\sigma)$. Moreover all the influences mentioned
above are combined to one single impact on the spectrum called spectral
response of the instrument $R(\sigma)$. Thus the model of the FTS can be expressed in
the following equation (1).

$$S(\sigma) = R(\sigma) \cdot (L(\sigma) + G(\sigma)) \tag{1}$$

where

$$\sigma \quad : \quad \text{wavenumber}$$
$$S(\sigma) \quad : \quad \text{spectrum obtained from the spectrometer}$$
$$R(\sigma) \quad : \quad \text{spectral response of the spectrometer}$$
$$L(\sigma) \quad : \quad \text{spectral radiance emitted by the object}$$
$$G(\sigma) \quad : \quad \text{spectral radiance of the spectrometer's inner parts.}$$

According to eq. (1) the spectrum of the object, that is to be measured, can be
calculated using eq. (2).

$$L(\sigma) = \frac{S(\sigma)}{R(\sigma)} - G(\sigma) \tag{2}$$

Thus the interesting spectrum of the radiation of the object is obtained only
if the instrument functions $R(\sigma)$ and $G(\sigma)$ are known.

The Calibration Procedure

The task of the calibration procedure is the determination of the instrument
functions $R(\sigma)$ and $G(\sigma)$ of the model discussed in the previous section. As
radiation sources of known spectral radiance are necessary for the calibration,
black bodies are used, the radiance of which is given by Planck's law
(eq. (3)).

$$L(\sigma, T) = \frac{c_1 \sigma^3}{\exp(c_2 \sigma / T) - 1} \tag{3}$$

(where $c_1 = 1.191062 \times 10^{-12}$ W cm^2, $c_2 = 1.438786$ cm K and T: surface
temperature). From eq. (3) it can be seen that for a correct determination of
the spectral radiance of a black body and thus for a correct calibration of the
instrument, the absolute surface temperature must be known exactly. But
measurement of absolute surface temperatures is difficult, expensive and only a
limited accuracy can be achieved.

Taking the spectra of three black bodies of different temperatures leads to the
following set of simultaneous equations derived from eq. (1).

$$S_1(\sigma_i) \quad = \quad R(\sigma_i) \cdot (L(\sigma_i, T_1) + G(\sigma_i)) \tag{4a}$$
$$S_2(\sigma_i) \quad = \quad R(\sigma_i) \cdot (L(\sigma_i, T_2) + G(\sigma_i)) \tag{4b}$$
$$S_3(\sigma_i) \quad = \quad R(\sigma_i) \cdot (L(\sigma_i, T_3) + G(\sigma_i)) \tag{4c}$$

The measured spectra are discrete (therefore the indexed wavenumber σ_i) and
thus, if each spectrum contains N spectral elements, there are $3N$ equations

for $2N$ unknown parameters of the model: $R(\sigma_1),\ldots,R(\sigma_N),G(\sigma_1),\ldots,G(\sigma_N)$. As the number of equations is greater than the number of unknown variables, the three temperatures can be assumed to be unknown parameters, too. With this assumption the highly accurate absolute temperature measurement for the determination of the spectral radiance of the calibration sources is no longer necessary. The temperatures can be calculated from the spectra. Moreover by forming differences of the measured spectra S_1, S_2 and S_3 according to eqs. (5a) - (5c), $3N$ equations for only $N+3$ unknown parameters are obtained.

$$S_{12} = S_1 - S_2 = R \cdot (L(T_1) - L(T_2)) = R \cdot L_{12} \tag{5a}$$
$$S_{13} = S_1 - S_3 = R \cdot (L(T_1) - L(T_3)) = R \cdot L_{13} \tag{5b}$$
$$S_{23} = S_2 - S_3 = R \cdot (L(T_2) - L(T_3)) = R \cdot L_{23} \tag{5c}$$

Applying Gaussian balancing calculation these equations can be solved for the spectral response and the three temperatures. At the same time this algorithm minimizes the influence of noise in the measurements onto the calculated instrument functions. A set of parameters is determined that leads to a minimal value of the function

$$A(R(\sigma_1),\ldots,R(\sigma_N),T_1,T_2,T_3) = \sum_{i=1}^{N}(S_{12} - R\,L_{12})^2 + (S_{13} - R\,L_{13})^2 + (S_{23} - R\,L_{23})^2. \tag{6}$$

Thus equations (5a)-(5c) are fulfilled optimally in the Gaussian sense. The instrument radiance $G(\sigma)$ is obtained according to eq. (7)

$$G(\sigma) = \frac{1}{3} \cdot \left(\frac{S_1(\sigma) + S_2(\sigma) + S_3(\sigma)}{R(\sigma)} - L_{BB}(\sigma,T_1) - L_{BB}(\sigma,T_2) - L_{BB}(\sigma,T_3) \right) \tag{7}$$

<u>Measurements</u>

The black bodies are metal plates coated with "Nextel velvet black paint" to increase the emissivity. Three of them are plain, the fourth has v-grooves. These plates are placed on electrical boiling plates that can be heated independently. Thus collecting the spectra of all four plates can be done in less than 10 minutes - a period of time over which the spectrometer remains highly stable. Temperature reference measurement is performed by means of Pt100 sensors, which are positioned in holes drilled radially into the black body plates.

To avoid errors due to temperature gradients over the area of the plate that is seen by the spectrometer the plates are placed horizontally in front of the spectrometer and the radiation is directed into the FTS by means of a mirror.

Four spectra S_1, S_2, S_3 and S of these black bodies were measured. The surface temperatures determined with the Pt100 sensors were $T_1 = 446.4$ K, $T_2 = 394.8$ K, $T_3 = 351.7$ K and $T = 391.8$ K, respectively.

Figures 2 and 3 present the spectral response $R(\sigma)$ and the radiation of the inner parts of the spectrometer $G(\sigma)$ obtained from the balancing calculation

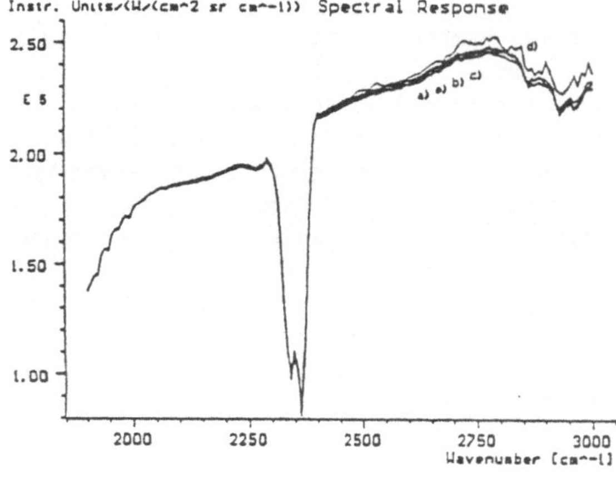

Figure 2: Spectral Response $R(\sigma)$ obtained from
a) balancing calculation,
b) S_1 and S_2 with measured temperatures,
c) S_1 and S_3 with measured temperatures,
d) S_2 and S_3 with measured temperatures,
e) S_1 and S_3 with corrected temperatures.

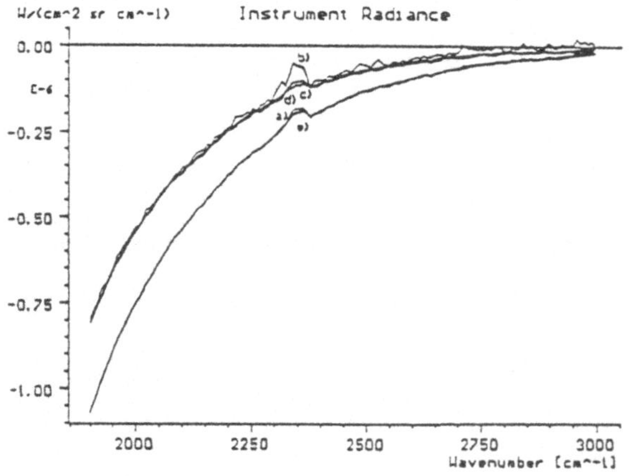

Figure 3: Instrument Radiance $G(\sigma)$ obtained from
a) balancing calculation,
b) S_1 and S_2 with measured temperatures,
c) S_1 and S_3 with measured temperatures,
d) S_2 and S_3 with measured temperatures,
e) S_1 and S_3 with corrected temperatures.

marked with a). In the same diagramm the three possible results computed from two spectra by using the measured temperatures have been plotted. Additionally figure 2 and 3 contain the instrument functions calculated from S_1 and S_3 applying the corrected temperatures that were computed by the balancing algorithm. The values for these temperatures are $T_1^* = 446.7$ K, $T_2^* = 395.5$ K and $T_3^* = 353.5$ K.

As the calibration is not performed in an IR inactive atmosphere, such as pure nitrogen, the influence of the path the radiation has to pass from the calibration sources' surfaces to the spectrometer (about 0.5 m) can be observed in the instrument functions. Especially the strong CO_2 absorption in the spectral region around 2330 cm^{-1} leads to a drastic decrease in the apparent sensitivity.

Fig. 4 shows the spectral elements of the calibrated spectrum of the fourth black body together with a fitted Planck curve. The differences are so small that they cannot be seen in this plot. The procedure leads to a spectrum which fits to the theoretical values with an error of less than $\pm 0.5\%$. The parameters for the fitted Planck function were calculated as $T^* = 399.2$ K and

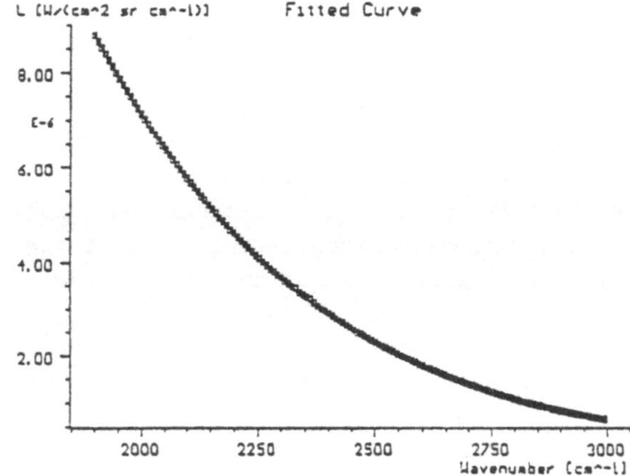

Figure 4: Calibrated spectrum of the fourth black body together with a fitted Planck curve.

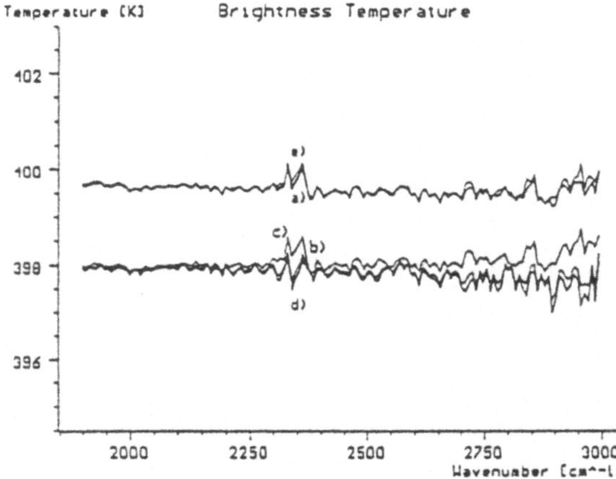

Figure 5: Brightness temperature of the fourth black body calculated from the spectrum obtained by
a) the balancing calculation,
b) S_1 and S_2 with the measured temperatures,
c) S_1 and S_3 with the measured temperatures,
d) S_2 and S_3 with the measured temperatures,
e) S_1 and S_2 with the corrected temperatures.

$\varepsilon = 1.02$. The resulting calculated emissivity is slightly greater than 1.0 because the calibration was performed with plain plates where $\varepsilon_p < 1$ and the fourth black body had v-grooves where $\varepsilon_v > \varepsilon_p$. This effect however does not influence the accuracy of the calculated temperature.

Using all instrument functions of fig. 2 and 3 five Planck functions can be generated from the measured spectrum S. For an easier comparison of the results the brightness temperatures of these Planck functions were calculated.

Figure 5 shows the brightness temperature of the fourth black body calculated from the spectum calibrated with the balancing calculation together with those calculated from two spectra using the measured temperatures. Curve e) is obtained if spectra S_1 and S_3 are used for the calibration with the corrected temperatures applied.

The temperatures of every single curve vary within a range of less than 0.5 K. This shows that the mathematical model is correct and that the drift of the instrument during the measurements was very small.

It may be surprising that the conventional calibration procedure produces a mean brightness temperature which is closer to the temperature measured with the thermometer than the value calculated with the method suggested by the authors. But it is important to notice that a calibration procedure defines a temperature scale. Relative to this scale the temperature of the fourth black body is obtained. The advantage of the presented method is that its temperature scale is based on Planck's law only, which, as a physical law, does not introduce errors. The scale of the conventional method is the scale of the thermometers. Here errors may result from the calibration of the sensors and from the way the measurement is performed, i.e. the place where the thermometers are located. In this example there seems to be an error in the calibration of the sensors which leads to an error in brightness temperature of 1 K.

5.2 Fernmeßverfahren aus der Sicht der chemischen Industrie und Ausbreitung von Schadgas

Remote Sensing in Chemical Plant and Dispersion of Trace Gases

Anforderungen an optische Fernmeßverfahren aus Sicht der chemischen Industrie

H. Giesbrecht
BASF AG, Ludwigshafen

Zur Verstärkung des Erfahrungsaustausches auf dem Gebiet der "Sicherheit in Chemieanlagen" zwischen den Firmen der chemischen Industrie und den öffentlichen und privaten Forschungsinstituten, wurden bei der "Deutschen Gesellschaft für Chemisches Apparatewesen" (DECHEMA) und der "VDI-Gesellschaft Verfahrenstechnik und Chemieingenieurwesen" (GVC) mehrere Fachausschüsse eingerichtet. Einer dieser Ausschüsse beschäftigt sich mit dem Problem der "Schadstoffausbreitung". Auf seiner letzten Sitzung wurde die Verbesserung von Verfahren zum schnelleren Erkennen von störungsbedingten Freisetzungen zum Schwerpunktthema für künftige Forschung gewählt. Aufgrund des fachspezifischen Tätigkeitsfeldes der Ausschußmitglieder, die sich mit der Berechnung der Auswirkungen solcher Freisetzungen beschäftigen, d.h. mit der Ermittlung der Quellstärke, der Freistrahlausbreitung, der atmosphärischen Ausbreitung und der Wirkung von Explosionen, kann der Ausschuß nur die Anforderungen an optische Fernmeßverfahren formulieren und die Randbedingungen beschreiben,unter denen solche Systeme arbeiten müssen. Um diese zu verdeutlichen, möchte ich Ihnen zunächst schildern, wie in der BASF im Fall einer störungsbedingten Leckage vorgegangen wird.

Stoffaustritte aus dafür vorgesehenen Auslässen, wie Sicherheitsventilen oder Berstscheiben bzw. aus den nachgeschalteten Minderungseinrichtungen wie Auffangbehältern, Wäschern und Fackeln werden durch Meßeinrichtungen in den Apparaten selbst angezeigt, in vielen Fällen bereits vor dem Ansprechen dieser Systeme. Durch vorgeschaltete Überwachungseinrichtungen und entsprechende Gegenmaßnahmen wird dafür gesorgt, daß diese Systeme so selten wie möglich ansprechen.

Chemische Anlagen werden so geplant, gebaut und betrieben, daß gefährliche Stoffe grundsätzlich nicht ins Freie austreten können. Zusätzlich werden als Vorsorgemaßnahmen für nicht vorhersehbare Leckagen an Stellen mit erhöhter Eintrittswahrscheinlichkeit eines Stoffaustritts, z.B. an Pumpen, Ventilen, Abfülleinrichtungen, gezielt Meßsensoren installiert. Bei Anlagen mit brennbaren Gasen gibt es hierzu Vorschriften von der Berufsgenossenschaft der chemischen

Bild 1:   Sensor für brennbare Gase im Steamcracker II

Industrie, z.B. das Merkblatt T 032 über den "Einsatz von ortsfesten Gaswarnein-
richtungen für den Explosionsschutz". Bild 1 zeigt einen von den ca. 50 Gasmeß-
köpfen, die im Steamcracker II der BASF installiert sind. Diese Meßköpfe, die
übrigens von der Bundesanstalt für Materialforschung und -prüfung (BAM) oder
ähnlichen Einrichtungen geprüft sein müssen, enthalten einen porösen Schutz-
körper, durch den Gas in den Sensor hineindiffundieren kann. Es gibt jedoch
auch Meßsysteme, bei denen Gasproben gezielt über eine oder mehrere
umschaltbare Ansaugstellen angesaugt und dann in einem Meßgerät, z.B. einem
Flammenionisationsdetektor (FID) oder einem Gaschromatographen (GC)
analysiert werden. Solche punktförmig messende Sensoren gibt es auch für
Chlor, Schwefelwasserstoff, Ethylenoxid, Kohlenmonoxid und andere Gase. In
diesem Zusammenhang sei noch erwähnt, daß bei besonders gefährlichen
Stoffen, wie z.B. Phosgen, die Apparate mit erhöhtem Gefahrenpotential in einer
zwangsentlüfteten Kammer untergebracht sind. Die Abluft wird ständig
analysiert und im Leckagefall über einen Wäscher geleitet, dessen
Waschflüssigkeit das Phosgen vernichtet.

Bei gezielter Luftführung ist das Positionieren von Meßsensoren kein Problem.
Schwieriger ist es in Freianlagen. Hier erfolgt das Positionieren der Einzelsensoren unter Berücksichtigung der lokalen und stofflichen Gegebenheiten, z.B.
Hauptwindrichtung, Thermik in der Nähe von heißen Anlagenteilen, boden-
nahes Fließen bei schweren Gasen.

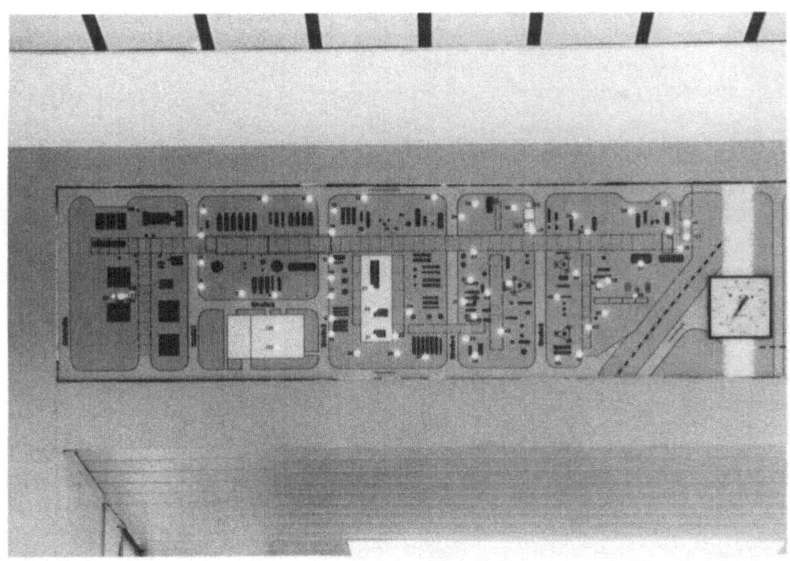

Bild 2:   Anzeigetafel für Gas-Sensoren im Steamcracker II

Überschreitet bei einer Leckage die vom Sensor gemessene Konzentration einen vorher eingestellten Schwellenwert (z.B. 3 % der unteren Explosionsgrenze), wird in der Meßwarte der Anlage ein optisches oder akustisches Signal ausgelöst. Auf einer Anzeigetafel (Bild 2) kann dann der wahrscheinliche Ort der Leckage ausgemacht werden. Unter entsprechenden Sicherheitsmaßnahmen wird zunächst versucht, das Leck abzudichten. Parallel dazu werden lokale Gegenmaßnahmen eingeleitet (z.B. Einschalten eines Dampfvorhangs) und ein dem Ausmaß der Leckage angemessener Alarm ausgelöst. Bei kleinen Leckagen beschränkt sich dieser auf den Bau oder die Anlage. Bei größeren Leckagen wird - ausgelöst durch die Feuerwehr - über Sirenensignale und ein spezielles Fernschreibersystem ein vorher festgelegter Nachbarschaftsbereich gewarnt (sogen. "Warnzonen"). Das empfohlene Verhalten des Personals im betroffenen Betrieb sowie in den Nachbarbetrieben ist in speziellen Warnplänen festgelegt.

In Bereichen, in denen Gasspürköpfe nicht eingesetzt werden können, werden Leckagen durch erhöhten organisatorischen Aufwand so schnell wie möglich detektiert, z.B. durch häufige Begehung der Anlagen durch geschultes Wartungs- und Kontrollpersonal. Dieses erkennt Leckagen an den Geruchsauswirkungen, an Ausströmgeräuschen oder an Rauch- und Nebelbildung. Sichtbare Leckagen können auch direkt über sechs im Werksgelände verteilte schwenkbare Fernsehkameras erkannt werden, deren Bilder in der Umweltzentrale ständig angezeigt werden (Bild 3).

Bild 3: Fernsehüberwachung vom Hochaus der BASF

Bild 4: Umweltzentrale der BASF

Die Konzentrationen von Schwefeldioxid, Stickoxiden, Kohlenmonoxid, Ozon und organischen Kohlenwasserstoffen werden an neun im Werk verteilten Meßstationen ständig registriert und gleichfalls in der Umweltzentrale angezeigt. Mit störungsbedingten, spontanen Leckagen dieser Stoffe muß i. a. nicht gerechnet werden. Sollte dies doch einmal der Fall sein, würden diese von den Meßstationen automatisch erfaßt, wenn auch erst nach einer von der Entfernung und Windgeschwindigkeit abhängigen Verzugszeit. Die Windgeschwindigkeit im bebauten Werksgelände liegt übrigens meist unter 1 m/s.

Bild 5: Konzentrationsmessung
in einer Anlage

Wird eine Leckage gemeldet, kümmern sich Betriebspersonal und Feuerwehr
zunächst um die Beseitigung des Lecks. Die Umweltzentrale ist für die Ermittlung des gefährdeten Bereichs zuständig (Bild 4). Von den 8 im Werk verteilten
meteorologischen Meßstationen wird die für den Ort der Leckage relevante
Station auf das Ausbreitungssimulationssystem COMPAS geschaltet, das für eine
Einheitsquellstärke den Bereich der höchsten Konzentration auf dem einpro-
grammierten Werksplan anzeigt. Über Funk wird eines der drei ständig in Be-
reitschaft bzw. in Fahrt befindlichen Überwachungsfahrzeuge ins Lee der Schad-
stoffquelle dirigiert (Bild 5). Diese Meßwagen sind mit kontinuierlich messenden
Geräten für organische Kohlenwasserstoffe und CO sowie mit Multitox-Meßge-
räten für Schwefelwasserstoff, Schwefeldioxid, Blausäure, Phosgen, Chlor und
Chlorwasserstoff ausgerüstet. Sofern der freigesetzte Stoff nicht bereits aufgrund
seines Leckageortes bekannt ist, kann hiermit zumindest das Vorhandensein
eines luftfremden Stoffes schnell erkannt werden. Mit einer Auswahl aus den
100 ständig mitgeführten Dräger-Prüfröhrchen kann die Konzentration des
Leckagestoffes bestimmt und der Umweltzentrale über Funk mitgeteilt werden.
Durch Eingabe in das COMPAS-Warnsystem wird der Bereich ermittelt, in dem
besondere Warnmaßnahmen eingeleitet werden müssen. Bei jedem Ausrücken
der BASF-Feuerwehr werden übrigens Polizei und Feuerwehr der Stadt

Bild 6: Luftaufnahme der BASF
in Ludwigshafen
(Blick von Süden)

Ludwigshafen benachrichtigt. Diese Stellen werden ständig über das Ausmaß der gefährdeten Bereiche informiert und würden gegebenenfalls die betroffenen Wohngebiete warnen. Abgesehen von einem Lagerhausbrand im Juni 1979 war seitdem eine Warnung der Werksumgebung nicht erforderlich.

In dieser Kette an Maßnahmen zum Schutz der Menschen vor den Auswirkungen von Leckagen können optische Fernmeßsysteme durchaus eine Verbesserung und Beschleunigung bewirken. Ihre Einsatzmöglichkeiten werden leider durch mehrere Randbedingungen eingeschränkt.

Das sind zunächst die räumlichen Gegebenheiten. Wie die meisten Chemiegroßbetriebe ist auch das Werk der BASF in Ludwigshafen in ein regelmäßiges Straßenmuster aufgeteilt (Bild 6). Eine Beobachtung von oben ist zwar möglich, zumal es im Werk mehrere erhöhte Bauwerke gibt (Hochhaus, Kamine, Kolonnen). Leckagen werden jedoch zunächst in den Anlagen auftreten. Diese sind jedoch räumlich sehr eng bebaut, wie ein Blick auf und in den Steamcracker zeigt (Bild 7). Bis eine Leckage aus den Anlagen oder einem Gebäude in den Straßenbereich tritt, wird einige Zeit vergehen. Optische Zäune in den Straßen sind denkbar. Wie Bild 8 zeigt, muß man jedoch auch hier mit zahlreichen ortsfesten (z.B. Rohrbrücken) und beweglichen (z.B. Verkehr) Versperrungen rechnen. Noch am ehesten einer optischen Fernüberwachung zugänglich sind die relativ offenen Tankläger (Bild 9 und 10). Auch Werksanlagen mit einem großen Abstand zu bewohnten Gebieten sind für eine Fernüberwachung eher geeignet. So wurde

Bild 7:   Teilansicht des Steamcrackers II

Bild 8: Werksstraße in der BASF

z.B. in unserem amerikanischen Tochterbetrieb in Geismar, Louisiana bereits ein Einstrahl-FTIR-Gerät der Firma MDA-Zellweger zum Detektieren von Phosgen installiert. Der Abstand zum nächsten Ort beträgt hier mehrere Kilometer.

Bild 9: Tanklager gegenüber der BASF auf der Friesen-heimer Insel

Bild 10: Luftaufnahme der BASF (Ansicht von Norden)

Neben diesen baulichen Einschränkungen muß man mit stofflichen "Stör-größen" rechnen. Aufgrund des in Ballungs- und Industriegebieten erhöhten Verkehrs und der zahlreichen Verbrennungsanlagen liegt der Pegel für Stick-oxide, Schwefeldioxid, Kohlenwasserstoffe, Ozon und Staub höher als in dünner besiedelten Gebieten und ist dazu noch starken Schwankungen unterworfen. Das zeigt zunächst einmal die in Bild 11 wiedergegebene Tabelle ausgewählter Halb-stundenmittelwerte. Zwischen Mittelwert und Maximalwert kann der Faktor 10

Meßort		Komponente	Konzentration [µg/m³]				Bemerkungen
			Mittel	Maximum	Minimum	Standardabw.	
Meßfeld	K 060	NO	59	771	5	100	diskrete Meßrunde
		NO₂	55	144	11	30	im Zeitraum
		SO₂	24	148	5	21	01.01.90 - 31.12.90
		KWSt o. Methan	184	1143	17	169	Mittelwerte über
	H 060	NO₂	52	196	8	28	Meßfeld von 1*1 km²
	J 062	SO₂	33	399	5	51	
	J 058	KWSt o. Methan	246	2869	8	425	
Gebäude	I 504	SO₂	31	236			kontinuierliches
		O₃	14	125			Meßnetz
	S 800	CO	1299	9251			Februar 1991
		NO₂	26	141			

Bild 11:   Halbstundenmittelwerte ausgewählter Immissionskonzentrationen im Bereich der BASF-Ludwigshafen

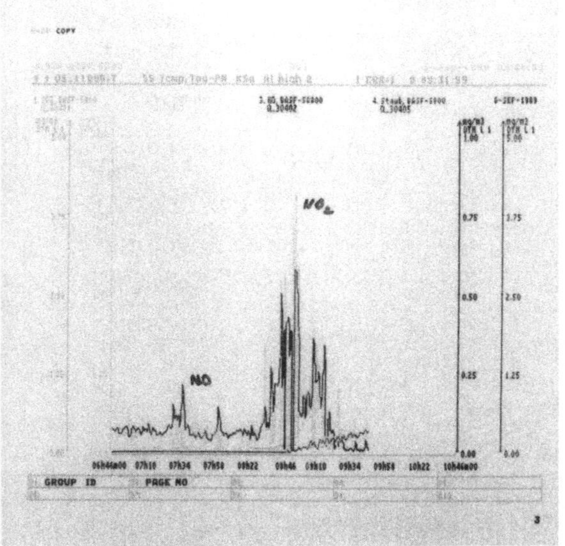

Bild 12: Immissionskonzentrationen von SO₂, NO₂, NO und Staub

liegen. Noch drastischer werden die kurzfristigen Schwankungen aus den in Bild 12 aufgetragenen Konzentrationsverläufen an einer der stationären Meßstationen deutlich.

Durch Verwendung von speziellen Dichtungssystemen und -materialien sowie erhöhtem Wartungsaufwand wurden diffuse Leckagen bereits deutlich unter die behördlich genehmigten Werte reduziert. Sie lassen sich bei der großen Zahl von Flanschverbindungen in einem Chemiewerk wie der BASF jedoch nicht ganz vermeiden. So wird man - auf niedrigem, aber räumlich und zeitlich schwankendem Niveau - auch viele andere Stoffe in der Umgebungsluft vorfinden. Diese Konzentrationen sind zwar niedrig; da sie sich jedoch über große Bereiche erstrecken, würden sie bei einem über die Strahllänge aufsummierenden optischen Fernmeßsystem ein erhöhtes Grundsignal ergeben. Eine konzentrierte Leckage müßte schon ein deutliches Ausmaß haben, damit sie sich von diesem hohen Niveau abheben kann. Optische Fernmeßsysteme können also kleine Leckagen vermutlich nicht erkennen. Daß Signale von Wasserdampfwolken, die ja recht häufig und auch in größeren Abmessungen vorkommen, herausgefiltert werden müssen, ist selbstverständlich.

In gleicher Weise wie bei den bisher gebräuchlichen Einzelsensoren muß auch der Wartungsaufwand von Fernmeßsystemen in erträglichen Grenzen gehalten werden. Probleme der Drift, der Verschmutzung der Reflektoren, der Kalibrierung müssen gelöst werden.

Es versteht sich von selbst, daß eine Gefährdung von Menschen durch Laserstrahlen ausgeschlossen werden muß.

Vom Prinzip her bieten optische Fernmeßverfahren die Möglichkeit, Leckagen schneller zu erkennen. Nach unserer Kenntnis existieren bisher nur Einstrahlsysteme. Um Kontrollflächen aufzuspannen, müssen Reflexionseinrichtungen und automatisch schwenkbare Systeme konstruiert werden. Solche Kontrollflächen würden die Möglichkeit eröffnen, durch Verknüpfung mit einem Ausbreitungsmodell den durch sie hindurchtretenden Schadstoffstrom angeben und damit Prognosen für die Fernwirkung aufstellen zu können.

Selbst für die Einstrahlsysteme fehlt bisher jedoch der Nachweis der Betriebszuverlässigkeit bei den verschiedensten Wetterbedingungen über einen längeren Zeitraum. Der DECHEMA/GVC-Arbeitskreis "Schadstoffausbreitung" hat deshalb Kontakt zu zwei Forschungsstellen aufgenommen, um hier ein praxisgerechtes Testprogramm durchführen zu lassen. Unter anderem muß dafür ein geeignetes Testgelände in chemietypischer Umgebung gefunden werden, auf dem mehrere Systeme - nach Modifikation zur Kontrolle von Meßflächen - über eine längere Zeit getestet werden können und auf dem auch im zulässigen Umfang gezielt Leckagen erzeugt werden können. Aufgrund der hohen Systemkosten, dem sicher beträchtlichen Personalaufwand über längere Zeit und dem noch offenen Ausgang ist ein solches Projekt nur bei Förderung durch öffentliche Geldmittel möglich.

Möglichkeiten und Erfahrungen mit Fernmeßverfahren zur Anlagen-Emissionsüberwachung in der chemischen Industrie

R. Hotop und W. Schneider
Bayer AG

Zusammenfassung

In den Produktionsanlagen der verfahrenstechnischen Industrie werden Gase gehandhabt, deren Freisetzung Gefahren für Menschen und Umwelt nach sich ziehen kann. Auf den Einsatz dieser Gase kann bei den gegenwärtigen Möglichkeiten der Technik aus verschiedenen Gründen nicht verzichtet werden. Zur Überwachung der Anlagen auf ungewollte und unvorhersehbare Gasemissionen sind Meßsysteme denkbar, die entweder auf dem Einsatz konventioneller Sensoren oder den Möglichkeiten optischer Fernmeßverfahren basieren. Die Meßsysteme werden diskutiert und hinsichtlich ihrer wichtigsten Eigenschaften verglichen und bewertet. Über Betriebserfahrungen wird, soweit sie heute bereits vorliegen, berichtet.

Summary

In chemical processing plants gases have to be handled which can be dangerous for human and environment, if they are released to the open atmosphere uncontrolled. From different reasons today´s technology doesn´t allow processing without such gases. The detection of uncontrolled gas emissions is based on the application of either conventional sensors or optical remote monitoring systems. Both groups of instruments are discussed and compared concerning their most important properties. Practical aspects and experiences of operating these sensor systems are reported as far as available at the moment.

Allgemeine Bemerkungen

In Produktionsanlagen der verfahrenstechnischen Industrie müssen häufig Gase erzeugt und gehandhabt werden, deren Freisetzung Gefahren für den Menschen und die Umwelt nach sich ziehen könnte. Bei den gegenwärtigen Möglichkeiten der Technik kann auf den Einsatz derartiger Stoffe aus wirtschaftlichen, verfahrenstechnischen oder prinzipiellen Gründen nicht verzichtet werden. Seit langem wurden deshalb Meßstrategien zur Emissionsüberwachung entwickelt und erprobt.

In den letzten Jahren wurden von verschiedenen Institutionen [1...5] Fernmeßverfahren zur regionalen oder globalen Immissionsüberwachung sowie zur Emissionsüberwachung potentieller, scharf definierter oder diffuser Schadstoffquellen entwickelt. Hierbei handelt es sich meist um optische Fernmeßverfahren.

Der vorliegende Beitrag beschreibt Verfahren zur Anlagen-Emissionsüberwachung,
deren Ziel die Detektion von ungewollten und unvorhersehbaren Schadgasemissio-
nen aus Freianlagen in der chemischen Industrie ist. Hierzu geeignete Meßsysteme
beruhen auf dem Einsatz konventioneller Sensoren oder auf den Möglichkeiten mo-
derner optischer Fernmeßverfahren. Die Themen Immissionsüberwachung und
Fernmeßverfahren im Sinne von fence-line-monitoring z. B. an Werksgrenzen sind
nicht Gegenstand dieses Beitrages.

Anforderungen aus Betreibersicht

Aus Betreibersicht müssen Meßsysteme zur Anlagen-Emissionsüberwachung mit
hoher Sensitivität und Selektivität auf das zu detektierende Schadgas ansprechen.
Nur durch eine ausreichend empfindliche und selektive Meßeinrichtung kann sichergestellt werden, daß im Leckagefall auch kleine Konzentrationen der in Freianlagen
durch Umgebungsluft stark verdünnten Schadgase erkannt werden.

Darüberhinaus sollte das Meßsystem räumlich möglichst lückenlos, ortsauflösend
und mit kurzer Ansprechzeit arbeiten. Es muß für den Dauereinsatz konzipiert und
geeignet sein, wobei die Zuverlässigkeit und Verfügbarkeit entscheidende Kriterien
zur Beurteilung der Tauglichkeit im Betriebsalltag sind. Auch unter ständig wechselnden und schwierigen Umgebungsbedingungen sollen Emissionsüberwachungs-
systeme vollautomatisch, funktionsüberwachend und fehlerselbstmeldend mit gros-
ser Zuverlässigkeit zur Verfügung stehen.

Auch wirtschaftliche Gesichtspunkte spielen bei der Auswahl geeigneter Meßsysteme eine wichtige Rolle. Die Investitionskosten und insbesondere die Folgekosten
für die Betreuung und Instandhaltung müssen in vertretbarer Relation zu den Lei-
stungsmerkmalen der Meßeinrichtung stehen.

Anlagen-Emissionsüberwachung mit konventionellen Sensorsystemen

Die einfachste Möglichkeit zur Detektion und Alarmierung unvorhersehbarer Gasemissionen aus *begrenzten Anlagenbereichen* besteht im Einsatz sogenannter
Fernmeßköpfe (Abb. 1).

Hierbei handelt es sich um In-situ-Sensorsysteme, die in der verfahrenstechnischen Anlage an Punkten, in deren Nähe möglicherweise Leckagen auftreten könnten, montiert sind. Bewährt hat sich z. B. das Meßsystem Statox der Fa. Compur Monitors [6]. Der eigentliche Sensor ist eine elektrochemische Zelle. In den Fernmeß-kopf integriert sind Einrichtungen, die die Funktion der Zelle überwachen und darüberhinaus durch Prüfgasbeaufschlagung automatisch in regelmäßigen Zeitabständen eine Funktionskontrolle durchführen. Die Signalverarbeitung erfolgt in einer gesonderten Elektronik, die im Schaltraum untergebracht ist. Die Meldungen laufen in der Leitwarte zusammen, wo auch gegebenenfalls eine Registrierung der Meßwerte vorgenommen wird. Derartige Meßkonzepte eignen sich für räumlich kleine Überwachungsbereiche. Für die Überwachung größerer Anlagenbereiche ist diese Problemlösung sowohl in der Investition als auch in der Instandhaltung zu aufwendig.

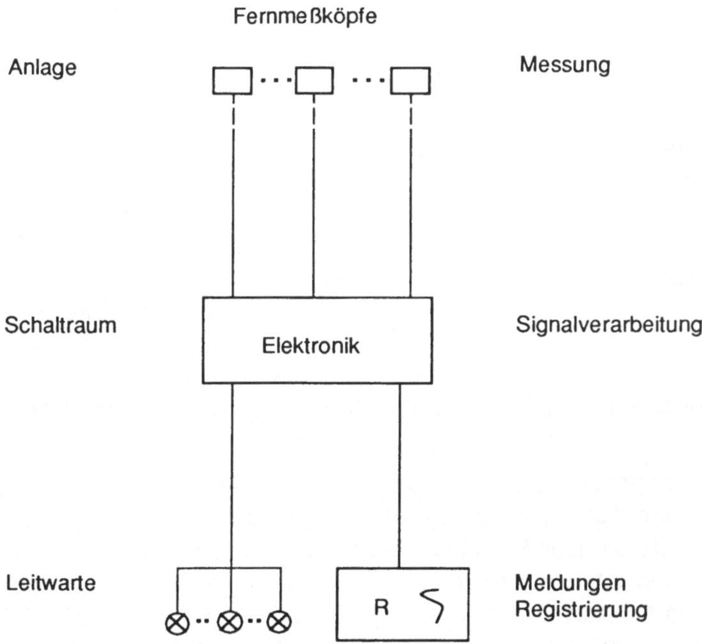

Abb. 1: Emissionsüberwachung mit Fernmeßköpfen

Ein vielfach realisiertes Sensorsystem zur Emissionsüberwachung auch größerer Anlagenbereiche ist die Kombination einer Vielpunkt-Rohrsonde mit einem empfindlichen und selektiven On-line-Analysengerät (Abb. 2). Die Vielpunkt-Rohrsonde gestattet eine parallele Probenahme an einer Vielzahl von "Entnahmestellen" und besteht aus einer dünnen Rohrleitung, über die die zu analysierende Umgebungsluft durch (äquidistante) Bohrungen (typischer Bohrabstand 2 - 3 m) angesaugt wird.

Der Nachweis des gesuchten Schadstoffes erfolgt in einem Analysengerät, das in einem Analysengeräteraum untergebracht ist. Als empfindliche Nachweismethoden werden häufig physikalisch-chemische Verfahren mit Hilfsreaktion gewählt, z. B. der Optotox der Fa. Compur Monitors [7]. Das Meßprinzip beruht dann z. B. darauf, daß das Meßgas mit einem Lösungsmittel in einem Zerstäuber in innige Berührung und dabei chemisch umgesetzt wird. Die Indikation der zu bestimmenden Komponente geschieht entweder nach Ionenbildung im Lösungsmittel mit ionenselektiven Elektroden oder nach Bildung eines farbigen Folgeproduktes colorimetrisch.

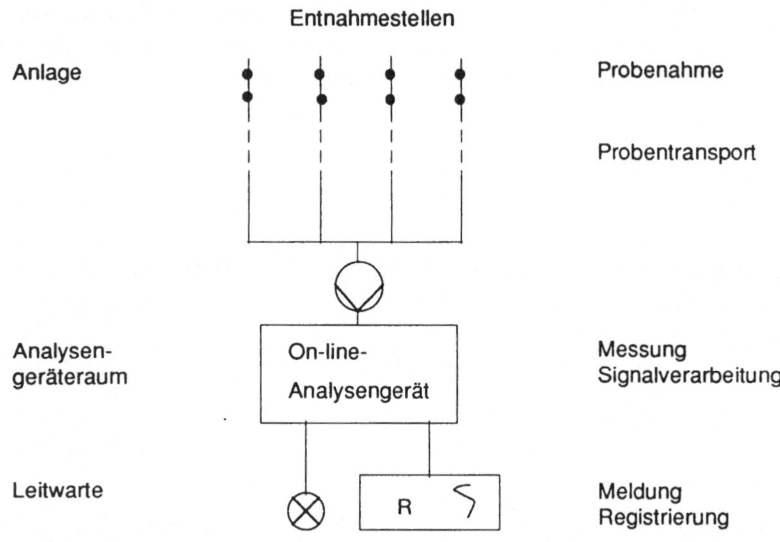

Abb. 2: Emissionsüberwachung mit Vielpunkt-Rohrsonden-System (Parallel)

Derartige Analysengeräte sind mit hoher Empfindlichkeit und großer Selektivität für den langzeitstabilen Betrieb ausgelegt und kommerziell für verschiedene Meßkomponenten erhältlich [7]. Der Empfindlichkeit des Analysengerätes kommt eine besondere Bedeutung zu, denn trotz einer möglichen Verdünnung in der Vielpunkt-Rohrsonde sollen Emissionsfahnen geringer Ausdehnung und Konzentration erfaßt werden. Im ungünstigsten Falle wird das Probengas aus einer Fahne, die nur eine einzige Probenahmestelle (Bohrung) trifft, sehr stark verdünnt, ehe es im Analysator nachgewiesen wird. Da es sich um eine extraktive Meßtechnik mit Probentransport von der Entnahmestelle zum Analysengerät handelt, ist gegenüber In-situ-Meßsystemen grundsätzlich mit Nachteilen bzgl. des Zeitverhaltens zu rechnen.

Durch Parallelschaltung oder aber zyklische Umschaltung mehrerer Rohrsonden-Stränge mittels einer automatischen Meßstellenumschaltung gelingt eine quasi-flächendeckende Emissionsüberwachung (Abb. 3). Bei Parallelschaltung mehrerer Stränge erreicht man ein recht gutes Zeitverhalten, allerdings unter Verzicht auf

Ortsauflösung. Bei zyklischer Abfrage der einzelnen Stränge ist das Zeitverhalten naturgemäß schlecht, während die Ortsauflösung der eines Stranges entspricht.

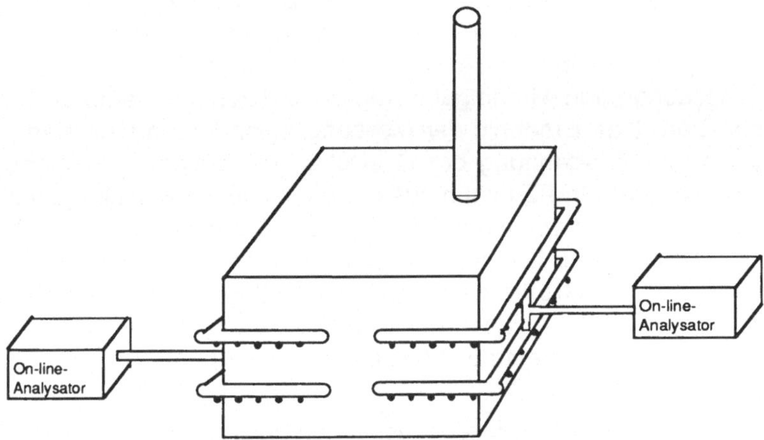

Abb. 3: Quasi-flächendeckende Emissionsüberwachung mit Vielpunkt-Rohrsonden

Generell kann festgestellt werden, daß es sich bei diesen konventionellen Systemen zur Anlagen-Emissionsüberwachung letztlich nach wie vor nur um Punktmessungen handelt. Auch das Zeitverhalten ist nicht immer ausreichend. Die Instandhaltung und damit die Sicherung von Verfügbarkeit und Funktionsfähigkeit ist aufwendig und praktisch nur in geringem Umfang automatisierbar. Hierin liegen die wesentlichen Gründe, die Anlaß zur Beschäftigung mit optischen Meßverfahren zur Anlagen-Emissionsüberwachung gegeben haben.

Anlagen-Emissionsüberwachung mit Fernmeßverfahren

Optische Verfahren zur Fernüberwachung sind vielfältiger als konventionelle Methoden. Sie lassen sich untergliedern in passive Techniken, die gänzlich ohne Strahlungsquelle auskommen, und aktive Techniken, die entweder eine konventionelle Lichtquelle oder einen Laser benutzen [8].

Passive Methoden sind mit derzeit verfügbaren Instrumenten und Geräten für eine Anlagenüberwachung nicht geeignet, da die erforderlichen Nachweisempfindlichkeiten nicht erreicht und diese Methoden in erheblichem Maße von atmosphärischen Bedingungen beeinflußt werden.

Die aktiven Fernmeßverfahren messen auf einer Freiluftmeßstrecke zwischen einem Lichtsender und einem Lichtempfänger die durch die Anwesenheit der interessierenden Moleküle bedingte Strahlungsabsorption. Je nach zu bestimmendem

Schadstoff kann die Meßwellenlänge vom ultravioletten bis in den mittleren infraroten Spektralbereich reichen. Die für die betriebliche Emissionsüberwachung konzipierte Meßstrecke kann, je nach Größe der zu überwachenden Anlage, bis zu 250 m lang sein. Die erzielbare Nachweisgrenze hängt dabei entscheidend vom physikalisch fest vorgegebenen Absorptionskoeffizienten des jeweiligen Gases ab. Die Strahlungsabsorption wird in guter Näherung durch das Lambert-Beer´sche Gesetz beschrieben. Das Ergebnis der Messung entspricht immer dem Produkt aus Konzentration und Ausdehnung der Gaswolke (bei bekanntem Absorptionskoeffizienten); auf eine der Größen kann aus der Messung allein nicht geschlossen werden. Wegen dieses Zusammenhanges und der Tatsache, daß die Entfernungen zwischen Lichtsender und Lichtempfänger bei der Anlagen-Emissionsüberwachung wie beschrieben in der Größenordnung von etwa 250 m liegt, beträgt die Nachweisempfindlichkeit bei der Anlagen-Emissionsüberwachung für eine über die Meßstrecke gemittelte Gaskonzentration bestenfalls einige ppm.

Aus der Einfachheit des Meßprinzips resultieren gegenüber konventionellen Verfahren Vorteile, z. B. ist die Messung entlang der Meßstrecke lückenlos und die Ansprechzeiten sind sehr kurz. Da es sich um ein In-situ-Verfahren handelt, entfallen Probenahme und Probenaufbereitung mit all ihren Nachteilen. Weiterhin überprüft eine an *irgendeiner* Stelle im Strahlengang hervorgerufene Absorption (durch z. B. Prüfgas) immer die *gesamte* Meßstrecke.

Bei Einsatz einer konventionellen Strahlungsquelle eignen sich verschiedene Detektionsprinzipien zum Aufbau eines Überwachungssystems. Die einfachste Möglichkeit besteht in einer sogenannten Bifrequenz-Einstrahl-Anordnung. Hierbei wird der Lichtstrahl im Detektor in einen Meß- und einen Referenzstrahl aufgeteilt, wobei die Meß- bzw. Referenzwellenlänge mit Hilfe von Interferenzfiltern selektiert wird. Oftmals muß zur Verbesserung des Signal-/Rauschverhältnisses, insbesondere bei Messungen im mittleren IR, eine Lock-in-Technik mit senderseitiger Modulation des Strahlers angewendet werden. *Analytische Lichtschranken* [9] sind mittlerweile zur Detektion explosiver Gasgemische kommerziell verfügbar, zur Detektion z. B. auch toxischer Gase sind sie wegen des derzeit noch beschränkten Spektralbereiches nicht uneingeschränkt zu gebrauchen.

Seit etwa zwei Jahren werden auf dem deutschen Markt analytische Lichtschranken angeboten, die als DOAS-System (differentielles optisches Absorptionsspektrometer) arbeiten [10] . Die Besonderheit dieser Technik ist, daß auch IR-aktive Moleküle im UV- bzw. VIS-Spektralbereich detektiert werden. Die Betriebserprobung und Bewährung dieser Meßsysteme steht noch aus.

Eine quasi-flächendeckende Anlagen-Emissionsüberwachung mit analytischen Lichtschranken kann aus parallel betriebenen Einzelmeßstrecken aufgebaut werden.

Ein solches Überwachungssystem bietet die Vorteile eines Ansprechverhaltens im Sekundenbereich bei einer Ortsauflösung, die dem Abstand zweier benachbarter Lichtstrahlen entspricht. Wie schon angedeutet, bleibt längs eines Lichtstrahles der genaue Ort der Emission unbestimmt. Einzelne analytische Lichtschranken haben sich bisher im Betriebseinsatz gut bewährt. Sie sind technisch zuverlässig und stellen keine hohen Anforderungen an die Instandhaltung. Auch ist ihre Funktionsprüfung weitgehend automatisierbar.

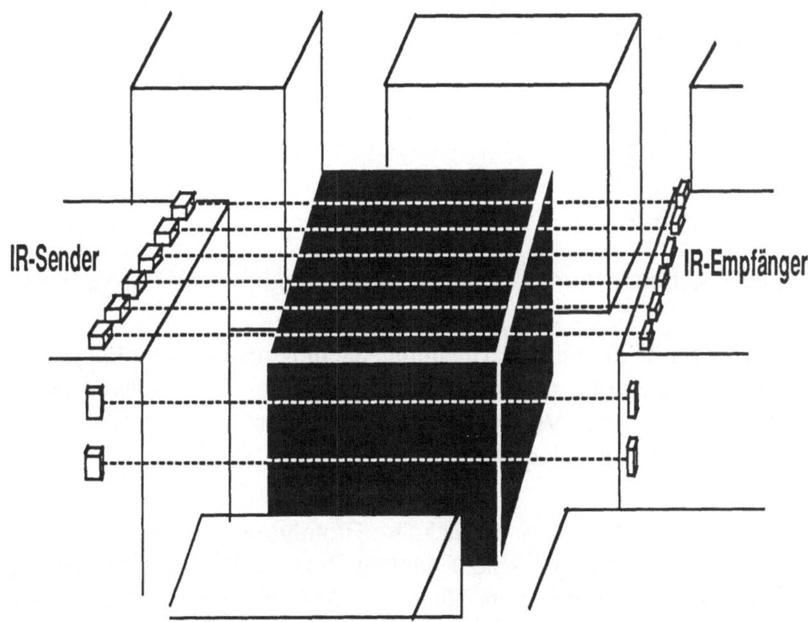

Abb. 4 : Quasi-flächendeckende Emissionsüberwachung mit analytischen Lichtschranken

Ein großer Nachteil ist, daß mit analytischen Lichtschranken nur die Anlagenperipherie überwacht werden kann, da innerhalb der zu überwachenden Anlage bzw. in unmittelbarer Nähe emissionsgefährdeter Apparate immer wieder mit dem Ausfall der Meßeinrichtung, hervorgerufen durch Unterbrechung des Strahlenganges durch Personen, Fahrzeuge u.s.w., zu rechnen ist.

Da die Paralellschaltung einzelner analytischer Lichtschranken zu einer flächendeckenden Anlagen-Emissionsüberwachung sehr kostenintensiv ist, wurden Meßsysteme entwickelt, bei denen durch automatisches Schwenken *einer* Empfängeroptik *mehrere* in bzw. an der Peripherie der verfahrenstechnischen Anlage installierte Strahler nacheinander angepeilt werden.

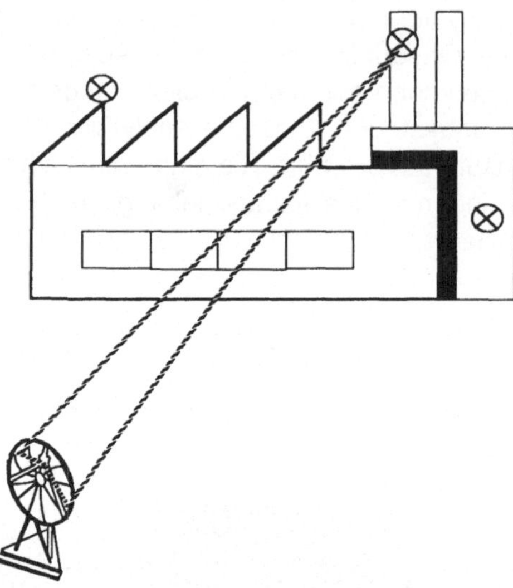

Abb. 5 : Quasi-flächendeckende Emissionsüberwachung mit FTIR-Spektrometer

Neben der DOAS-Meßeinrichtung [10] bieten Systeme, die als Empfänger ein FTIR-Spektrometer [11] benutzen, diese Schwenkmöglichkeit, wobei die FTIR-Technik darüberhinaus die bekannten Vorteile eines guten Signal-/Rauschverhältnisses und eines Multiwellenlängenbetriebes bietet.

Ein von der Bayer-Tochter Mobay entwickelter Prototyp auf Basis eines FTIR-Spektrometers benutzt als Empfänger eine Teleskop-Optik in Cassegrain-Aufstellung mit nachgeschaltetem Interferometer in Michelson-Anordnung mit HgCdTe-Detektor. Die erforderliche Elektronik zur Datenerfassung und Auswertung ist ebenfalls in dem kompakt aufgebauten Gerät untergebracht. Das gesamte System ist mit rechnergesteuerten Schwenkantrieben ausgerüstet. Das Zeitverhalten einer derartigen Meßeinrichtung ist naturgemäß schlecht, da bei mehreren nacheinander angepeilten Lichtsendern mit erheblichen Schwenk- und Justierzeiten gerechnet werden muß. Demgegenüber besitzt die FTIR-Empfangstechnik allerdings eine etwa 5 mal kleinere Nachweisgrenze als analytische Lichtschranken. Endgültige Aussagen bzgl. Zuverlässigkeit und Instandhaltungsaufwand können derzeit noch nicht gemacht werden; hierzu ist eine ausreichend lange Erprobung im Dauereinsatz abzuwarten.

Auf einem Lasereinsatz basierende Fernüberwachungssysteme (LIDAR-Systeme) benutzen als Detektionsmethoden Mie-Streuung, Fluoreszenz, Resonanz-Streuung sowie Rayleigh- und Ramanstreuung. Je nach Detektionsmethode ergeben sich unterschiedliche Sensitivitäten und Selektivitäten. Diese Verfahren scheinen aus heutiger Sicht für einen vollautomatischen, kontinuierlichen Einsatz technisch noch nicht ausgereift. Mißt man anstelle der Resonanz-Streuung aber die Absorption resonant eingestrahlten Laserlichts, so spricht man vom DIAL-Verfahren (Differential

<u>A</u>bsorption <u>L</u>idar). DIAL-Systeme werden von verschiedenen Instituten und Herstellern entwickelt; für einige Schadgaskomponenten wie z. B. Ethylen werden sie sogar kommerziell angeboten [12, 13]. Das DIAL-Verfahren ist eine Zweiwellenlängen-Methode mit je einem Meß- und einem Vergleichsstrahl.

Meist wird bei diesen Meßsystemen das vom Laser emittierte Licht nach Durchlaufen der Meßstrecke von topographischen Targets oder einem Retroreflektor zurückgeworfen und gelangt nach nochmaligem Durchlaufen derselben Meßstrecke auf den neben dem Laser positionierten Lichtempfänger. Im Vergleich zu den "remote-source" Methoden bietet dieses sogenannte "single-ended" Verfahren von vornherein den Vorteil einer um den Faktor 2 besseren Nachweisempfindlichkeit, da der Absorptionsweg zweimal durchlaufen wird.

Als Laser kommen z. B. CO_2-Gaslaser/Waveguidelaser oder auch Diodenlaser [14] zur Anwendung. Wenn die Laserleistung hinreichend groß ist, kann das von beliebigen Flächen *zurückgestreute* Licht zur Detektion ausreichen, und man benötigt für eine Anlagen-Emissionsüberwachung keine in oder an der Anlage montierten Retroreflektoren. Diese Methode bietet sogar den Vorteil, daß die Überwachung *flächendeckend* ist.

Festwellenlängenlaser wie z. B. der CO_2-Laser emittieren Laserstrahlung auf wenigen fest vorgegebenen Linien. In der Handhabung sind sie - insbesondere als Waveguidelaser - unproblematisch. Ihre Anwendung bleibt allerdings auf Schadgase beschränkt, die zufälligerweise eine starke Absorption bei den Wellenlängen haben, auf die der Laser abgestimmt werden kann.

Diodenlaser lassen sich praktisch beliebig abstimmen. Deshalb wären sie als Lichtquelle für die Anlagen-Emissionsüberwachung von großem Interesse. Mit ihrer Hilfe könnte eine quasi-flächendeckende Emissionsüberwachung wie in Abb. 6 gezeigt vorgenommen werden.

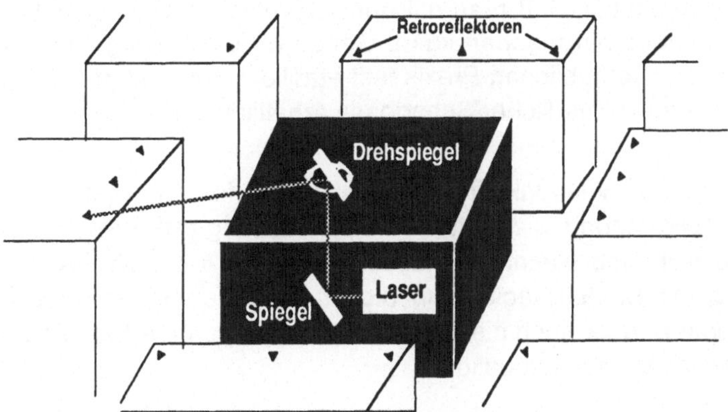

Abb. 6 : Quasi-flächendeckende Emissionsüberwachung mit Diodenlasern

Der Laser mit der Empfangsoptik und der Steuer- und Auswertelektronik befindet sich an einer zentralen Stelle des zu überwachenden Gebäudes. Über ein geeignetes optisches System wird der Laserstrahl aus der Sende-/Empfangsoptik ausgekoppelt und trifft auf der anderen Seite der Meßstrecke auf einen Retroreflektor, der den Strahl in die Sende-/Empfangsoptik zurückreflektiert. Eine Vielzahl von Retroreflektoren an der Betriebsperipherie ermöglicht eine quasi-flächendeckende Überwachung mit gutem Zeitverhalten. Meß- und Vergleichswellenlänge können durch schnelles Durchstimmen des Lasers erzeugt werden. Andere Auswertetechniken wie Derivativ- oder Integrativspektroskopie sind auch denkbar.

Im Rahmen einer Feasibility-Studie wurden die Realisierungsmöglichkeiten derartiger Systeme unter industriellen Randbedingungen erarbeitet. Das wesentliche Ergebnis der Studie ist, daß die erzielbaren Nachweisgrenzen den Erwartungen entsprechen, daß aber beim gegenwärtigen Entwicklungsstand der Lasertechnik ein zuverlässiger Dauerbetrieb bei wirtschaftlich vertretbaren Betreuungsaufwand nicht möglich ist. Es bleibt abzuwarten, in welcher Richtung sich die Technik weiterentwickeln wird.

In der Literatur bzw. auf Tagungen wird derzeit nur für sehr wenige Schadstoffe über den erfolgreichen Dauereinsatz von Lasersystemen zur Anlagen-Emissionsüberwachung berichtet.

Vergleich und Bewertung der verschiedenen Verfahren

In Abb. 7 sind die Methoden der in diesem Beitrag diskutierten Verfahren zur Anlagen-Emissionsüberwachung qualitativ gegenübergestellt.

Fernmeßköpfe eignen sich für die Überwachung eng begrenzter Anlagenbereiche. Sie haben den Vorteil, daß man mit dem eigentlichen Sensor nahe an eine mögliche Leckagequelle herangehen kann. Genau für diese Aufgaben haben sich Fernmeßköpfe in der betrieblichen Praxis fest etabliert, und geeignete Sensoren sind für eine Vielzahl unterschiedlicher Schadgase erhältlich.

Ebenso hat die Vielpunkt-Rohrsonde einen festen Platz in der Anlagen-Emissionsüberwachung; sie ist für die Überwachung größerer Anlagenbereiche geeignet. Ihre Vor- und Nachteile müssen bei jeder Instrumentierung berücksichtigt werden und die Meßstrategie muß diesen Gegebenheiten entsprechen. Wie die Fernmeßköpfe erlaubt auch die Vielpunkt-Rohrsonde eine Montage in unmittelbarer Nähe möglicher Emissionsquellen.

Methode	Sensitivität/ Selektivität	Zeitverhalten	Ortsauflösung	Zuverlässigkeit	Investitions- kosten	Folge- kosten
Fernmeßköpfe (für kleine Über- wachungsbereiche)	o	+	+	+	vertretbar	vertretbar
Vielpunkt Rohrsonden - parallel - zyklisch	o +	o -	- o	+ +	vertretbar vertretbar	niedrig niedrig
Analytische Lichtschranken	-/ o	+	o	o /+	hoch	vertretbar
FTIR	+	-	o	o	vertretbar	vertretbar
Laser	+	o	o	-	hoch	hoch

Abb. 7 : Qualitativer Vergleich wichtiger Systeme zur quasi-flächendeckenden Anlagen-Emissionsüberwachung

Optische Emissionsüberwachungen messen in der Regel an der Betriebsperipherie, wo der Strahlengang nicht durch betriebliche Aktivitäten unterbrochen werden kann. Wegen der engen Bebauung innerhalb eines Anlagenkomplexes ist es allerdings häufig ausgesprochen schwierig, einen geeigneten Ort zum Aufbau optischer Meß- strecken bereitzustellen.

Die noch nicht in allen Punkten voll überzeugenden Leistungsmerkmale optischer Meßeinrichtungen zur Anlagenemissionsüberwachung haben bisher einer größeren Verbreitung dieser Meßtechnik entgegen gestanden. Aus heutiger Sicht hat die FTIR-Technik die größten Zukunftschancen unter den optischen Methoden zur An- lagen-Emissionsüberwachung. Die Entwicklung der nächsten Jahre wird weiteren Aufschluß hierüber geben.

Literatur

[1]   Killinger, D.K.; Mooradian, A.: Optical and Laser Remote Sensing, Springer Berlin, Heidelberg, New York (1983)

[2]   Michaelis, W.: Laseroptische Fernmeßverfahren im Umweltschutz, Umwelt Nr. 4 (1978)

[3]   Diehl, W. ; Wiesemann, W.: Forschungsberichte im Auftrag des Umweltbundesamtes, Umweltforschungsplan des Bundesministers des Innern

[4]   Hinkley, E.D.: Laser Monitoring of the Atmosphere, Springer Berlin, Heidelberg, New York (1978)

[5]   VDI-Schriftenreihe Band 9: Fluggestützte Messungen von Luftverunreinigungen , VDI-Kommission Reinhaltung der Luft

[6]   Firmenschriften, z. B. der Fa. Compur Monitors, München

[7]   Firmenschriften, z. B. der Fa. Compur Monitors, München

[8]   Weber, K.; Klein, V.; Diehl, W.: Optische Fernmeßverfahren zur Bestimmung gasförmiger Luftschadstoffe in der Troposphäre, VDI-Berichte Nr. 838 (1990)

[9]   Firmenschriften, z. B. der Fa. Sieger, Vertrieb über Zellweger Uster GmbH, München

[10]   Firmenschriften, z. B. der Fa. Opsis, Vertrieb über Nucletron Vertriebs-GmbH, München

[11]   Firmenschriften, z. B. der Fa. MDA, Vertrieb über Zellweger Uster GmbH, München

[12]   Firmenschriften, z. B. der Fa. Environmental Laser Systems, Atlanta

[13]   Firmenschriften, z. B. der Fa. GP-ELLIOT Electronic Systems Ltd., London

[14]   Grisar, R.; Schmidtke, G.; Tacke, M.: Monitoring of Gaseous Pollutants by Tunable Diode Lasers, Kluwer Academic Publishers Dordrecht, Boston, London (1988)

Die numerische Simulation der Ausbreitung von Gasen bei Störfällen

Gerhard Manier
Technische Hochschule Darmstadt   Institut für Meteorologie

Zusammenfassung:

Die Vorhersage der Ausbreitung einer Gaswolke, die bei einem Störfall frei-
gesetzt worden ist, ist nur rechnerisch möglich. Man benötigt dafür das
Strömungsfeld im Ausbreitungsbereich und ein Ausbreitungsmodell. Entscheidend für die Anwendbarkeit und Güte einer derartigen Vorhersage ist
das frühzeitige Erkennen eines Störfalls und die Bestimmung der Quellpara-
meter mit Fernerkundungsverfahren.

Summary:
Forecasting of dispersion of an accidential gaseous release can only be
done by calculation. To do this one needs the actual velocity-field and a
model to calculate dispersion. The usefulness of such a procedure is
limited by early identification of an accidential release and the remote
determination of emission parameters.

1. Einleitung

Die brennbaren und toxischen Substanzen, die bei den bisher aufgetretenen
Störfällen in der Bundesrepublik Deutschland in die Atmosphäre gelangt
sind, haben nur selten zu Todesfällen geführt. Sicherlich ist das eine
Folge des hohen Sicherheitsstandards in der Industrie und der gut
ausgerüsteten und ausgebildeten Werksfeuerwehren. Es ist aber keineswegs
auszuschließen, daß es in Zukunft auch so bleibt, denn die beiden
unwägbaren Einflußgrößen "menschliches Versagen und menschliche
Bösartigkeit" lassen auch das als möglich erscheinen, was eigentlich
undenkbar ist. Außerdem hat sich gezeigt, daß auch bei noch so umfassender
Planung die Technik immer wieder Überraschungen bereiten kann. Störfälle
werden auch in Zukunft auftreten, und damit der Schaden minimiert werden
kann, muß man auch an den Einsatz gänzlich neuer Methoden denken.

2. Störfallüberwachungssystem

Man könnte sich ein geeignetes System zur Störfallerkennung und -behandlung
wie folgt vorstellen (Bild 1).

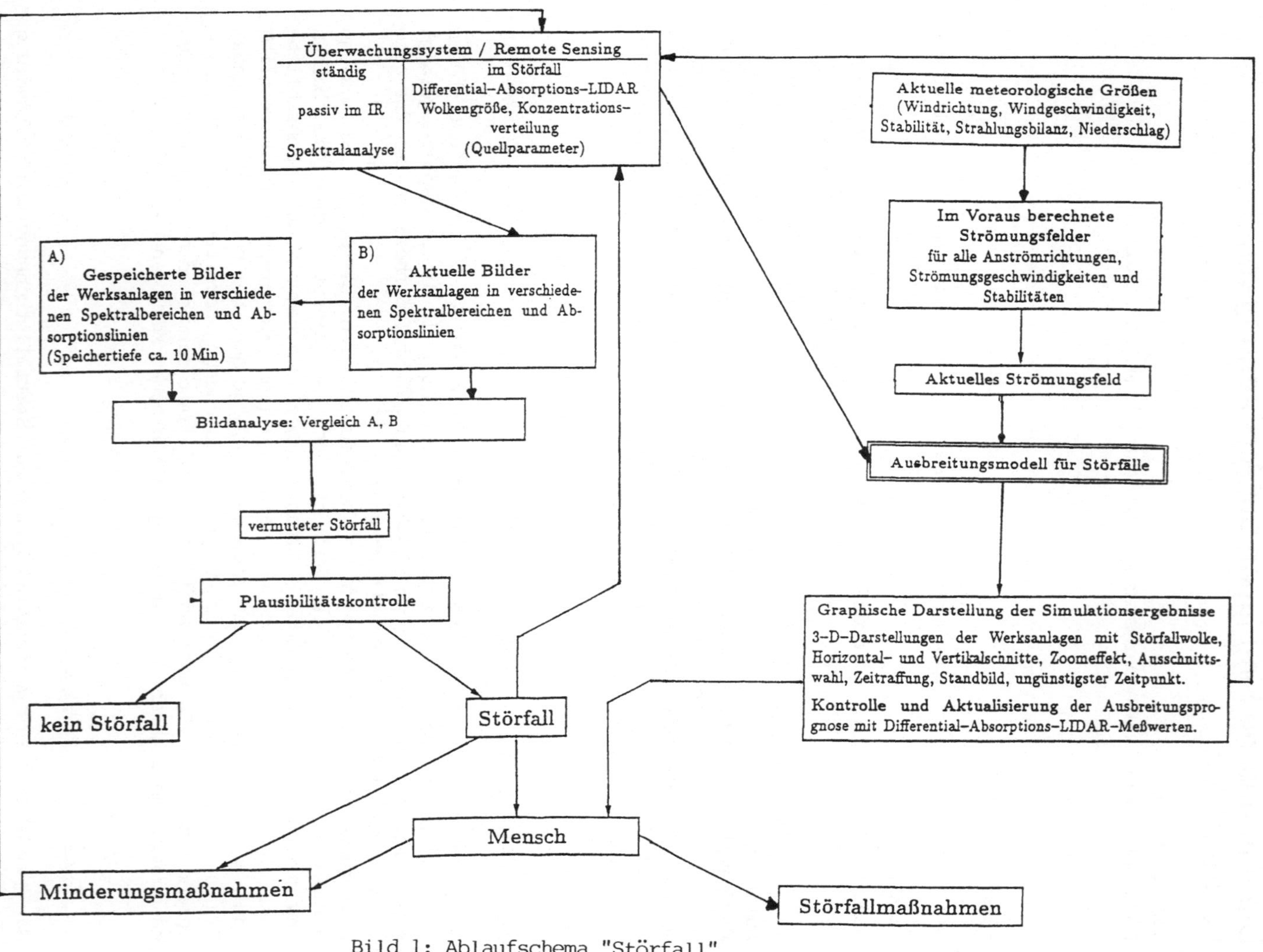

Bild 1: Ablaufschema "Störfall"

Mit z. B. einem FTIR-Spektrometer werden Bilder der Werksanlagen einschließlich der Emissions- bzw. Absorptionseinflüsse auf dem Sehstrahl erzeugt. Diese Bilder werden gespeichert und mit den Bildern, die beim nächsten Scan entstanden sind, verglichen. Wenn sich die Bilder nicht oder nur unwesentlich unterscheiden, bleibt das Überwachungssystem in diesem Zyklus. Tritt bei der Fernüberwachung eine zeitliche Änderung in einem oder mehreren Spektralbildern auf, so kann das durch einen Störfall hervorgerufen worden sein.

In diesem Falle wird das zweite Überwachungssystem aktiviert, und es werden die Daten der Primärwolke (Größe, Masse, Massenströme) ermittelt. Aufgrund der aktuellen meteorologischen Daten wird das Strömungsfeld bestimmt. Mit einem Lagrangeschen Partikelmodell oder einem anderen Ausbreitungsmodell wird die zeitliche Veränderung der räumlichen Verteilung der Schadgaswolke berechnet und für die weiteren Prozeduren bereitgestellt.

Liefert die Plausibilitätskontrolle aufgrund des Stoffkatasters ebenfalls die Diagnose "Störfall", und wird dieses auch durch die Einsatzleitung bestätigt, so werden die geeigneten Minderungsmaßnahmen eingeleitet. Gleichzeitig hat die Einsatzleitung die Möglichkeit, die Ergebnisse der Ausbreitungsrechnung abzurufen.

Die Wirksamkeit der Minderungsmaßnahmen wird mit dem zweiten Überwachungssystem kontrolliert, d.h. es werden kontinuierlich die Größe und die Konzentrationsverteilung in der Schadgaswolke bestimmt. Mit diesen Daten wird ebenfalls kontinuierlich eine Ausbreitungsrechnung durchgeführt, sodaß auch die zukünftige Entwicklung ständig zur Verfügung steht. Auf diese Art kann schnell entschieden werden, ob die Minderungsmaßnahmen gegriffen haben oder Störfallmaßnahmen eingeleitet werden müssen. Die Berechnungen liefern im besonderen die Bereiche und die Zeitspannen, in denen Grenzwerte überschritten werden. Das zweite Überwachungssystem ist so lange aktiv, bis die Wolke nicht mehr nachweisbar ist bzw. die Konzentrationen die entsprechenden Grenzwerte unterschritten haben.

3. Strömungsfelder

Für die Berechnung der Immissionsfelder beim aktuellen Störfall benötigt man das Strömungsfeld im Bereich der Werksanlagen. Da Messungen in den Werksanlagen wegen der großen Komplexität der Bebauung nur für den Meßort selbst repräsentativ sind, muß dieses Strömungsfeld berechnet werden.

Störfälle können sich auch innerhalb der Bebauung ereignen. Die Gaswolke wird dann zuerst durch die Strömungsfelder beeinflußt, wie sie im Bereich von häufig außerordentlich komplexen Gebäudekonfigurationen wie Straßen mit unterschiedlicher seitlicher Bebauungshöhe, Baulücken, Straßenkreuzungen, Plätzen, Hinterhöfen usw. auftreten.

Wie diese Strömungsfelder in Abhängigkeit von der ungestörten Anströmung aussehen, kann für einzelne oder einige Gebäude im Windkanal untersucht werden.

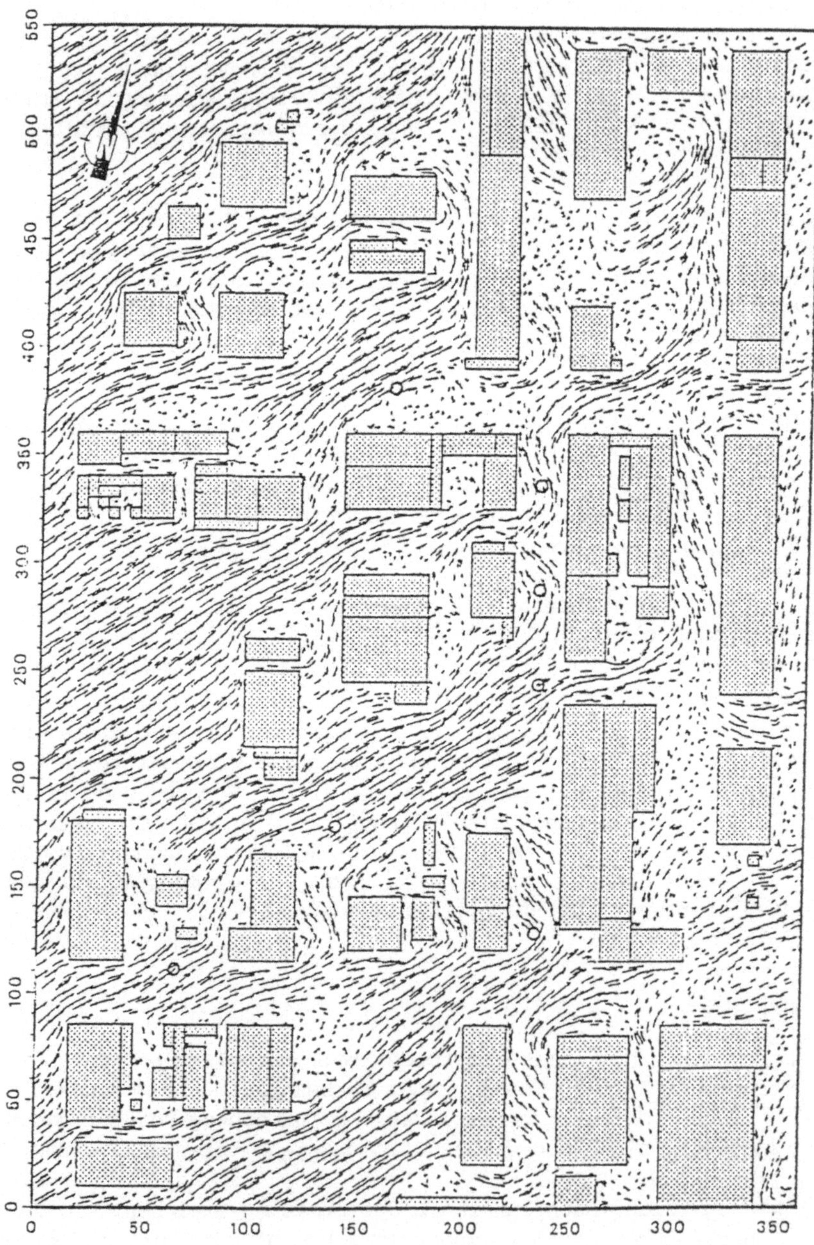

Bild 2: Windfeld im Bereich komplexer Bebauungsstrukturen, ungestörte
Anströmung aus Südwest

Außerdem existieren eine Reihe von aufwendigen numerischen Strömungsmodellen, bei denen im Prinzip die Navier-Stokeschen Gleichungen gelöst werden. Leider ist die räumliche Auflösung, bedingt durch die Rechnerkapazität, noch zu klein, als daß man mehr als ein paar Gebäude auflösen könnte. Im Rahmen eines Forschungsvorhabens des BMfT wurde daher ein diagnostisches Strömungsmodell entwickelt. Es wurden möglichst viele, aus Windkanaluntersuchungen bekannte Tatsachen, über die Umströmung von Einzelgebäuden bei der Programmentwicklung berücksichtigt. Mit diesem Programm kann man ohne weiteres mehrere hundert Einzelgebäude erfassen. Bild 2 zeigt ein Beispiel.

Für die praktische Anwendung ist es nicht sinnvoll, mit den aktuellen meteorologischen Daten jeweils das Windfeld neu zu berechnen. Einerseits ist auch bei diesem einfachen Rechenmodell die Rechenzeit zu lang, andererseits kommen immer wieder die gleichen Strömungsrichtungen, Geschwindigkeiten und Stabilitäten vor. Man wird daher z.B. für 36 Windrichtungen, und 3 Stabilitätsklassen die Windfelder berechnen und abspeichern. Bei einem Störfall wird aufgrund der aktuellen meteorologischen Daten, das z.Zt. gültige Strömungsfeld ausgewählt und steht für die Ausbreitungsrechnung bei einem Störfall zur Verfügung.

4. Ausbreitungsmodell

Bei einem Störfall wird die Verlagerung und Ausbreitung der Gaswolke berechnet. Hierzu benötigt man einmal das aktuelle Strömungsfeld für den Bereich der Werksanlagen, in denen der Störfall stattgefunden hat. Aufgrund der aktuellen meteorologischen Daten liegt das Gesamtströmungsfeld jederzeit im Rechner vor. Es muß nur noch der entsprechende Ausschnitt ausgewählt werden. Mit den ebenfalls vorliegenden Quelldaten (Quellvolumen und Emissionsmassenstrom) wird die Ausbreitung der Gaswolke berechnet. Verwendet wird hierfür ein Lagrangesches Partikelmodell oder ein anderes Ausbreitungsmodell, ein Beispiel zeigt Bild 3.

Die Rechenzeit ist so kurz, (z.Zt. ein Zehntel der Realzeit), daß ausreichend Zeit für geeignete Maßnahmen zur Verfügung steht.

5. Schlußbemerkungen

Bisher existiert kein vollständiges, für den praktischen Einsatz geeignetes, d.h. in allen Teilbereichen kontrolliertes und serienreifes System zur Störfallerkennung und Ausbreitungsprognose. Wahrscheinlich wird es auch nicht nur ein System geben, sondern es muß entsprechend den jeweilig Anforderungen (kleines Werk/großes Werk, ein Stoff/viele Stoffe, ebenes Land/gegliederte Topographie, Einzellage/Stadtbereich) eine Maßanfertigung vorgenommen werden, denn es ist sicherlich wenig sinnvoll, zuviel zu tun, und es kann sehr gefährlich werden, zuwenig zu tun.

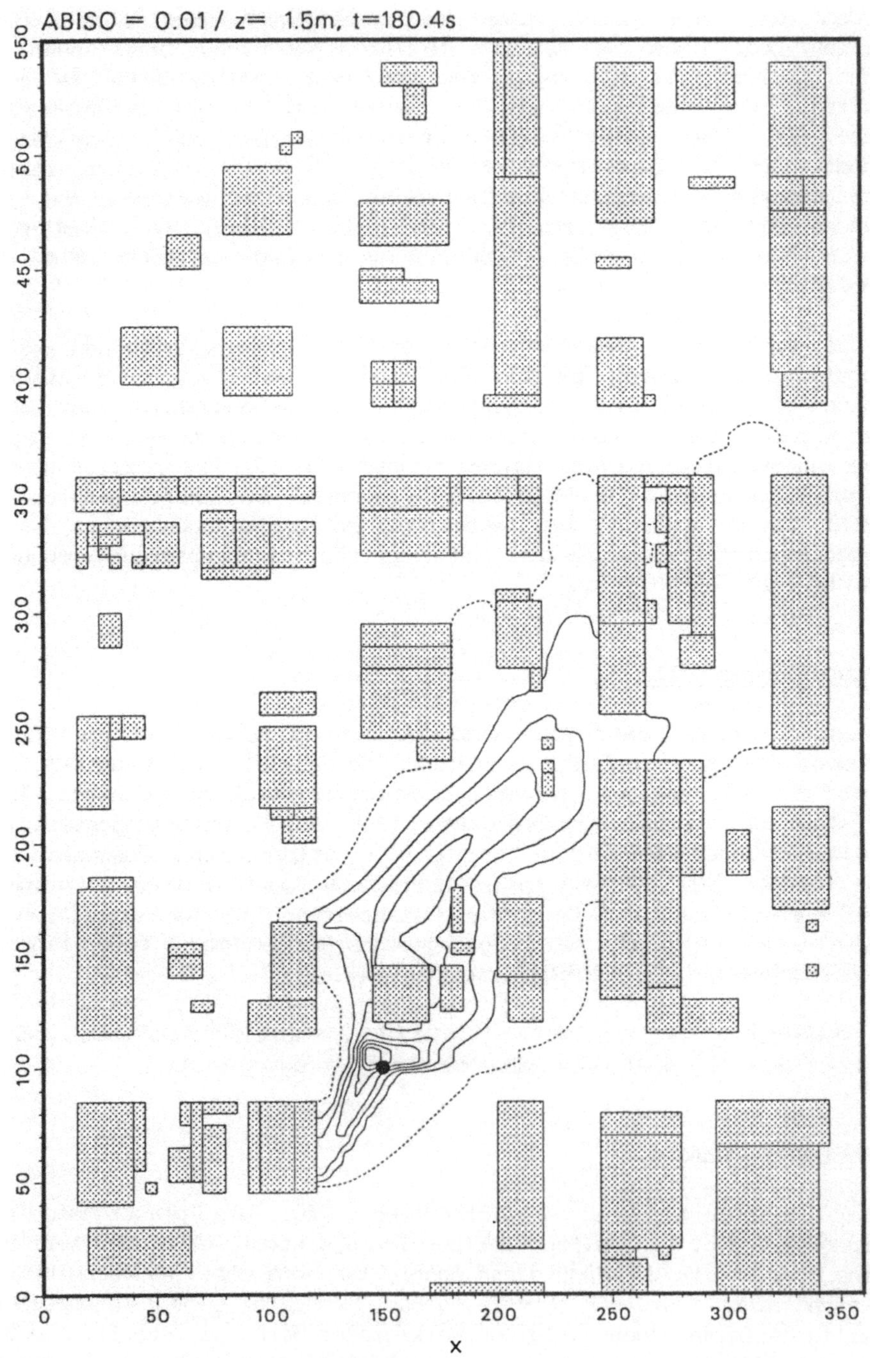

Bild 3: Konzentrationsverteilung nach 180 s in 1,5 m Höhe bei einer momentanen, punktförmigen Emission von 10 kg. Isolinienabstand 0,01 g/m^3, gestrichelte Isolinie 1 mg/m^3. Quelle bei x = 150 m und y = 100 m

Diffusion Model for Toxic Substances Influenced by Terrain Data

Welfhart aufm Kampe and Harald Weber,
German Military Geophysical Office, Traben-Trarbach,
Federal Republic of Germany

Zusammenfassung

Ein Modellsystem wurde entwickelt, um bei Unfällen mit Freisetzungen von toxischen Stoffen möglichst schnell Aussagen über
Art, Ausdehnung und Andauer einer Gefährdung machen zu können.
Das Modell erfordert eine 'workstation' mit 8 MByte internem
Speicher und einem zusätzlichen externen Speicher von etwa
40 MByte. Es benötigt digitale Geländedaten, gemessene Wetter-
information oder den Zugriff auf die Ergebnisse von Vorhersage-
modellen und Informationen über die Freisetzung. Das geländebe-
einflußte Windfeld kann mit Hilfe eines einfachen Geländewind-
modells mit einer Auflösung von bis zu 100m berechnet werden,
falls der Rahmen, in dem Ausbreitungsrechnungen zu erstellen
sind, dies erforderlich macht. Die Ergebnisse der Modelle
können auf Bildschirm oder Plotter ausgegeben werden. Zusätzlich zu Konzentrations- oder Dosisangaben können Informationen
der Geländedatenbank dargestellt werden.

Abstract

A model system for timely predictions of type, extent, and
duration of hazards after accidental release of toxic substances was developed. The model runs on a workstation and
requires a RAM storage capacity of at least 8MByte and an ex-
ternal storage of about 40MByte. It requires digital terrain
data, measured weather data or access to the output of a prediction model, and source information. The terrain influenced
wind field can be calculated, if considered neccessary, on a
grid down to 100 m using a simple terrain effects model. The
model results can be presented on the screen or a pen plotter.
In addition to the concentration or dose contour lines, the
availabel terrain information can be displayed.

Available Model Types

The diffusion of gases and aerosols depends in a complex manner
on a number of different parameters. The source parameters
(e.g. source strength, position, substance) as well as the
meteorological and topographical situation are of major importance. Numerical models have been developed to simulate the
transport and diffusion of substances in the atmosphere using
approaches of varying sophistication.

Most regulatory models currently in use are based on Gaussian
diffusion. These models make a number of assumptions which are

normally not fulfilled in a real world situation (e.g. homogeneity of meteorological fields). They are still in use due to their low requirements regarding both storage and computation time.

Detailed models (e.g. particle models) are available, which overcome the shortcomings of the Gaussian model. However, they require large storage space and long computation times, and are therefore not suitable for warning purposes.

A compromise between these two extremes are the Gaussian puff models, which simulate a release of gases or aerosols by a series of single puffs, which themselves behave in a Gaussian manner, but are independent of each other. In this way inhomogeneous data fields can be handled while keeping storage and computation requirements within acceptable limits.

Parameter Sets for Gaussian Models

All Gaussian models require a set of parameters strongly dependent on the local environment and weather situation. They can not be derived theoretically, but must be determined from field measurements by statistical methods. This leads to the fact that parameter sets are described for different scenarios by various authors showing considerable differences. Important factors influencing these parameters are the atmospheric stability, the emission height, and the exposure time, among others. Therefore, a model used for warning purposes should be able to choose the parameter set most appropriate for the situation at hand. If suitable local measurements are available on a continuous basis, these may be used.

The HEARTS Program System

At the German Military Geophysical Office a program system for Hazard Estimation after Accidental Release of Toxic Substances (HEARTS) has been developed. The system includes a simple Gaussian model as well as a Gaussian puff model. The latter is a modified version of the RIMPUFF model including the puff splitting technique. Both diffusion models allow the use of different parameter sets to cover different scenarios, including instantaneous and continuous releases.

The system retrieves the terrain data for the region specified by the user from a digital data base provided by the German Military Geographical Office and displays it as a background map, used for input and output.

The following meteorological input is possible:

- A single value each for wind direction and speed, and stability leading to homogeneous input fields.

- Several measured values input from a data file or interactively leading to interpolated inhomogeneous input fields.

- The output fields of the routine boundary layer prediction
  model of GMGO (63.5 km horizontal grid spacing, 36h fore-
  cast period at 3h intervalls).

The BALL and JOHNSON terrain effects model is integrated into
the system and may be used if the scale of the problem calls
for consideration of these effects.

The source position and release information is input interactively on the background map or via UTM or geographical co-
ordinates. If liquid is released, an evaporation model determines the effective source strength and release height, given
the physical and chemical properties of the substance released.
For industrial areas fixed potential sources could be stored
in a data base containing all required information for use in
case of an accident.

Example of Output

To demonstrate the model results three arbitrary sources have
been assumed in the Rhine Valley in the vicinity of Koblenz.
Figure 1 shows the terrain in a 3-D presentation.

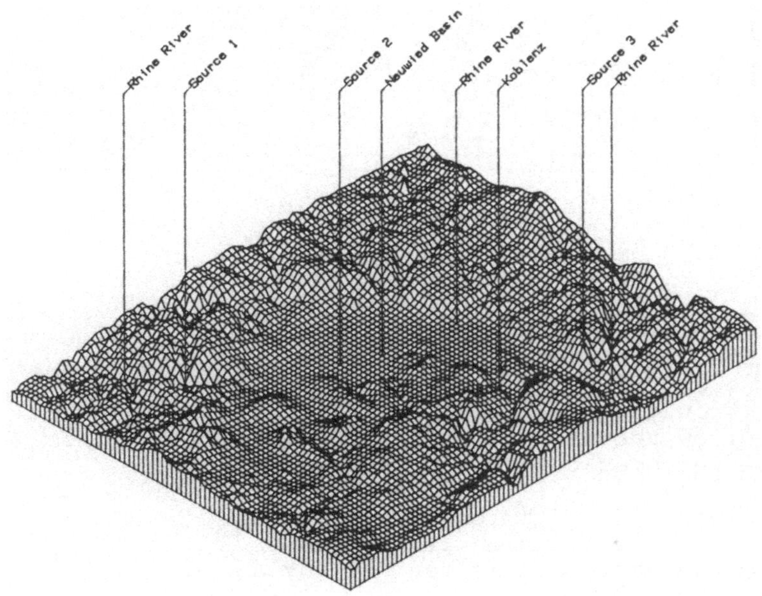

Figure 1: Rhine Valley near Koblenz
View from the southwest.

Figure 2 shows the terrain influenced wind field calculated
from a homogeneous southerly flow of 2 m/s under stable conditions.

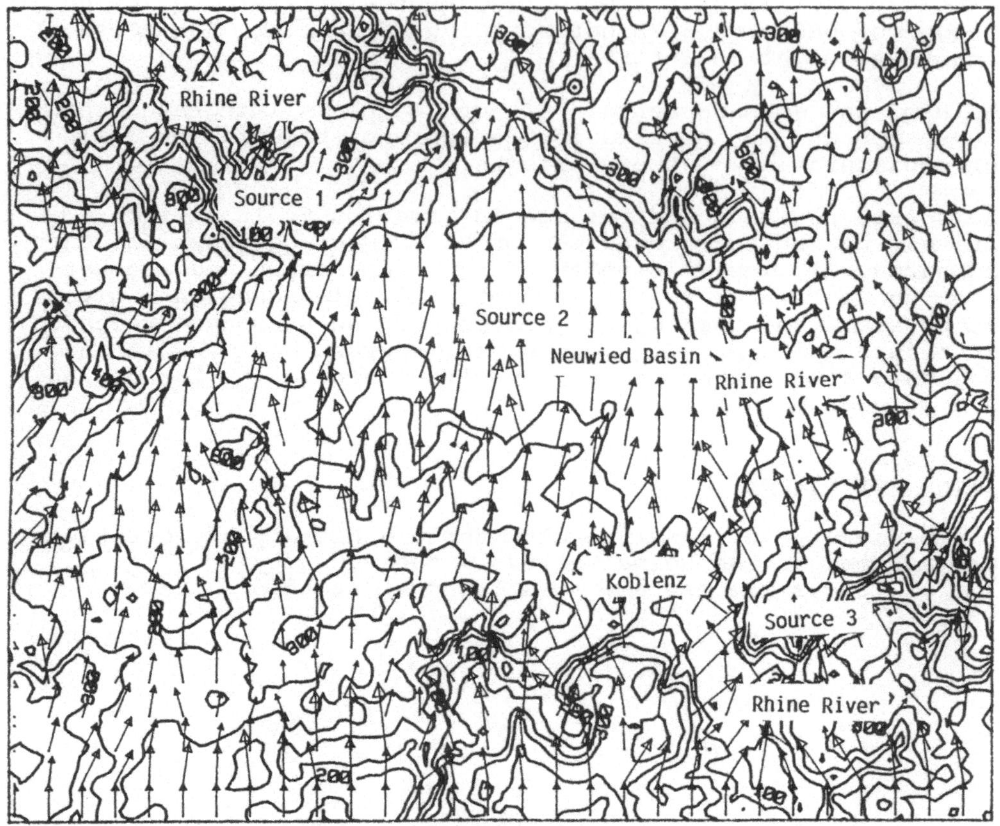

Figure 2: Terrain influenced wind field

Figure 3 shows a comparison of the results of the diffusion
calculations using the simple Gaussian model and the RIMPUF
model. The Gaussian results show plumes spreading downwind in
the direction given at the respective source while the RIMPUF
plumes follow the terrain influenced wind field. There are only
slight differences between the plumes from source 2, which is
located in the open valley. The plume from source 1 is driven
down the Rhine Valley by converging winds from the slopes. The
plume from source 3, which is located on the hill top, flows
down into the basin and is bent by the downslope winds.

These results demonstrate the importance of taking terrain
effects into consideration in hazard estimations. The simple
terrain effects model used in this case does not take all known
physical effects into account, and should be replaced by a
more sophisticated model. Improvements are also desirable e.g.
in the evaporation portion of the diffusion model. For these
reasons the HEARTS system is built in a modular form to facili-
tate the exchange of routines when better versions become
available.

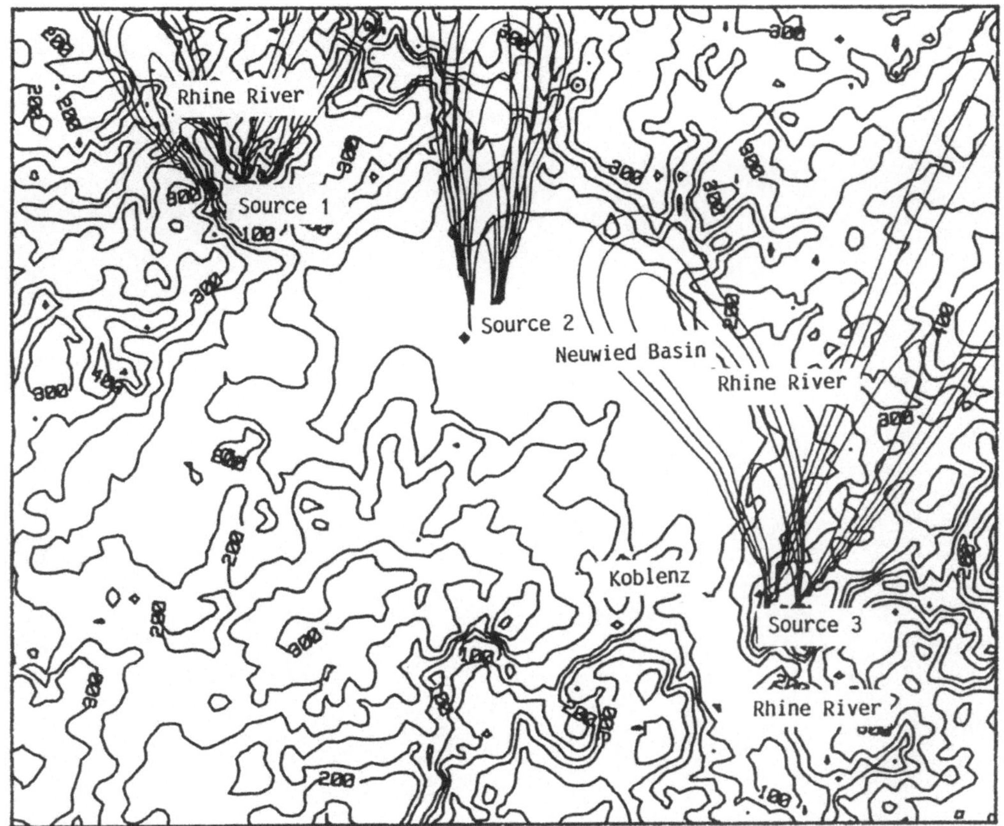

Figure 3: Comparison of diffusion from 3 arbitrary sources
using a simple Gaussian model and RIMPUF.

J.A.Ball and S.A.Johnson, Physically Based High Resolution Surface Wind and Temperature Analysis for EPAMS, ASL-CR-78-0043-1,
1978, Atmospheric Science Lab., White Sands Missile Range, NM

S.T. Nielsen and T. Mikkelsen, RIMPUFF Users Guide, Version 20
Risø-M-2673, 1987, Risø National Lab., Roskilde, Denmark

5.3 Meßgeräte und Meßverfahren I
Instruments and Methods I

Das mobile ortsauflösende Schadgasfernmeßsystem ARGOS

C. Weitkamp, P. Bisling, J. Glauer, U.-B. Goers, S. Köhler, W. Lahmann und
W. Michaelis
Institut für Physik, GKSS-Forschungszentrum Geesthacht GmbH
W-2054 Geesthacht, Deutschland

R. Buschner, M. Kolm und W. Birkmayer
MBB Deutsche Aerospace, Kommunikationssysteme und Antriebe
W-8012 Ottobrunn, Deutschland

Einführung

Mit der Entwicklung optischer Fernmeßverfahren eröffnen sich für Umweltforschung und praktischen Umweltschutz neue Möglichkeiten, die in der Praxis
bisher erst wenig genutzt werden. Ursache hierfür ist neben dem Fehlen von
Vorschriften zu ihrer Anwendung vor allem die mangelnde Verfügbarkeit leistungsfähiger, einfach zu bedienender Meßsysteme. Mit ARGOS liegt ein
Lidarsystem vor, das diesem Mangel abhilft.

Das Meßsystem ARGOS

ARGOS - der Name entstand als Akronym aus Advanced Remote Gaseous Oxides
Sensor - ist eine von MBB Ottobrunn zur Serienreife geführte, auf den
Untersuchungen, Erfahrungen und Ergebnissen von GKSS aufbauende Entwicklung, die für die Gase Schwefeldioxid, Stickstoffdioxid und Ozon konfigu-
riert werden kann. ARGOS beruht auf dem Meßprinzip des DAS-Lidar, das die
differentielle Absorption und Strahlung von Laserlicht ausnutzt. Für die
Messung jedes der drei Schadgase werden zwei Laser eingesetzt, jedoch lassen sich auch mehrere Gase mit zwei Lasern bestimmen, wenn die Messungen
nicht gleichzeitig durchgeführt werden müssen. Tabelle I gibt die wichtigsten technischen Daten des Systems in der Konfiguration für SO_2 wieder.
Eine ausführlichere Beschreibung findet sich in Ref. 1. In ARGOS sind alle
für die Sicherstellung der Richtigkeit und die Optimierung von Reichweite
und Empfindlichkeit eines DAS-Lidar wichtigen Erkenntnisse berücksichtigt
[2, 3]. Zusätzlich ist versucht worden, das System so bedienungsfreundlich
zu gestalten, wie es mit den i.w. durch die Kosten bestimmten Rahmenbedingungen vereinbar ist. Dazu trägt vor allem die menügesteuerte Durchführung
von Meßprogramm, Datenerfassung, Visualisierung der Ergebnisse und Archivie-
rung der Resultate durch den Systemrechner bei.

Tabelle 1: Technische Daten für ARGOS in der Konfiguration für Schwefel-
          dioxid

Meßwellenlänge und emittierte Pulsenergie	296,17 nm, > 15 mJ
Vergleichswellenlänge und emittierte Pulsenergie	297,34 nm, > 15 mJ
Pulspaarfolgefrequenz	typ. 10 Hz, max. 15 Hz
Pulsabstand	50 µs
Sendestrahldivergenz	0,2 mrad
Durchmesser und Brennweite der Empfangsoptik	300 mm/1050 mm
Kompression der Signaldynamik	geometrisch
Blendendurchmesser	0,5 oder 1 mm
Transientenrekorder	10 Bit/20 MHz

Anwendungen

ARGOS ist für die Messung von Immissionen, Emissionen und Transportwerten
ausgelegt. Messungen dieser Art erfordern ein Strahlsteuersystem, das den
gesamten oberen Halbraum abzudecken vermag, Emissions- und Transportmessungen zusätzlich eine Möglichkeit zur Bestimmung der Höhenprofile von Windrichtung und Windgeschwindigkeit. Mit zwei Planspiegeln lassen sich Azimut-
werte von 0 bis 360° und Zenitwinkel zwischen – 105 und + 105° in Stufen
von 1/100 Grad anfahren. Zur Bestimmung des Windprofils ist im Dach des
Trägerfahrzeugs ein aus 196 Lautsprecher-Mikrophon-Einheiten bestehendes
Dreikomponenten-Dopplersodar mit einer 50%-Verfügbarkeits-Reichweite von
450 m eingebaut.

Beispiele

Anhand einiger Beispiele soll versucht werden, einen Eindruck von der Art
der Ergebnisse und möglichen Form ihrer Darstellung zu geben. Die im Origi-
nal farbigen Graphiken kommen, besonders wenn die Konzentration farbkodiert
ist, im Schwarzweißdruck nur unvollkommen zur Geltung.

Abb. 1 gibt das Ergebnis einer Immissionsmessung von Schwefeldioxid wieder,
die am 8.5.1991 zwischen 14:12 und 14:56 von einem Punkt im Hamburger
Stadtteil Entenwerder aus mit 50° Offnungswinkel in Richtung SSW durchgeführt wurde. Der Standort noch unterhalb des Elbdeichs erforderte einen
leicht positiven Horizontwinkel von 2^O, weil sonst die Bebauung auf dem
gegenüberliegenden Ufer die Reichweite beschränkt hätte. Je Richtung wurden
1000 Pulspaare ausgewertet. Man erkennt deutlich zwei Abgasfahnen, die
ihren Ursprung im Meßgebiet in 1200 und 1400 m Entfernung vom Lidar haben
und bei nordwestlichem Wind in etwa 300 m Abstand nebeneinander verlaufen.

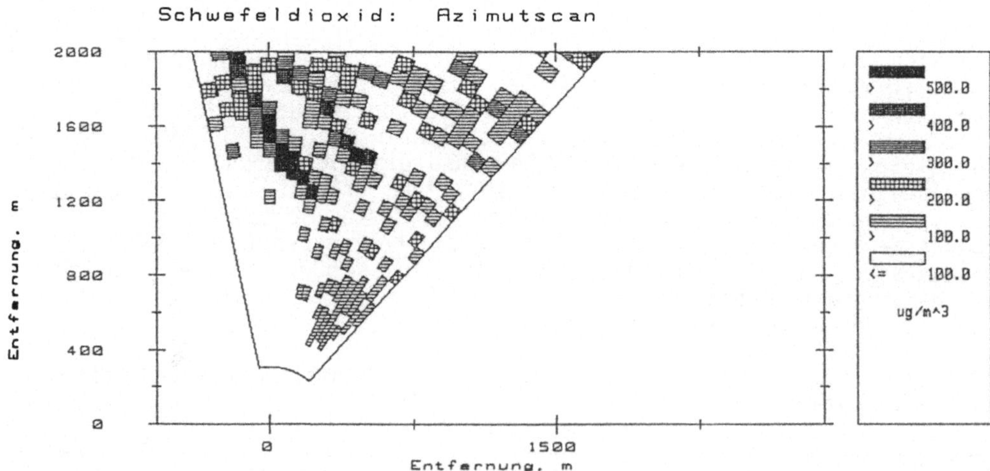

<u>Abb. 1:</u> Immissionsmessung in Flächendarstellung

Die Maximalkonzentrationen liegen bei einem gewählten Tiefenmittelungs-
intervall von 60 m bei 1,7 und 1,2 mg/m³. Ein interessantes Ergebnis ist
die Tatsache, daß die vordere der beiden Fahnen nicht aus einem Schornstein, sondern aus einer visuell nicht identifizierbaren Quelle emittiert

wird. Diese Fahne tritt in allen Messungen und bei jeder Windrichtung auf. Man achte auch darauf, daß trotz der hohen Konzentration in der vorderen Fahne die dahinterliegende noch gut gemessen werden kann.

In Abb. 2 ist eine an demselben Tag zwischen 16:44 und 17:28 Uhr aufgenommene Immissionsmessung dargestellt, diesmal als Schrägriß mit dem Standort des Lidar im Ursprung des Koordinatensystems. Der Wind hatte auf N gedreht. Man erkennt sogar drei Fahnen hintereinander, wobei die hinteren für den Beobachter teilweise verdeckt sind. Die beiden vorderen Fahnen entsprechen den zwei in Abb. 1 gezeigten Abgasfahnen, allerdings hat sich das Konzen-

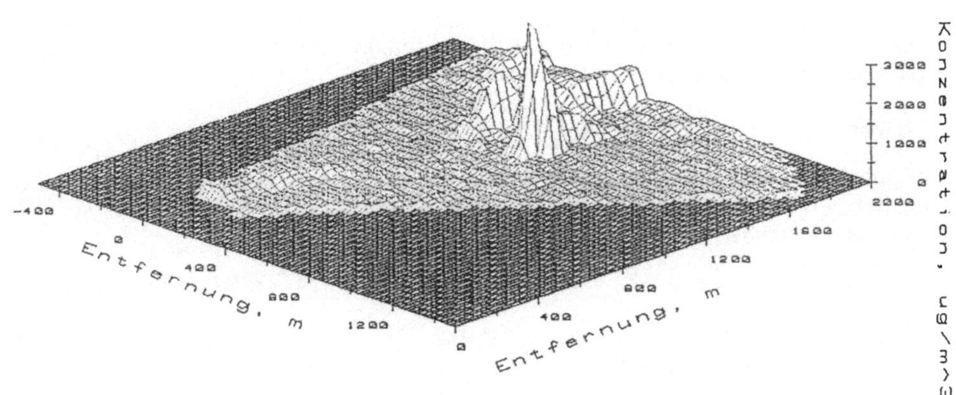

Abb. 2: Immissionsmessung in isometrischer Darstellung

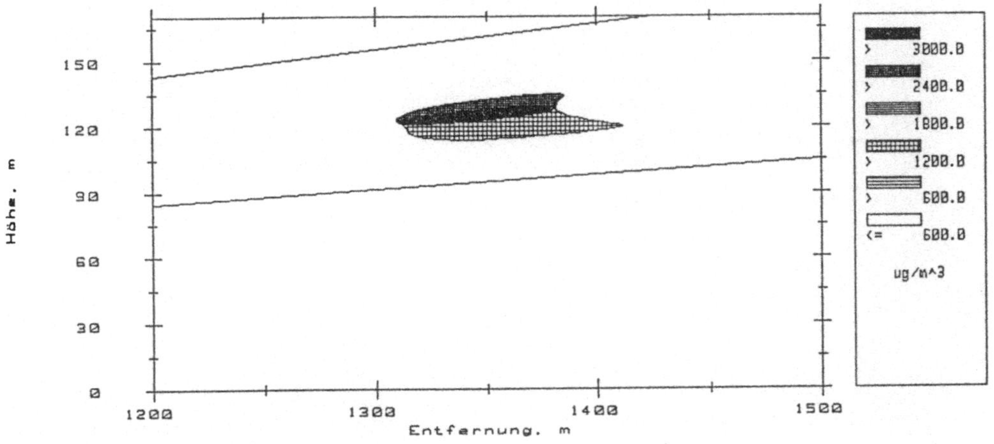

Abb. 3: Zenitscan einer Abgasfahne als Isoplethendarstellung

trationsverhältnis umgekehrt. Die scheinbar schnelle Abnahme der Konzentration in Windrichtung ist auf die Tatsache zurückzuführen, daß die Fahnen in der Höhe meist eng begrenzt sind und nicht notwendig in der Meßebene des Lidar liegen.

Dies geht auch aus Abb. 3 hervor. Sie zeigt das Resultat von Messungen in einer vertikalen Ebene, aufgenomen in Hamburg vom Peuter Elbdeich aus in südlicher Richtung am 30.4.1991 zwischen 13:53 und 14:23 Uhr etwa 70 m im Lee eines Schornsteins. Die Fahne, hier dargestellt als Isoplethenplot, befindet sich in 1350 m Abstand vom Lidar etwa 120 m über dem Boden. Die im Vergleich zu ihrer Höhe auffallend große Breite der Fahne ist teilweise auf den nicht genau senkrechten Durchtritt des Lidarstrahls durch die Fahne zurückzuführen. Messungen dieser Art werden auch zur Bestimmung von Emissionswerten herangezogen.

Die Anwendungsmöglichkeiten von ARGOS wurden bisher keineswegs ausgeschöpft. Gegenwärtig wird an der Bestimmung der Leistungsgrenzen des Systems gearbeitet, auch unter dem Gesichtspunkt des troposphärischen Ozons und der mit ihm in Wechselwirkung stehenden Gase.

Referenzen

1. R. Buschner, M. Kolm, C. Weitkamp, in: H.O. Nielsen, ed.: Environment and Pollution Measurement Sensors and Systems. SPIE Volume 1269 (C1990), SPIE, Bellingsham, Washington, USA, 81-87.

2. W. Staehr, W. Lahmann, C. Weitkamp, Appl. Opt. 24 (1985) 1950-1956.

3. A. Breinig, W. Staehr, W. Lahmann, H.-J. Heinrich, C. Weitkamp, W. Michaelis, GKSS 85/E/53 (1985), 9 p.

New Solid State Lasers for Applications in Lidar Systems

A.Mehnert, P.Peuser and N.P.Schmitt
MBB - Deutsche Aerospace, Zentralbereich Technik,
ZTA 11, P.O.Box 801109, D-8000 München 80

A compact, pulsed diode-array-pumped Nd:YAG laser is described
which can be used as a transmitter laser in remote sensing
systems. The laser is side pumped with quasi-cw linear diode
arrays close coupled to a zigzag slab laser crystal [1]. When
pumped at 24mJ a pulse energy of 11mJ was achieved for free
running operation, corresponding to a slope efficiency of
η_{slope}=47%. Results of q-switched operation and intracavity
second harmonic generation are presented. The laser can be
used as a basis device to generate radiation at many other
wavelengths.

Es wird ein kompakter,gepulster, mit Laser-Dioden-Arrays ge-
pumpter Nd:YAG-Laser beschrieben, und seine möglichen Anwendungen in Fernmeßsystemen werden dargestellt. Der Laser ist
transversal mit quasi-kontinuierlichen, linearen Dioden-Arrays
gepumpt, wobei das Pumplicht direkt ohne Koppeloptik in den
Zig-Zag-Slab-Kristall eingestrahlt wird. Im freilaufenden Betrieb erreichten wir eine Pulsenergie von 11mJ bei einem differentiellen Wirkungsgrad η_{slope}=47%. Ergebnisse vom gütege-
schalteten Betrieb des Lasers und intracavity Frequenzverdop-
pelung werden vorgestellt. Mit diesem Laser als Basis-System
kann Strahlung bei zahlreichen Wellenlängen erzeugt werden.

INTRODUCTION

Since the earliest developments in laser technology, a lot of
work has been done applying lasers in remote sensing systems.
The list of demonstrated lidar measurements is as long, and
still growing, as the list of the different laser sources used
in such systems. For example, one can find Excimer-lasers used
in DIAL systems for measuring ozone concentrations. Dye-lasers
as broadly tuneable laser-sources are the cornerstones of DIAL
and LIF lidars. The CO_2 laser is the laser of choice for coherent Doppler lidars such as remote-wind-measurement-systems.
Solid state lasers, mainly Nd:YAG lasers, are used for aerosol
measurements and, when frequency-doubled, as a pump source of
dyes and Ti:sapphire [2].
High power semiconductor laser diodes are now recognized to be
a very efficient pump source for solid state laser materials,
and compact and rigid lasers could be developed with the special advantage of having low voltage systems.

In this report we describe such a diode-pumped, pulsed solid state laser source and present interesting experimental results. As a conclusion we want to point out some variations of this laser, especially the generation of higher harmonics and the use of such a laser in laser remote sensing systems.

EXPERIMENTS AND RESULTS

The layout of the complete laser, including q-switch and frequency-doubler is shown as a diagram in Fig.1.
The laser consists of a Nd:YAG-Brewster-slab-crystal (DBS) with a triangular geometry. The so called zigzag slab is designed to have one internal reflection of the resonator mode inside the crystal, and therefore the baseline is 20mm long, the thickness is 5mm and the apex angle is on both sides the Brewster angle.

The plan-concave resonator leads to a beam waist of $\omega_0 = 0.4$mm for the TEM_{00} mode; thus the divergence Θ for the fundamental mode is less than 2mrad.

A SDL 3230TA stacked quasi-cw laser diode array was used as a pump source. This device is made of two linear arrays, each array capable of emitting 60W of optical power, for a pulse length of 200μs and a repetition rate of 100Hz. This results in a total pulse energy of 24mJ.

For electro-optically q-switching the laser we decided to use a pockels cell with a high optical damage threshold. A KTP crystal was inserted for intracavity frequency doubling.

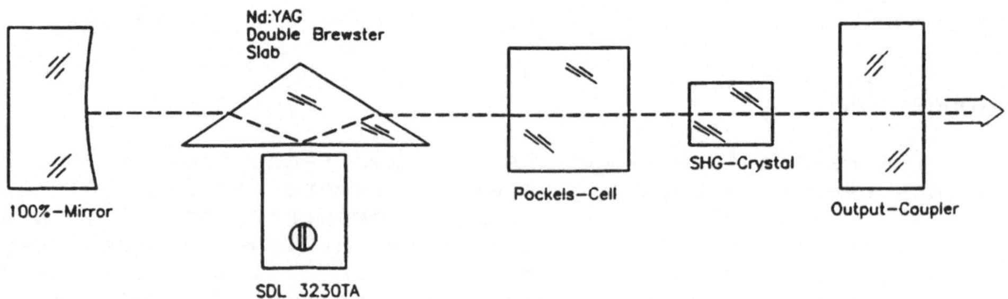

Fig.1: Diagram of the Side-Pumped Nd:YAG-DBS-Laser

Some of the optical characteristics of the laser are shown in Fig. 2. Remarkable is the high optical-to-optical efficiency $\eta_{opt.-opt.} = 43\%$ of the laser in free running operation, as well as the corresponding values for pure TEM_{00}-operation ($\eta_{opt.-opt.} = 21\%$) and for q-switched operation ($\eta_{opt.-opt.} = 27\%$).

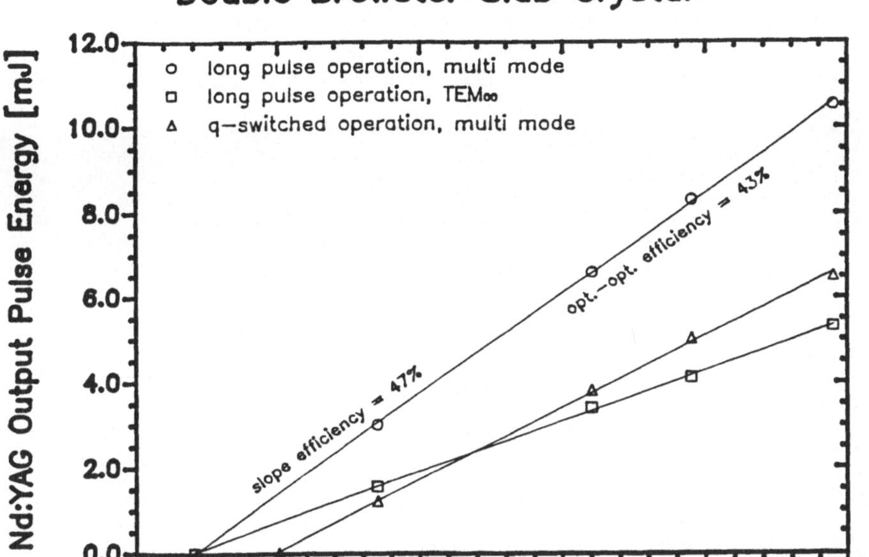

Fig.2: Optical Output Data of the Nd:YAG-DBS-Laser

These values correspond to 11mJ pulse energy for free running operation (multimode), 5.3mJ (TEM$_{00}$), and 6.5mJ for q-switched operation. These data are constant over the whole range of repetition rate of the laser diode (10 to 100Hz). The pulse length in the free running mode is close to 200μs because of the very short pulse build-up-time. In the case of q-switched operation, pulse lengths <10ns could be achieved.

To avoid optical damage of the laser components, we limited the pump pulse energy to 13mJ for our intracavity frequency doubling experiments. We achieved 1.2mJ of pulse energy at 0.532μm wavelength, which results in an opt.-opt. efficiency of $\eta_{opt-opt}$=9% (0.809μm --> 0.532μm).

CONCLUSIONS

In the table of Fig.3 we summarized some modifications of our basic laser device and possible applications of such lasers. Although the list is not necessarily complete, it turns out the great potential of such a laser in remote sensing systems.

A most interesting application seems, to use the laser as a pump source for the broadly tuneable Ti:Sapphire laser [3], and for optical parametric oscillators which could replace many dye lasers. Another important task is to build diode pumped "eye-safe"-lasers by using Tm,Ho doped host materials.

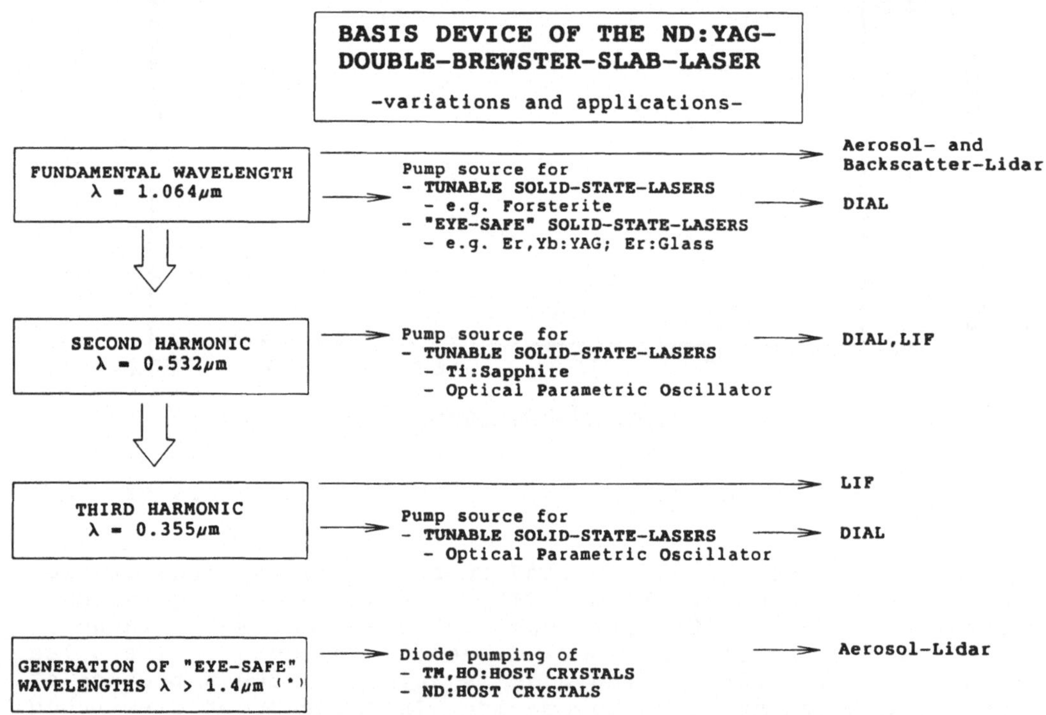

Fig.3: Modifications and Applications of the
Nd:YAG-DBS-Laser

References:

[1] W.S.Martin and J.P.Chernoch, U.S.Patent 3.533.126, 1972
[2] St.E.Moody, Laser Focus World, march 1991, p. 117
[3] T.R.Steele et al., Opt.Letters, Vol.16, No.6, (1991), 399

Fernmessungen von Straßenverkehrs-Immisionen mit abstimmbaren Laserdioden

* K.Bobey, Dr.; Humboldt-Universität zu Berlin;
W.Diehl; Battelle-Institut e.V.;
W.Rudolf; Pilotstation des Umweltbundesamtes; Bundesrepublik Deutschland

Inhalt:

In einer gemeinsamen Meßkampagne zur automatischen Erfassung der Straßen-
verkehrsimmissionen in Berlin demonstrieren die beiden Systemlösungen COMO
vom Battelle-Institut und DIM der Humboldt-Universität die Leistungsfähigkeit von Fernmeßsystemen auf der Basis abstimmbarer Laserdioden. Das
kompakte Diodenlaser-Immissions-Meßsystem DIM arbeitet im Impulsbetrieb und
dient als Zweikomponentenvariante der CO- und NO-Messung. Das CO-Monitor-
System COMO liefert CO-Vergleichsdaten mit einer Laserdiode im cw-Betrieb.
Die Meßergebnisse beider Systeme zeigen gute Übereinstimmung und gestatten
Interpretationen zur Straßenverkehrsimmissions- sowie -emissionssituation.

Abstracts:

In a common experiment for automatic measurement of traffic-induced air
pollution in Berlin both systems COMO of the Battelle-Institute as well as
DIM of the Humboldt-University demonstrate the efficiency of remote sensing
systems based on tunable laserdiodes. The compact Diodelaser-Immission-
Measuring system DIM operates in the pulse mode performing in the two component version the CO- and NO-concentration measurement. In comparison the
CO-Monitoring system COMO yields CO-data using a laser diode operating in
the cw-mode. In conclusion the results obtained with both system show good
agreement and allow interpretations concerning the traffic immission and
emission situation.

Einleitung

Fernmeßsysteme auf der Basis von abstimmbaren Laserdioden verfügen über
- eine geometrisch integrale Konzentrationsbestimmung,
- hohe Nachweisempfindlichkeit,
- kurze Ansprechzeit und
- die Möglichkeit der simultanen Messung verschiedener Schadstoffkomponenten.

Die Leistungsfähigkeit von Containerversionen zeigen Partridge bei der
zaunartigen Deponieüberwachung und Diehl mit dem CO-Monitor-System COMO für
Straßenverkehrsimmissionsmessungen /1/. Der Routineeinsatz solcher Systeme
setzt die sichere Beherrschung der Laserdioden voraus, der mit den Containerversionen für den cw-Betrieb unter Anwendung der Derivativ-Spektroskopie
demonstriert wurde.

Das Diodenlaser-Immissions-Meßsystem DIM arbeitet dagegen im Impulsbetrieb
und stellt eine sehr kompakte Geräteausführung dar.
DIM soll vorgestellt werden und seine Leistungsfähigkeit bei Straßenverkehrsimmissionsmessungen im experimentellen Vergleich zu COMO nachweisen.

Prinzip und Aufbau von DIM

Die Laserdiode wird im Gegensatz zur Derivativ-Spektroskopie mit Stromimpulsen betrieben, so daß die Erwärmung der optisch aktiven Schicht des Lasers zur Durchstimmung der Emissionswellenlänge während des Impulses führt. Bei der Transmission dieser Strahlung durch die Atmosphäre wird ein kleiner Bereich des Absorptionsspektrums im Impuls abgebildet. Abb.1 zeigt zwei über 60 m Meßstrecke empfangene Laserimpulse mit abgebildeten Absorptionsstrukturen.

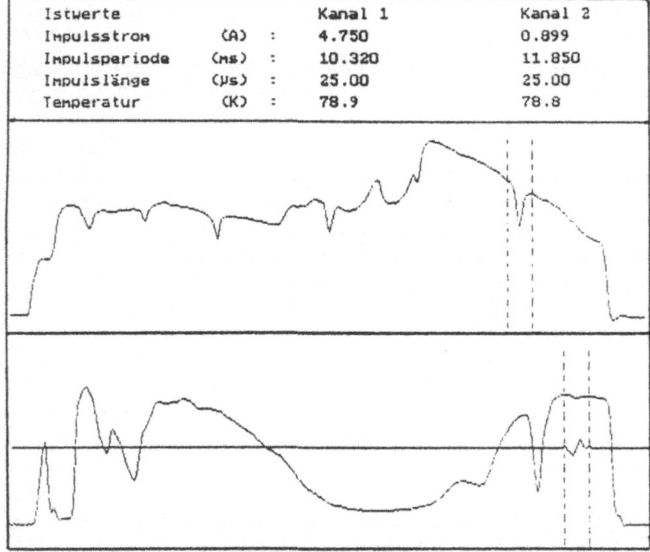

Abb.1: Lasersignale
(oben CO=Kanal1,
unten NO=Kanal2)

Das obere Signal erzeugte eine Laserdiode mit 4,7 µm Emissionswellenlänge und enthält im gestrichelten Bereich eine CO-Absorptionslinie. Das Signal einer Laserdiode mit 5,3 µm Wellenlänge im unteren Abbildungsteil wird stark von Wasserlinien strukturiert und besitzt im gestrichelten Bereich eine NO-Absorptionslinie.
Diese Absorption ist aufgrund der geringen atmosphärischen NO-Konzentration sehr schwach. DIM bildet zur Auswertung die normierte Ableitung des Signals, die ebenfalls im gestrichelten Bereich dargestellt ist und korreliert sie wie Max und Eng /2/ mit einem NO-Referenzspektrum. In Erweiterung dieser Methode wird ein Stabilitätskriterium gebildet und der Laser über die Impulszeitparameter geregelt.

Die erforderlichen Meßbedingungen und Strahlengänge werden für jede Gaskomponente durch einen Meßrechner und eine Laseroptik realisiert, wobei alle Meßrechner über serielle Schnittstellen mit dem übergeordneten Leit-/Bedienrechner (PC) in Verbindung stehen. Die Meßrechner lösen mit ihrer Meßrechnerzentraleinheit MRZE, die ein komplettes 8-bit-Prozessorsystem darstellt, alle Berechnungs- und Steueraufgaben. Zur Signalerfassung verfügen sie über einen steuerbaren Breitbandverstärker SBV und einen schnellen Analog-Digital-Umsetzer ADU mit Akkumulator.

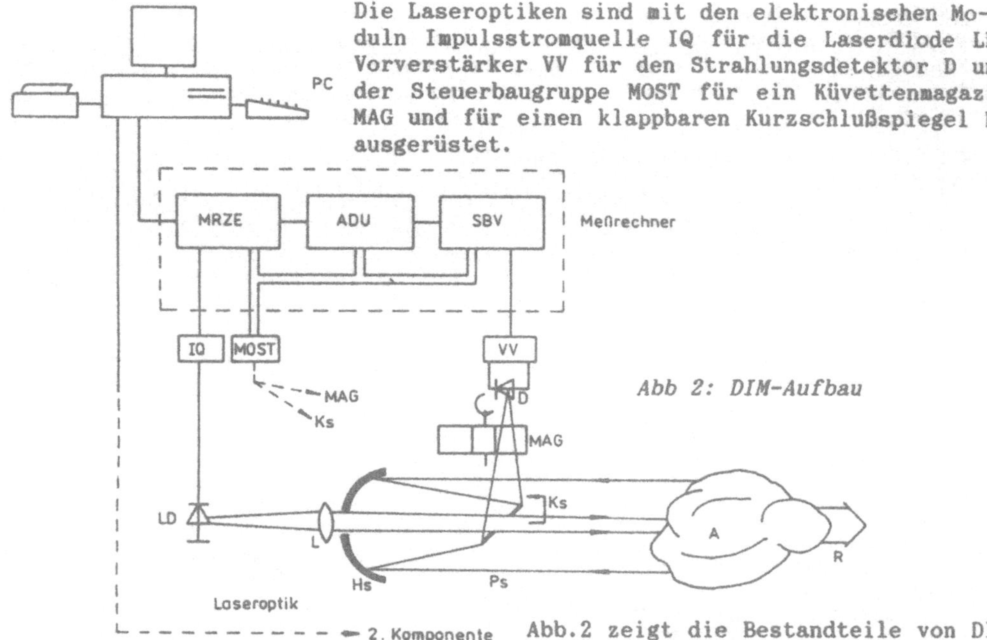

Die Laseroptiken sind mit den elektronischen Moduln Impulsstromquelle IQ für die Laserdiode LD, Vorverstärker VV für den Strahlungsdetektor D und der Steuerbaugruppe MOST für ein Küvettenmagazin MAG und für einen klappbaren Kurzschlußspiegel Ks ausgerüstet.

Abb 2: DIM-Aufbau

Abb.2 zeigt die Bestandteile von DIM im funktionellen Zusammenhang.

Die Linse L bildet den Kollimator für die von der Laserdiode LD emittierte Strahlung. Der Hohlspiegel Hs und der Planspiegel Ps in der Anordnung eines Newton-Teleskops dienen der Abbildung der Empfangsstrahlung auf dem Detektor D.
Die Position des Kurzschlußspiegels Ks entscheidet über den Strahlengang mit oder ohne atmosphärischer Meßstrecke A, die durch den Retroreflektor R abgeschlossen wird. Die Stellung des Küvettenmagazins MAG, das mit Kalibrierküvetten und einer Leerküvette bestückt ist, bestimmt die Höhe der zusätzlich in den Strahlengang eingebrachten Gaskonzentration.

Messungen in Berlin

Mehrkomponentenmessungen mit DIM zum simultanen Nachweis von Kohlenmonoxid und Stickstoffmonoxid wurden in Berlin im Bereich der Kreuzung Invaliden-/Chausseestraße durchgeführt.

Abb.3 zeigt die Lage der Meßstrecken, die ca.10 m über dem Boden verliefen. Simultan zu DIM arbeitete das Meßsystem COMO auf dieselben Retroreflektoren und lieferte CO-Vergleichsdaten.

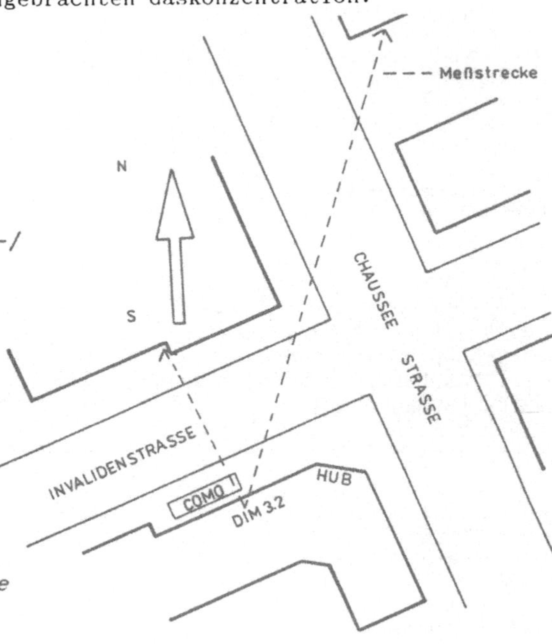

Abb.3: Verkehrsimmissionsmessung
Kreuzung Invaliden-/Chausseestraße

Die kurze Meßepisode von Abb.4 mit einer zeitlichen Auflösung von 1,5 s
zeigt gut übereinstimmende Meßverläufe. Abb.5 demonstriert die Mehrkompo-
nentenmessung mit DIM für CO und NO. Die kurzen Ansprechzeiten beider Meßsysteme lassen Rückschlüsse auf den Fahrzeugstrom und einzelne Emittenten
zu. Wird die Meßstrecke als optischer Mäander quer zum Fahrzeugstrom ausge-
bildet und mit DIM Meßzeiten im Millisekundenbereich realisiert, dann kann
die abgegebene Schadstoffmenge jedes Fahrzeugs im fließenden Verkehrsstrom
erfaßt werden.

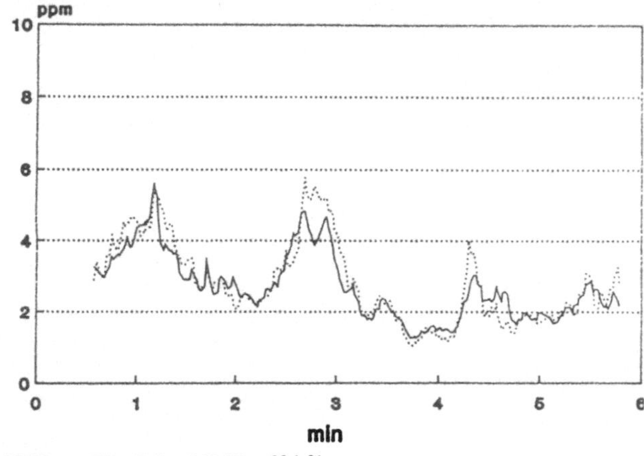

Abb.4: CO-Vergleichs-
messung COMO / DIM

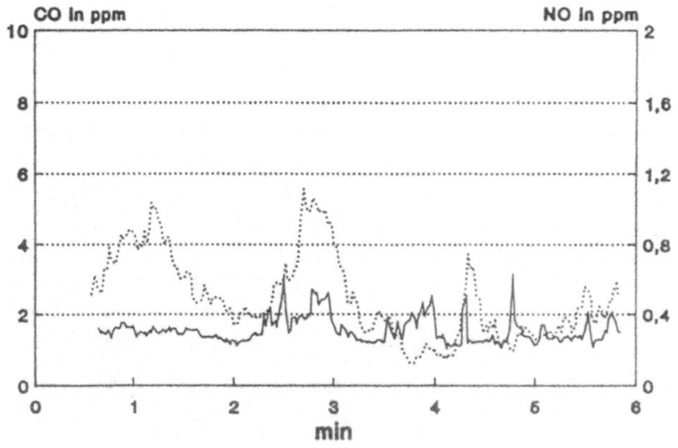

Abb.5: Mehrkomponenten-
messung mit DIM
(oben CO, unten NO)

Zur Bewertung der Immissionssituation wurden gleitende Halbstundenmittelwerte herangezogen. Abb.6 zeigt einen typischen CO-Tagesgang mit den Vor-
und Nachmittagsverkehrsspitzen. Die 11.00 Uhr CO-Werte von DIM aus dem 1000
Stunden-Meßprogramm gegenüber den Smogwerten des Meßnetzes BLUME gibt Abb.7
wieder. Das Berliner Luftgütemeßnetz BLUME besteht aus Punktmeßstationen in
einem Rastermaß von 4 km.

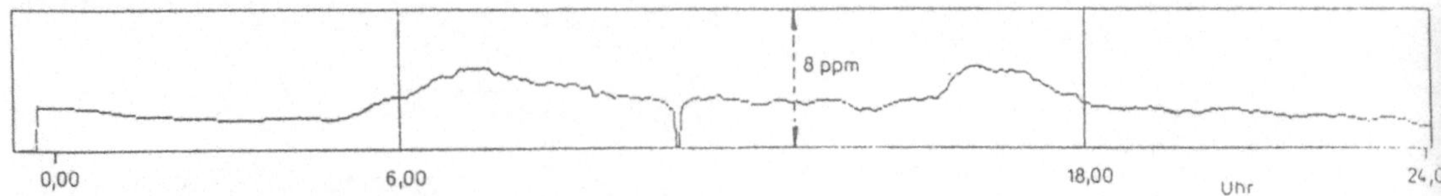

Abb.6: 30'-Mittelwerte der CO-Konzentration vom 05.03.91

Die starke globale Belastung des Stadtgebiets Mitte März, die aus dem Smogindex ablesbar ist, schlägt sich auch in den DIM-CO-Meßwerten der Straßenschlucht nieder. Bei allgemein schwacher Schadstoffbelastung wie im April prägt sich die straßenverkehrsbedingte Immission bei den CO-Meßwerten von DIM deutlicher aus.

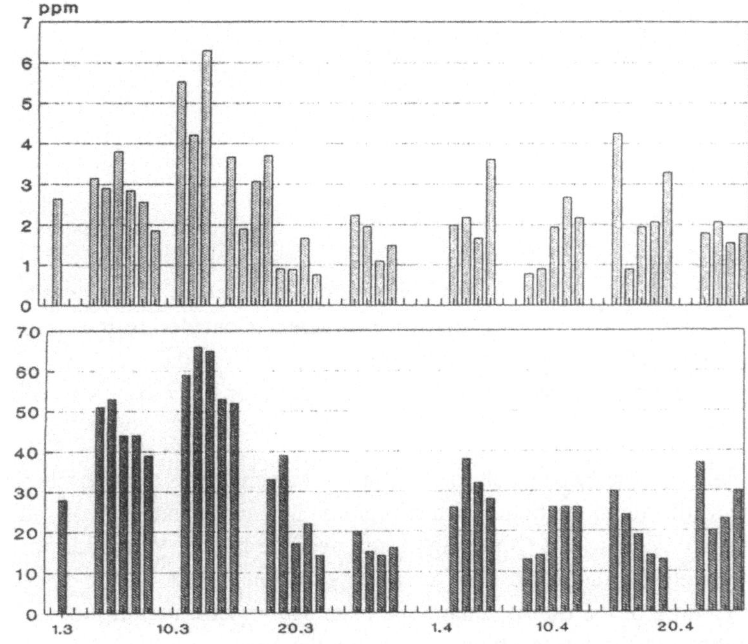

Abb. 7:
Schadstoffwerte
(oben DIM-CO,
unten BLUME-
Smogindex)

Wertung und Ausblick

Lasergestützte Fernmeßsysteme lassen sich als flexible, kompakte und komfortable Gerätevarianten zum Nachweis von Spurengasen unter atmosphärischen Bedingungen realisieren. Die Meßsysteme arbeiten im Routineeinsatz automatisch, gestatten aber auch vielfältige individuelle Eingriffe, wie sie bei der Lösung von Forschungsaufgaben erforderlich sind.

Die Arbeiten mit DIM demonstrieren die Beherrschung der Laserdiode im Impulsregime verbunden mit einer hochempfindlichen digitalen Nachweistechnik. Aus den Straßenverkehrs-Immissionsmessungen lassen sich für CO und NO Nachweisgrenzen von 5 ppb * 100 m bzw. 20 ppb * 100 m ableiten.

Nicht zuletzt hängt die Leistungsfähigkeit dieser Systeme von der Qualität der Laserdioden und des Kühlsystems ab, das immer noch recht aufwendig ist. Die Anwendbarkeit der thermoelektrischen Kühlung, die beim Impulsbetrieb zuerst zu erwarten ist, würde Meßsystemen mit Laserdioden im mittleren Infrarot schlagartig eine Relevanz verschaffen, die weit über die bisherige Labor- und Spezialanwendung hinausgeht.

Die Berliner Meßkampagne wurde durch das BMFT gefördert und vom Umweltbundesamt maßgeblich unterstützt.

Literatur:

/1/ K.Weber, V.Klein, W.Diehl; VDI-Berichte Nr. 838, S.201-246; 1990
/2/ E.Max, S.T.Eng; Optical and Quantum Electronics, no.11, p.97-101; 1979

Messungen atmosphärischer Spurengase mit der DOAS-Methode

Werner K. Graber, Rolf Taubenberger, Thomas Kindler
Paul Scherrer Institut, CH-5232 Villigen PSI

Abstract

Spectrometers from the Swedish company OPSIS were used to measure trace gas concentrations of NO_2, NO, SO_2 and ozone in rural sites. Simultaneous measurements with conventional gasanalyzers from the Californian company MonitorLabs were used to check possible cross-sensitivities of the DOAS system to other atmospheric gases. Considering the fundamental difference between long path integral and single point measurement the comparability of both systems is good with correlation coefficients better than 0.94 for a few thousend data pairs of each of the four gases.

During July 1990 a large field study showed results of the transport mechanisms of atmospheric pollutants from the Swiss Midlands to the higher alpine regions. Measurements of ozone, toluene, SO_2, formaldehyde and NO_2 with a DOAS lightbeam over the lake of Vierwaldstätten were performed. With the help of additional wind measuring stations, these DOAS-results lead to a detailled understanding of the transportation and chemical transformation processes of air from the agglomerations in the Swiss Midlands towards the alps.

1. Einführung

Im Rahmen von Luftschadstoffmessungen zur Abklärung einer konkreten Situation hinsichtlich des Zusammenwirkens von Windtransportsystemen, turbulenter Durchmischung und chemischer Umwandlung reaktiver Luftbeimengungen während des Transports stellt sich immer wieder die Frage der Repräsentativität einer Einzelmessung. Konventionelle Gasanalysatoren werden mehrheitlich an Orten aufgestellt, bei denen mit extrem starken Inhomogenitäten der emittierten Primärschadstoffen und der für ihre Ausbreitung verantwortlichen lokalen Turbulenzstrukturen zu rechnen ist. Dadurch können sich bei Verschiebungen der Messgeräte um nur hundert Meter erhebliche Konzentrationsunterschiede ergeben; das "Repräsentationsvolumen" dieses Messgerätes beschränkt sich entsprechend auf einen bescheidenen Umkreis.

Mithilfe einer Langstreckenabsorptionsspektroskopie entzieht man sich dieser Schwierigkeit. Bei dieser Methode wird der mittels Parabolspiegel fokussierte Lichtstrahl einer Xenon-Hochdrucklampe über eine Strecke von bis zu mehreren Kilometern geleitet, dort von einem Empfangsteleskop mit gleichem Parabolspiegel aufgenommen und mithilfe eines optischen Fiberleiters einem hochauflösenden Spektrometer zugeführt. Mit dem Spektrometer wird entsprechend dem von Platt und Perner (1979 und 1980) entwickelten Verfahren ein für die zu bestimmende Substanz relevanter Spektralausschnitt im Sichtbaren oder nahen UV von etwa 30nm ausgewählt. Bei der Auswertung wird dem gemessenen Spektrum zunächst ein Polynom fünften Grades angefittet, sodass mögliche breitbandige Verformungen des Spektrums durch die Lampencharakteristik, die atmosphärischen Turbulenzen oder Aerosole wegfallen.

Dadurch zeigt sich der "Fingerprint" der jeweiligen Substanz sehr deutlich. Anschliessend wird ein Eichspektrum über 1000 Wellenlängenkanäle angefittet, nachdem vorgängig im Labor ein Eichspektrum mit dem entsprechenden Prüfgas aufgenommen wurde.

Um atmosphärische Fluktuationen während der Aufnahme eines Einzelspektrums zu vermeiden, muss dieses innerhalb von zehn Millisekunden erfolgen, was mit Hilfe einer vor dem Photomultiplier rotierenden, radial geschlitzten Scheibe erfolgt, wodurch das Spektrum mit einem entsprechend schnellen Analog-Digital-Konverter abgetastet werden kann. Das in unseren Messungen verwendete Spektrometer mit dieser Abtasteinrichtung stammt von der Schwedischen Firma OPSIS.

2. Querempfindlichkeiten

Von Februar 1988 bis März 1989 wurden im Schweizerischen Mittelland Vergleichsmessungen durchgeführt, um die mittels DOAS-Methode gemessenen Spurengaskonzentrationen solchen mit konventionellen Gasanalysatoren gegenüberzustellen. Die Messungen fanden über den Dächern des Paul Scherrer Institutes in Villigen, Schweiz statt. Das Institut liegt im unteren Aaretal und mit Ausnahme des morgendlichen und abendlichen Parkplatzverkehrs nicht in unmittelbarer Nähe von Emittenten, sodass über die DOAS-Messstreckenlänge von ca. 350m die Luft grösstenteils durchmischt und homogen ist. Ueberprüft wurde Ozon, NO_2, SO_2, und NO mit Hilfe konventioneller Messgeräte der Californischen Firma MonitorLabs (ML).

Die Luftprobennahme erfolgte über kurze Teflonleitungen, die sich etwa in der Mitte des Lichtsrahls befanden. Dadurch können sich namentlich beim NO bei Inhomogenitäten Unterschiede der beiden Messverfahren ergeben, indem ein NO-reiches Luftpaket, das im Bereich der Luftprobennahme liegt, zu erhöhten Konzentrationen der konventionellen Messungen führt, was sich über die Lichtstrecke aber ausmittelt. Andererseits führt ein Luftpaket erhöhter Konzentration im Lichtsrahl, jedoch ausserhalb des Ansaugbereiches, zu leicht höheren Konzentrationen beim DOAS.

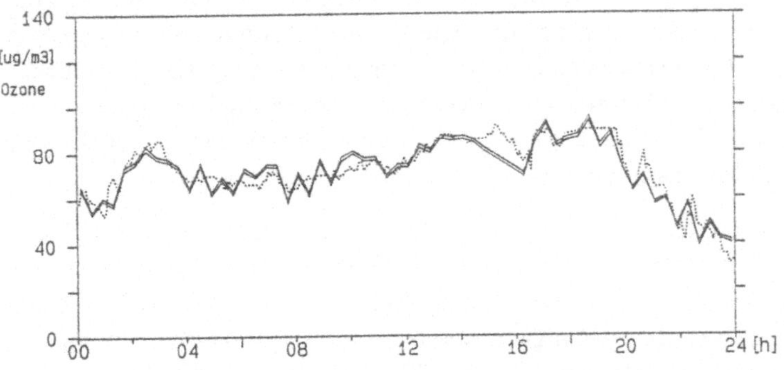

Figur 1.
Tagesgang von Ozon am 15.3.1988.
DOAS-Messung (Doppellinie entsprechend der Konzentration +/- Deviation) ML-Messung (gepunktet).

Anhand des Beispiels vom 15.Mai 1988 für die Ozonkonzentration in Figur 1 und des Streuplots über alle 1526 Messwerte während der 3 Monate dauernden Vergleichsmessserie in Figur 2 wird die gute Korrelation der beiden unterschiedlichen Messverfahren über die verschiedensten Wetterlagen hinweg deutlich. Gegenüber der werkseitigen Eichung des Ozons mussten die Spektrometerdaten alleredings um einen Faktor 2.3 und einen Offset von -40 ug/m^3 korrigiert werden, was auf einen Eichgasfehler zurückzuführen sein dürfte. Für die andern Gase liegen durchwegs vergleichbar gute Korrelationen vor, wie in Graber und Taubenberger (1989) festgehalten.

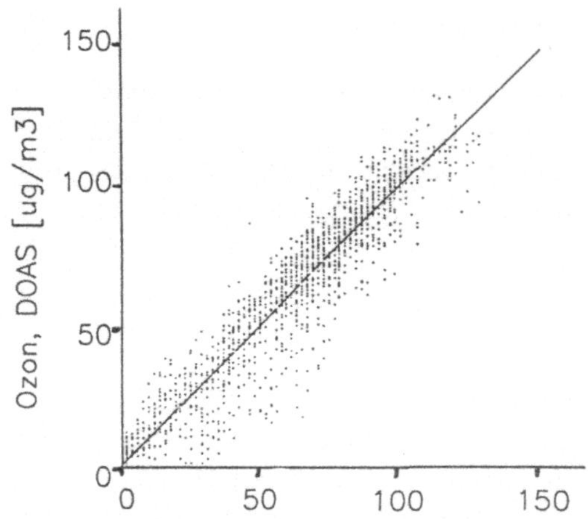

Figur 2.
Streuplot simultan gemessenen Ozons mit ML und DOAS über 31 Tage von Februar bis April 1988. Total 1526 Messungen mit Korrelationskoeffizient von r=0.95.

Zusammenfassend kann der Vergleich konventioneller Messungen mit DOAS-Messungen innerhalb der durch die prinzipielle Anordnung von Linienintegral und Punktmessung gegebenen Randbedingungen als befriedigend angesprochen werden. Durch die Wahl des Standortes und der Jahreszeit muss allerdings einschränkend betont werden, dass allfällige Querempfindlichkeiten auf Substanzen, die nur während extremen Smogbedingungen in genügenden Mengen vorhanden sind, nicht ausgeschlossen werden können. In solchen Situationen ist es geraten, die Spektren detailliert anzusehen und auf ihre Substanzselektivität hin zu prüfen. Im Falle unerwünschter Absorptionen anderer Gase wird empfohlen, das Wellenlängengebiet zu ändern oder wenigstens auf ein kleines, relativ "sauberes" Intervall zu beschränken.

3. Messungen in inhomogenen Strukturen

Die charakteristische Eigenschaft des DOAS liegt in seiner integralen Konzentrationsbestimmung über die gesamte Lichtstrecke. Verläuft diese Strecke durch Luftmassen verschiedener Herkunft, bedingt durch lokal unterschiedliche Windverhältnisse, so muss die Langstreckenabsorption mit Windmessungen und chemischen Bodenmessgeräten ergänzt werden, wenn man die Prozesse der Schadstoffverfrachtung in der planetaren Grenzschicht aufdecken und nicht nur Messwerte der Belastungssituation kennen will.

Im Folgenden wird ein Detail des Feldversuchs im Rahmen des Schweizerischen Grossforschungsprojektes POLLUMET (siehe Neininger 1990) skizziert. Das übergeordnete Ziel dieser Kampagne war die Abklärung der Sommersmogsituation im Schweizerischen Mittelland und seine Auswirkungen auf die Alpenregion. Die Untersuchungen liefen während einer typischen sommerlichen Hochdrucklage vom 25. bis 30. Juli 1990. Dabei kamen neben Dutzenden von Bodenstationen fünf instrumentierte Flugzeuge, drei Fesselballonsysteme und ein bemannter Ballon zum Einsatz.

Die Figur 3 zeigt die örtliche Situation der Messgeräte im östlichen Teil des Vierwaldstättersees, dem Urnerbecken. Die DOAS-Strecke verlief dabei in etwa 300m über der Seeoberfläche. Wie die Figur 4 anhand dreier Windmessgeräte darstellt, lassen sich zwei Windregimes deutlich unterscheiden, wie die nachfolgenden Ausführungen zeigen.

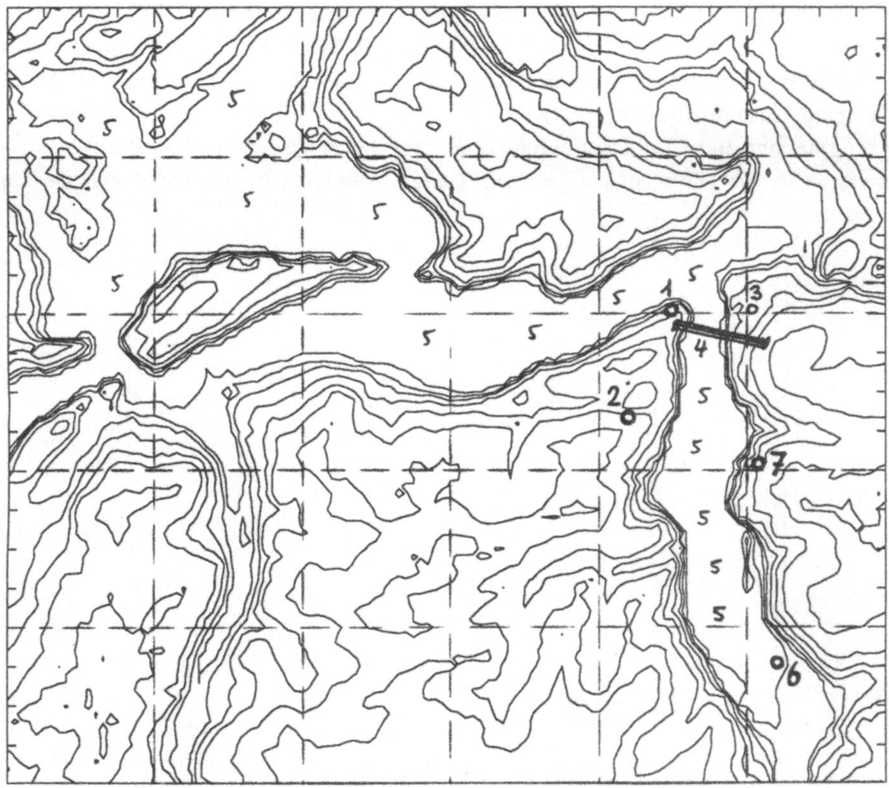

Figur 3. Vierwaldstättersee und Urnerseebecken mit Messgeräten:
1. Treib, 2. Niderbauen, 3.Morschach 4. DOAS-Strecke, 5. See, 6.
zum Gotthard, 7. Referenzpunkt des Schweiz. Km-Netzes: 690,200
(N-S-Ausdehnung der Karte: 20km)

In der Nähe der Hänge im tiefliegenden Teil des Tals bildet sich am Morgen nach Sonnenaufgang der Hangwind aus und führt zunächst stark NO_2-angereicherte Luft, namentlich vom Lokalverkehr im Talboden stammend, den Hängen entlang nach oben, wie dies in Figur 5 deutlich wird. Der Einsatzpunkt des Hangwindes erfolgte am Osthang bei Morschach anderthalb bis zwei Stunden später als am Westhang bei Treib aufgrund des Sonnengangs, sodass sich kurz nach Sonnenaufgang eine Hangwindzirkulationszelle ausbilden dürfte, die bei Morschach abwärtsfliessend Luft aus der freien Atmosphäre nachzieht und bei Treib aufwärts fliesst. Die Ozontagesgänge der Figuren 6 und 7 in Morschach, Treib und auf dem westlich des Urnerbeckens gelegenen Niderbauen, einem weit in das Tal ragenden Vorsprung in 800m über Seeniveau, zeigen die zeitlich entsprechend verschobenen Charakteristiken. Dieser zeitliche Unterschied der Ankunft von Luftpaketen aus dem Talgrund oder aus dem Seebereich zeigt sich auch aufgrund einer Analyse des markanten Wechsels der feuchtpotentiellen Temperatur, die als relativer Tracer sehr geeignet ist: Bei Treib ist um 7:43 Uhr, bei Morschach erst um 9:20 Uhr ein Luftmassenwechsel feststellbar.

214

Nach Anlaufen des Hangaufwindes am Osthang ergeben sich im Talquerschnitt vermutlich zwei gegenläufige Zirkulationszellen mit Kompensationsabwind in Talmitte, was durch die See-Land-Unterschiede noch begünstigt wird. Gleichzeitig zieht diese Abwärtsströmung über dem See freie Troposphärenluft nach, was den NO_2- und Ozonrückgang beim DOAS erklärt und erst am späteren Nachmittag zu einem deutlichen Konzentrationsminimum führt. Die Flugzeugmessungen in Tallängsrichtung über dem See zeigen stets deutlich einen NO_2-Rückgang um etwa die Hälfte gegenüber dem Land. Wenden wir uns wieder der Beschreibung

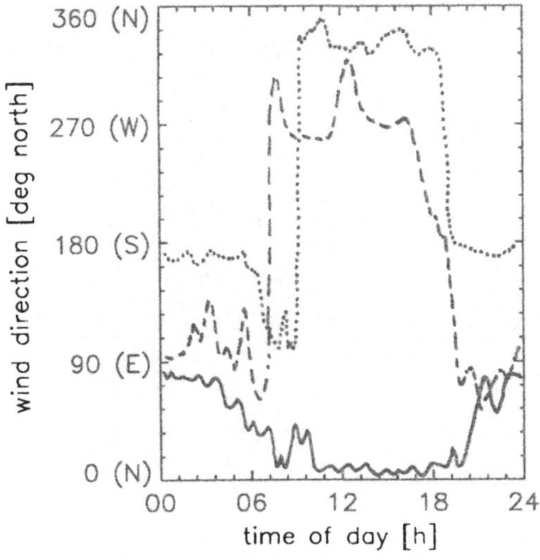

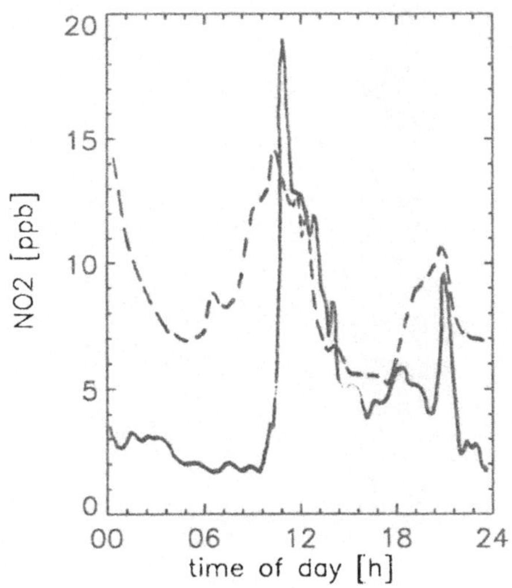

Figur 4. Windrichtungen in Morschach (———), auf dem Niderbauen (.....) und in Treib (- - - - -) am 26.Juli 1990.

Figur 5. NO_2 [in Morschach (———) und über die DOAS-Strecke (- - - - -) am 26.Juli 1990.

der morgendlichen Luftmassenaustauschprozesse zu. Anschliessend an den Hangaufwind am Osthang setzt der Talwind ein und führt Luft von den weiter im Norden gelegenen Agglomerationen des Schweizerischen Mittellandes heran. Diese Luftmassen erleben bereits chemische Umwandlungen und grössere Verdünnung, insbesondere dank dem Umstand, dass sie bereits gut eine Stunde über dem See ohne zusätzliche Emittenten verbrachten, da der hauptsächliche Strömungsanteil von Mittelland-Smogluft bei Luzern nach Osten umbiegt und dem Vierwaldstättersee folgt. Der Einsatzzeitpunkt für diesen Talwind lässt sich aus dem abrupten Wechsel der feuchtpotentiellen Temperatur auf dem Niderbauen, der dank seiner Lage auf dem Vorsprung deutlich im Bereich des Talwinds liegt, auf 09:08 festlegen; somit liegt dieser Zeitpunkt noch vor dem Einsetzen des Hangaufwindes bei Morschach.

Deutlich zeigt Figur 7 (mit Pfeil markiert) die kleine Konzentrationsabsetzung beim Ozon in Treib, der mit absoluter Regelmässigkeit an jedem sommerlichen Schönwettertag feststellbar ist. Die vermehrte Zunahme des Ozons nach Einsetzen des Talwindes deutet auf versmogte Mittellandluft hin, die während des Transports über den See Zeit zur Ozonbildung fand und mit dem NO_2-Rückgang bei Morschach parallel läuft. Gegen den Abend hin erfährt das Tal-

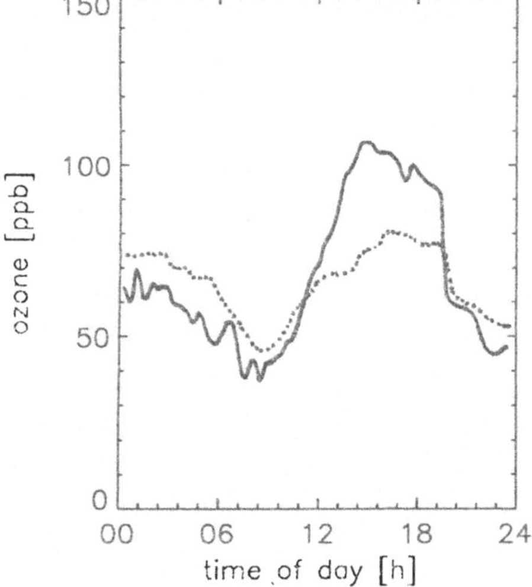

Figur 6. Ozon [ppb] in Morschach (——) und auf dem Niderbauen (.....) am 26.Juli 1990.

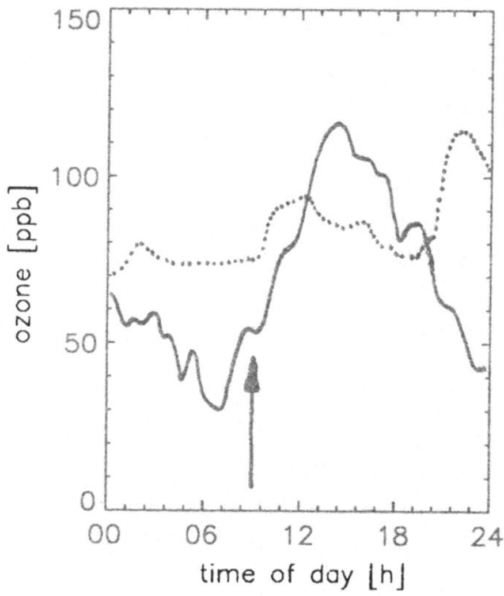

Figur 7. Ozon [ppb] in Treib (——) und über die DOAS-Strecke (.....) am 26.Juli 1990. (Der Pfeil markiert den Einsatz des Talwindes.)

Berg-Windsystem nach Sonnenuntergang einen Wechsel, der sich in der feuchtpotentiellen Temperatur zuerst auf dem Niderbauen um 20:55Uhr zeigt. Damit fliesst Luft vom Gotthard her zu den Messstationen und führt zunächst die im eng eingeschnittenen Reusstal der Gotthard-Anfahrstrecke akkumulierte Smogluft, bedingt durch die mehrheitlich überlastete Gotthard-Nationalstrasse, heran, was zu einem starken Konzentrationsanstieg von NO_2 führt. Beim Ozon, namentlich in Treib, führt dieses Ausblasen zu einem Konzentrationsrückgang. Nach gut einer Stunde ist die Smogluft zur Hauptsache ausgeblasen, der Verkehr lässt zur Nacht hin ebenfalls nach und es folgt wieder eine geringere NO_2- und eine erhöhte O_3-Konzentration. Letztere offenbart sich in einem für die Alpenregionen typischen Maximum über die DOAS-Strecke gegen Mitternacht, das gealterte Luftmassen aus höheren Alpenregionen anzeigt, indem tagsüber Smogluft mit dem Talwind in die Luftschichten über den Alpen ausgelagert wird und nachts zurückströmt.

Deutlich zeigt sich das nächtliche Windregime auch in den Hangabwinden, die bei Morschach aufgrund des Wechsels der feuchtpotentiellen Temperatur um 21:29 Uhr und bei Treib um 21:53 Uhr feststellbar sind.

4. Schlussfolgerungen und Ausblick

Die vorangehende Untersuchung zeigt die Notwendigkeit der Stützung von DOAS-Messungen mit Hilfe weiterer Messgeräte, wenn topographisch bedingte, komplexe Strömungsverhältnisse vorliegen. Dabei erwies sich die Gewinnung von Informationen über das lokale Windsystem als vordringliches Anliegen. Zur Anzeige von Luftmassenwechseln eignet sich die Methode der feuchtpotentiellen Temperatur gut, sodass die Platzierung einiger Feuchte- und Temperaturmessgeräte im Minimalfall genügt. Weitere Hilfen sind punktuelle Messungen am Boden und vor allem aus Flugzeugen, wobei sich in der komplexen Topographie und zur Gewinnung von Werten in den untersten 500m der Atmosphäre der reichhaltig instrumentierte Motorsegler der Firma MetAir (Illnau, Schweiz) sehr gut bewährte. Eine weiterführende Auswertung wird namentlich diese Daten noch beizuziehen haben, insbesondere um die mit dem DOAS über dem See gemessenen Werte hinsichtlich der beteiligten Prozesse erklären zu können. Somit teilt das DOAS die Eigenschaften aller Messgeräte, dass es zwar misst, aber nicht erklärt.

Eine im Sommer 1991 erfolgte Messkampagne ähnlichen Stils bringt weitere Erhellungen in die komplexe Lokalsituation, indem zusätzlich zwei Fesselballone für Ozon-, NO-, NO_2- und Kohlenwasserstoff-Profile eingesetzt und differenziertere Flugmuster geflogen wurden. Eine letzte Erhellung der Situation wird wohl erst möglich, wenn geeignete numerische Modelle für die Dynamik und den Chemismus in der Lage sind, die Situation in einer Gesamtsynthese zu beschreiben.

Literaturverzeichnis

Graber, W.K. and Taubenberger, R. Differential Optical Absorption Spectroscopy of Atmopsheric Trace Gases (DOAS) : Intercomparison with Conventional Techniques. Paul Scherrer Institute, TM-52-89-01, April 1989, Villigen PSI,Switzerland.

Neininger, B., Dommen, J. (ed) POLLUMET - Luftverschmutzung und Meteorologie in der Schweiz. Koordinationsstelle Atmosphärenphysik ETH, Hönggerberg, CH-8093 Zürich.

Platt, U., Perner, D. and Pätz, H.W. Simultaneous Measurement of Atmospheric CH2O, O3, and NO2 by Differential Optical Absorption. J. Geoph. Res. 84,10(1979).

Platt, U. and Perner, D.: Direct Measurements of Atmospheric CH2O, HNO2, O3, NO2 and SO2 by Differential Absorption in the Near UV. J. Geoph. Res., 85, C12 (1980) 7453-7458

Laser Sensor für NO$_2$

G.Sonnemann, G.v.Cossart, J.Fiedler

Am Observatorium für Atmosphärenforschung in Kühlungsborn wurde eine Langwegabsorptionsmeßanlage in einer monostatischen koaxialen Konfiguration mit Tripelprismenreflektor aufgebaut. Die methodische Grundlage des Verfahrens besteht in der differentiellen Absorption. Das System wurde für die Routinemessung der NO$_2$-Immission mit hoher Ansprechempfindlichkeit und einer Genauigkeit von 1 ppb zur Erfassung der Hintergrundkonzentration im maritim beeinflußten Reinluftgebiet Norddeutschlands konzipiert. Es ermöglicht integrale Messungen längs der Trasse des Laserlichtes. Sendeseitig pumpt ein Stickstofflaser einen Farbstofflaser, der simultan die Signal- und Referenzwellenlänge um 450 nm erzeugt. Die spektrale Bandbreite beträgt ca. 5 pm. Damit kann zur Minderung des Tageslichteinflusses eine Messung in ausgewählten Fraunhoferlinien erfolgen. Die Wellenlängenselektion des mit einem 20-cm-Newtonteleskops empfangenen Retrosignals erfolgt in einem hochauflösenden Echelle-Spektrometer. Voruntersuchungen mittels Küvetten zur Bestimmung des NO$_2$-Absorptionsspektrums dienten zur optimalen Festlegung der Arbeitswellenlängen. Hierbei wurden gleichzeitig die in einer Küvette ablaufenden chemischen Prozesse analysiert.
Mit dem gleichen Gerätesystem wurden auch ortsaufgelöste horizontale Rückstreumessungen realisiert, die der Untersuchung der Extinktionscharakteristik der Aerosole dienen.

5.4 Meßgeräte und Meßverfahren II
Instruments and Methods II

Einsatzmöglichkeiten des Doppelpendelinterferometers DPI zur Emissions- und Immissionsmessungen von Luftschadstoffen

H. MOSEBACH, H. BITTNER, H. RIPPEL
KAYSER-THREDE GMBH, MÜNCHEN

1.   EINLEITUNG

Eine der wichtigsten Aufgaben zum Schutz unserer Umwelt ist
die Reduktion der Schadstoffbelastung unserer Luft. Insbesondere die Schäden, die durch giftige Gase bei Industrie-
emissionen, Kraftfahrzeugen, privaten Haushalten, Altlast-
deponien usw. entstehen, schädigen Mensch und Umwelt in
hohem Maße. Zu diesen relevanten Gasen zählen u.a. CO, SO_2,
NO_x, HCl sowie eine Vielzahl komplexer organischer Substanzen wie HKW's, Kohlenwasserstoffe. Maßnahmen für die Reduktion schädlicher Gase machen die parallele Entwicklung neuer Meßmethoden erforderlich.

Annähernd alle komplexen Moleküle weisen signifikante
spektrale Strukturen im sichtbaren und vor allem im
infraroten Spektralbereich auf. Mit hochauflösenden
Spektrometern ist es möglich, diese Strukturen aufzulösen und die Gase qualitativ aber auch quantitativ
zu vermessen, d.h. das Instrument liefert sowohl die
Aussage über die Gasarten als auch die Konzentration.

Ein sehr geeignetes Meßverfahren zum Nachweis möglichst
vieler Gase auch in geringer Konzentration ist die In-
frarot-Fourierspektroskopie. Mit einem solchen Meßgerät
kann eine große Zahl von Spurengasen in verschiedenen
Anwendungen (z. B. Fernerkundung an Kaminabgasen, Immissionsmessungen...) quantitativ nachgewiesen werden.

Kayser-Threde hat ein spezielles FTIR-System entwickelt,
daß auf dem Doppelpendelprinzip (DPI) beruht (Serienname
K300). Mit diesem Prinzip ist das FTIR-Gerät besonders robust ausgelegt und daher für den harten Einsatz in der Um-

222

weltanalytik im Feld geeignet. In den folgenden Kapiteln
wird dieses Gerät beschrieben und seine Anwendungsmöglichkeiten in der Schadstoffanalytik aufgezeigt.

2.   BESCHREIBUNG DES DOPPELPENDELINTERFEROMETERS K300

Die Abbildungen 1 zeigt eine Ansicht des K300.

Im Gegensatz zum konventionellen Michelson-Interferometer weist das Doppelpendel-Interferometer (siehe
Abb. 2) folgende wesentliche Unterschiede auf /1,2/:

-       Die beiden Planspiegel im konventionellen Michelson
        Design werden durch Retroreflektorsysteme ersetzt,
        die aus Kubusecken und Planspiegel bestehen.

-       Die lineare Bewegung eines Spiegels wird ersetzt
        durch eine Rotation der zwei Kubusecken.

Abb. 1: Ansicht des geöffneten K300 mit Teleskop und Inter-
        ferometerteil

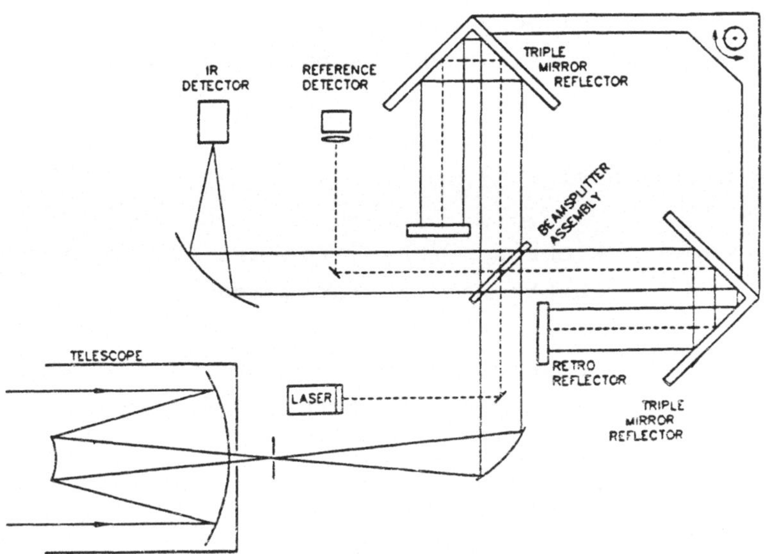

Abb. 2: Das Doppelpendelprinzip

- Der spezielle Aufbau des Strahlteilergehäuses mit
  den beiden integrierten Planspiegeln macht das DPI
  relativ unempfindlich gegenüber Temperaturdrift.

Die prinzipiellen Vorteile des Doppelpendel-Interfero-
meters sind:

- kompakter Aufbau durch hohes Verhältnis von optischer zu mechanischer Auslenkung
- hohe optische Meßgeschwindigkeit
- hohe photometrische Genauigkeit

Dieses Interferometer wurde bei KT entwickelt. Aufgrund
seiner hohen Langzeitstabilität gegenüber Vibrationen
bzw. Temperaturänderungen ist das DPI außerordentlich
gut geeignet für Feldeinsätze.

Das Gerät ist auf beiden Seiten einer stabilen Grundplatte
aufgebaut und daher besonders kompakt und robust. Die Ober-
seite trägt zwei auf 77 K gekühlte Detektoren und ein Cas-
segrain-Teleskop mit 15 cm Strahldurchmesser. Auf der Un-

224

terseite ist das Doppelpendel mit Antrieb, Retroreflektoren
und Strahlteiler sowie die Meßelektronik angeordnet.

Die folgende Liste zeigt die wesentlichen Leistungs-
daten des Instruments:

Typ: Michelson-Interferometer für Fourier-
                        spektrometrie, rapid scan

Ausführung: Doppelpendel mit zusätzlicher Strahl-
                        faltung durch Retroreflektoren

Spektralbereich: 2 - 13 μm

Auflösung: maximal 0,1 cm^{-1} apodisiert

Strahldurchmesser: 50 mm

Teleskop für Fern-   Cassegrain, 150 mm Durchmesser,
erkundungsmessungen: Ortsauflösung: 1,5 m auf 500 m

Für Absorptionsmessungen wird derzeit der Prototyp eines
IR-Quellmodul entwickelt. Dieses Teil wird aus einem 600 mm
Parabolspiegel bestehen, in dessen Brennpunkt ein 800 -
1000 °C heißer Globarstrahler angebracht ist.

3.   EINSATZMÖGLICHKEITEN DES DPI IN DER UMWELTANALYTIK

Einsatzfähig ist das K300 ohne große Gerätemodifikationen
hauptsächlich für folgende Aufgaben der Umweltanalytik:

-       Messung an geführten Emissionen
-       Messung diffuser Emissionen
-       Immissionsmessung

3.1   Messung geführter Emissionen (Abgasfahnen)

3.1.1 Verfahren

Messung an geführten Emissionen kann mit dem K300 sowohl
traditionell in-situ (Absorptionsmeßstrecke durch den
Kamin) alsauch in Form von Fernerkundungsmessungen durchgeführt werden /3/. Da letzteres noch nicht verbreitet ist,
wird dieses Verfahren hier im Detail beschrieben.

Die Voraussetzung für dieses Verfahren ist, daß die Temperatur der Abgase deutlich über Umgebungstemperatur liegt
(>50 °C). Dann nämlich ist es möglich, die von den Molekülen der Abgasfahne emittierte IR-Strahlung mit dem K300 zu
empfangen und quantitativ auszuwerten. Abb. 3 zeigt eine
typische Konfiguration. Abb. 4 zeigt ein HCl-Emissions-
spektrum aus einer solchen Messung.

Dieses Verfahren besticht durch die Möglichkeit, Emissionen
aus Kaminabgasen von außerhalb des Betriebsgeländes zu bestimmen. Daher kann diese Methode für die Überwachung im
Verdachtsfall nicht eingehaltener Grenzwerte sehr wichtig
sein.

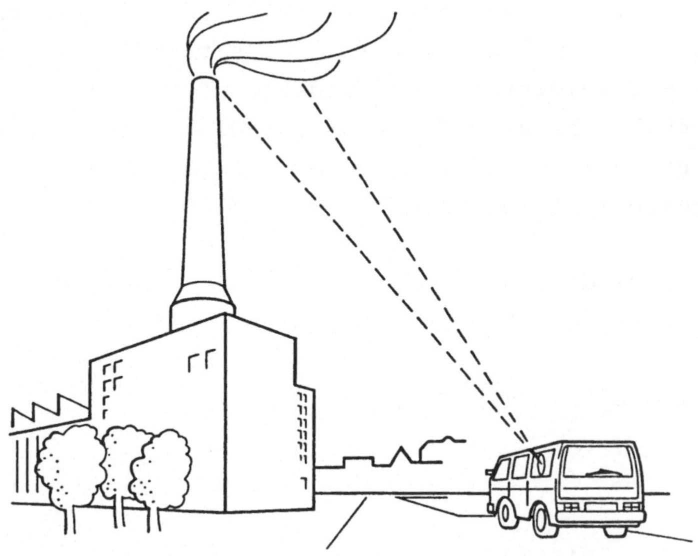

Abb. 3: Meßkonfiguration Fahnenmessung

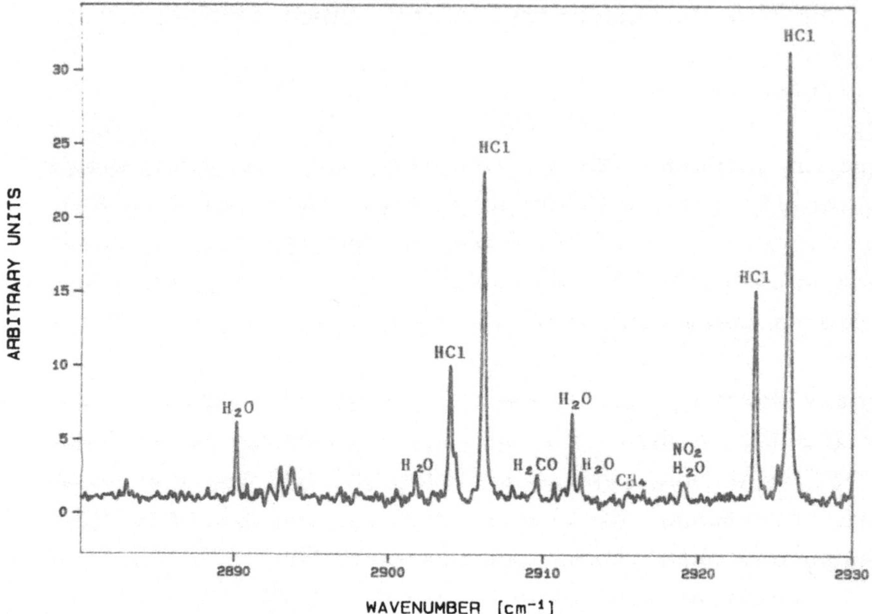

Abb. 4: Ausschnitt aus gemessenen Fahnenspektrum
(HCl-Bereich)

Nicht übersehen darf man allerdings die Schwierigkeiten,
die bei diesem Verfahren berücksichtigt werden müssen. Aufgrund der Methode der Fernerkundung müssen atmosphärische
Einflüsse wie Strahlungshintergrund (auch der klare Himmel
und erst recht Wolken emittieren breitbandig IR-Strahlung)
sowie die Transmittanz des Vordergrundes zwischen Fahne und
K300 berücksichtigt und entsprechende Korrekturterme für
die quantitativen Auswertung der Molekülsignaturen der Fahne eingearbeitet werden.

Die folgende Gleichung beschreibt vereinfacht die Strah-
lungsanteile, die vom DPI gemessen werden:

$$I = E_A B_A + T_A (E_S B_S + T_S E_G B_G)$$

mit

E_A Emissivität des Vordergrundes

B_A Planckfunktion des Vordergrundes

T_A Transmittanz zwischen Fahne und Vordergrund
E_S Emissivität der Fahne
B_S Planckfunktion der Fahne
T_S Transmittanz in der Fahne
E_G Emissivität des Hintergrundes (Himmel, Wolken)
B_G Planckfunktion des Hintergrundes

Der Einfluß des Strahlungshintergrundes kann durch eine sogenannte Abseitsmessung bestimmt werden. In diesem Fall wird das Gerät gegen den Himmel gerichtet und dessen Emissionsspektrum gemessen. Da dieses Spektrum witterungsabhängig ist, muß eine solche Messung bei Wetteränderung wiederholt werden.

Die Transmittanz des Vordergrundes wird mit einer speziell für das K300 entwickelten Software des Heinrich-Hertz-Institut, Berlin spektral in der gleichen Auflösung wie die Fahnenmessung berechnet und daher bei der quantitativen Analyse der Messung entsprechend berücksichtigt.

3.1.2 Kalibrierung bei Fernerkundungsmessungen

Ein besonders wichtiger Punkt bei der Fernerkundung ist die quantifizierbare Datenerfassung, d. h. eine Konzentrationsbestimmung. Folgende Einflüsse sind da zu berücksichtigen:

- Verwendung geeigneter Kalibrierroutinen: Diese Prozeduren dienen zur Ermittlung der Umrechnungsfaktoren zwischen Detektorspannung am Gerät und tatsächlich auftretenden Strahlungleistungen. Die Referenzdaten werden mit einem Schwarzkörperstrahler ermittelt, dessen Temperatur auf $\pm$ 1 °C eingestellt werden kann.

- Intensität der Molekülresonanzen: Diese hängt von folgenden Parametern ab:

o Übergangswahrscheinkeiten (molekülspezifische
  Naturkonstanten, die unabhängig von der Meßsitua-
  tion sind)

o Temperatur der Moleküle: Die Strahlungsintensität
  ist umso größer, je höher die Temperatur ist. Es
  kann hier jedoch der physikalische Effekt ausgenutzt werden, daß die Einhüllende der Molekülresonanzen der Planck'schen Strahlungsformel folgt.
  Die Temperatur der Abgasfahne kann direkt aus dem
  gemessenen CO_2-Spektrum in der Fahne bestimmt werden

o Meßvolumen in der Fahne, das geometrisch bestimmt
  werden muß

o Konzentration

Die Konzentration kann dann ermittelt werden, wenn das System gemäß der oben beschriebenen Prozeduren kalibriert,
die Parameter der Strahlungsintensität bestimmt und der
Einfluß von Strahlungsvorder- und -hintergrund berücksichtigt wurden.

3.1.3 Meßergebnisse

Erste Messungen wurden an zwei Müllverbrennungsanlagen in
Deutschland und der Schweiz durchgeführt. Folgende Schadstoffe konnten nachgewiesen werden:

CO_2, CO, NO, NO_2, HCl

Folgende Schadstoffkonzentrationen wurden ermittelt und mit
gleichzeitigen in-situ Messungen verglichen:

Schadgas	DPI-Ergebnisse [ppm]	in-situ Ergebnisse [ppm]
CO	54 – 90	29 – 128
NO_x	109 – 141	103 – 130
HCl	63	97
Temperatur der Fahne	160 °C	160 °C

Die Übereinstimmung zwischen DPI- und in-situ Ergebnissen ist sehr gut. Im Falle HCl wurde nur eine Messung durchgeführt. Abb. 5 zeigt den Vergleich eines Tagesganges von CO, gemessen einmal in-situ und einmal mit dem DPI.

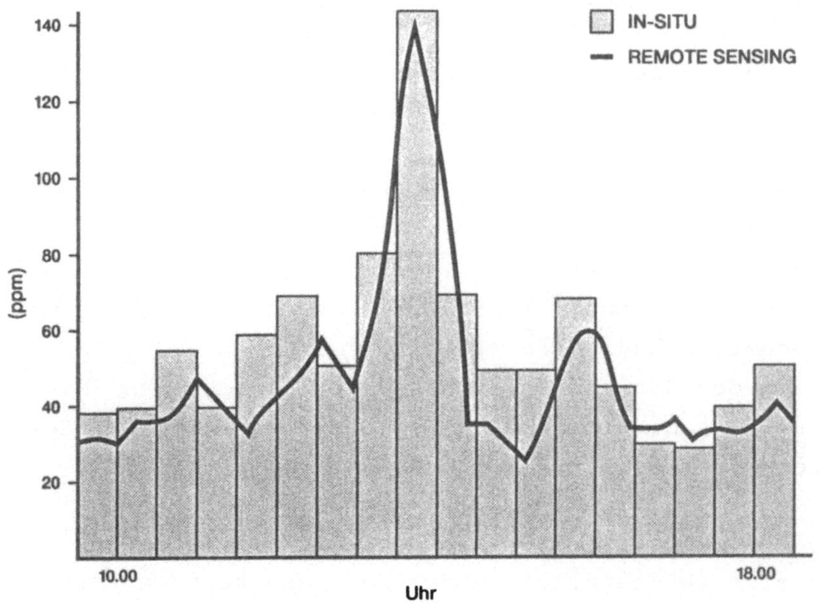

Abb. 5: Tagesgang von CO an einer MVA, mit DPI und in-situ gemessen

3.2   Messung diffuser Emissionen, Immissionsmessungen

3.2.1 Verfahren

Da für diese Applikationen das gleiche Meßverfahren eingesetzt wird, können diese beiden Aufgaben hier gemeinsam behandelt werden.

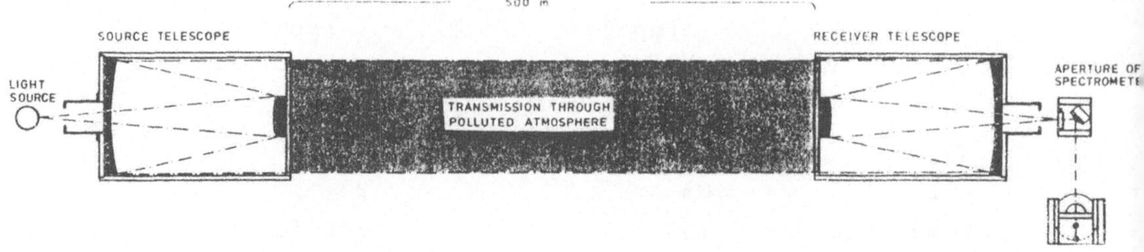

Abb. 6: Meßkonfiguration für Absorptionsmessungen

Die Messung der Eigenstrahlung ist in aller Regel nicht
möglich, da die zu untersuchenden Schadstoffe zumeist Umgebungstemperatur besitzen und daher keine Strahlung emittieren können. Statt dessen werden für diese Applikationen
Absorptionsmessungen durchgeführt, wie dies in Abb. 6 dargestellt ist.

Aufgrund der in der Regel viel kleineren Konzentrationen
sind lange Absorptionswege (5 - 500 m) und eine heiße Quelle (> 800° C) erforderlich. Die Erfassung der mittleren
Konzentration bestimmter Spurengase ist vom Auswerteaufwand
her einfacher. Schadstoffe wie z.B. CO, CO_2 und CH_4 können
bis weit in den Sub-ppm-Bereich nachgewiesen werden. Nachteilig bei diesem Verfahren ist, daß nur räumliche Mittel-
werte über die Meßstrecke gemessen werden können.

Es ist ebenso möglich, anstelle einer Absorptionsmeßstrecke
eine Gaszelle (Whitezelle) an das K300 anzukoppeln. Mit
dieser Vielfachreflexionszelle können lange Meßstrecken
simuliert werden, und trotzdem findet eine lokale Probenahme statt.

3.2.2 Kalibrierung

Die Kalibrierung ist bei Absorptionsspektroskopie wesentlich einfacher als bei der Emissionsspektroskopie an Abgasfahnen. Es werden die üblichen Verfahren angewendet:

- Kalibration der Detektorspannungen mit einem
  Schwarzkörperstrahler

- Ermittlung von Referenzkonzentrationen im Labor
  an Gaszellen mit bekannten Konzentrationen

- Berechnung der effektiven Transmittanz in der Meßstrecke hervorgerufen durch Wasserdampf- und
  CO_2-Absorptionen

3.2.3 Meßergebnisse

Bisher wurden nur Immissionsmessungen in der Nähe einer
Müllverbrennungsanlage in der Schweiz durchgeführt. Folgende Ergebnisse wurden erzielt:

Schadstoff	Konzentration [ppb]
CO	120
NO	nicht identifiziert
NO_2	10
CH_4	1200
SO_2	nicht identifiziert

3.3 Schadstoffpalette

Die Schadstoffpalette ist damit bei weitem nicht ausgeschöpft. Derzeit wird die Schadgasliste auf die drei wichtigsten HKW's und Benzol erweitert. Grundsätzlich kann fast
jeder anorganische und alle leichtflüchtigen organischen
Schadstoffe mit dem FTIR-Verfahren bestimmt werden.

Die Stoffe O_2, N_2, H_2, Cl_2 und F_2 können aufgrund eines
physikalischen Ausschließungsprinzip nicht gemessen werden.
Schwerflüchtige organische wie PAH's, Dioxine und Furane
können nicht quantitativ nachgewiesen werden, da diese
Stoffe teilweise in Partikelform in der Luft vorliegen.

4.   REFERENZEN

/1/   H. Rippel and G. Jaacks, "Performance Data of the
       Double Pendulum Interferometer", Mikrochim. Acta II,
       (1988)

/2/   H. Mosebach, H. Rippel, H. Bittner, D. Kampf,
       T. Richter, Y. Schulz-Spahr, "Emission and Immission
       Measurements of Gaseous Pollutants using the Double
       Pendulum Interferometer", SPIE Vol 1269 (1990)

/3/   W. F. Herget, "Spectral Measurements of Stack Con-
       centrations using a Mobile FT-IR System", Appl. Opt.
       21, (1982)

Theoretical Examinations of Atmospheric Radiative Transfer in Remote Sensing of Air Pollution by FTIR Spectroscopy

R. Haus, K. Schäfer, L. Martini
Heinrich-Hertz-Institut für Atmosphärenforschung und
Geomagnetismus, 1199 Berlin, Rudower Chaussee 5/6.

Summary

The ground-based measurement of emissions from stack exhaust
gases is simulated by radiative transfer calculations. The PC-
FORTRAN software contains a line by line algorithm for
calculating atmospheric transmittances and radiances for classified weather conditions corresponding to LOWTRAN 6. The plume
background is treated as a multi-layer system. A selection of
characteristic spectral regions is performed to determine the
concentrations of H_2O, CO_2, CO, CH_4, NO, NO_2, SO_2, N_2O and HCl. As
an example, different plumes and meteorological conditions,
respectively, are simulated for HCL.

Zusammenfassung

Die bodengebundene Messung der Emission von Kamin-Abgasen wird
mit Hilfe von Strahlungstransport-Rechnungen simuliert. Die PC-
FORTRAN-Programme enthalten einen Linie-für-Linie-Algorithmus
zur Berechnung atmosphärischer Transmittanzen und Radianzen für
klassifizierte Wetterlagen entsprechend LOWTRAN 6. Der Hintergrund der Rauchfahne wird als Mehrschichtensystem betrachtet. Es
erfolgt die Auswahl der charakteristischen Spektralregionen zur
Bestimmung der Konzentrationen von H_2O, CO_2, CO, CH_4, NO, NO_2,
SO_2, N_2O and HCl. Am Beispiel einer HCL-Sondierung werden unterschiedliche Abgasfahnen und meteorologische Bedingungen
simuliert.

Introduction

Infrared spectroscopic methods of air analysis make use of the
physical principle that almost every atmospheric molecule ex-
hibits characteristic spectral structures in the infrared
spectral region, originating from energy transitions between
specific vibrational and rotational levels and the corresponding
absorption and emission of radiation. Thus, absorption of
radiation crossing an atmospheric path (immission) as well as
emission of radiation from hot sources (e.g. stack exhaust
gases) can be explored. FTIR spectroscopic measurements yield
informations about all air components simultaneously, which have
to be separated by suitable analysis algorithms.

Theoretical basis

The propagation of radiation in the atmosphere is described by
the equation of radiative transfer. Assuming plane parallel atmospheric layers, full absorption (i.e. absorption of the scat-

234

tered part of radiation at the place of scattering, too) and axialsymmetry, the radiance I_Δ, reaching the ground can be decribed by

$$I_{\Delta v}(z_0,\mu) = \int_{\Delta v} \int_1^{\tau(z_0,z_t,\mu)} B_v(z)\ d\tau_v(z_0,z,\mu)\ dv \qquad (1)$$

where B is the Planck function, τ the transmittance, ν the wavenumber, $\Delta\nu$ the spectral region corresponding to the spectral resolution, z_0 and z_t the observer position at the ground and upper boundary of the model atmosphere, respectively, μ the cosine of the zenith angle of radiation direction. The transmittance of a homogeneous atmospheric layer of thickness s consisting of j components (gases and aerosols) may be calculated from

$$\tau_v(s,\mu) = \prod_{i=1}^{j} \exp\ [-(k_v^{\,i} \cdot n^{\,i} \cdot s)/\mu]\ . \qquad (2)$$

n^i is the concentration of the i th constituent and k_v^i the corresponding monochromatic extinction coefficient.

The calculation of the wavenumber integrated coefficient k_Δ, for molecular air components was carried out by means of a line by line procedure on the basis of spectral line parameters from the HITRAN catalogue /1/. The way of considering lines outside the interval $\Delta\nu$, i.e. the consideration of line overlap, is of great importance in this context.

Aerosol absorption and extinction coefficients were determined using Mie theory, and existing data sets, respectively. They show a small spectral variability. Thus, mean values in $\Delta\nu$ have been used.

In a strong simplifying atmospheric three layer model (consisting of background b, plume p, and foreground a), the radiance at the ground can be calculated from

$$I = I_b\,\tau_a\,\tau_p + I_p\,\tau_a + I_a \qquad (3)$$

with

$$I_p = B(T_p)\ [1-\tau_p]\ . \qquad (4)$$

$B(T_p)$ is the Planck function at plume temperature.

A detailed survey of theoretical foundations of infrared spectroscopic air analysis is given in a HHI report by R.Haus and H.Goering /2/.

For the simulation of stack radiances, extensive investigations concerning the radiation background as well as the foreground have been accomplished using PC software.

<u>Results</u>

In calculating the background radiation, a five layer model was found to produce optimal results with respect to accuracy and computer time. The background influence on the radiation emitted from the plume depends on spectral region, plume temperature and composition as well as meteorological conditions (aerosols, clouds). It determines the pollutant detection limits.

Before an interpretation of measured spectra can be made, a selection of spectral ranges for all interesting pollutants has to be carried out where an unambiguous assignment of measured values is possible. In most cases, namely, the identification of a substance is complicated by the influence of disturbing gases. Till now, this selection has been performed for the molecules H_2O, CO_2, CO, CH_4, NO, NO_2, SO_2, N_2O and HCl.

The four figures show selected results of a HCl simulation with the following parameters: stack height 120 m, distance between device and stack base 300 m, plume diameter 3.5 m, plume temperature 150°C (423 K), US Standard Atmosphere 1976, Urban aerosol model from /3/, no clouds, spectral resolution 0.1 cm^{-1} (1.0 cm^{-1} in Fig. 1).

To begin with Figure 1, the hypothetical one-component radiances of possible active atmospheric constituents in the spectral region from 2750 to 2800 cm^{-1} (HCl 10 ppm, H_2O 20 %, CO_2 20 %, N_2O 100 ppm, CH_4 1000 ppm) are shown there. A suitable location for the HCl detection arises at around 2776 cm^{-1} where CH_4 was found to be the only significant disturbing gas, in spite of the fact that for all disturbers extreme high concentrations were assumed.

Figure 2 shows the calculated radiances for different plume concentrations between 1 and 10 ppm HCl including 100 ppm CH_4. A HCL detection is not problematic down to 1 ppm in the plume. For lower concentrations, however, the detection will be difficult because the influence of CH_4 may dominate the plume signal, as can be seen from Figure 3. The detection limit increases as the plume temperature decreases. At 50°C, for example, a limit of 10 ppm was found (see Fig.2).

In Figure 4, the background radiation is shown in dependence on different aerosol and cloud models. There is a considerable variability in the results of more than two orders of magnitude. A cloudy atmosphere with or without rainfall (the results for different cloud and rain models differ only slightly) as well as fog conditions yield the highest values which are located near the Planck curve for the foreground temperature. Thus, a detection of plume emissions may be more problematic for these cases.

Some of the numerical algorithms used to obtain the results presented above are part of the interpretation software of the K300 spectrometer developed by the Kayser-Threde GmbH. Within a BMFT project, a mobile measuring system with the K300 being the heart will be employed and tested soon to determine emissions and immissions from industrial plants.

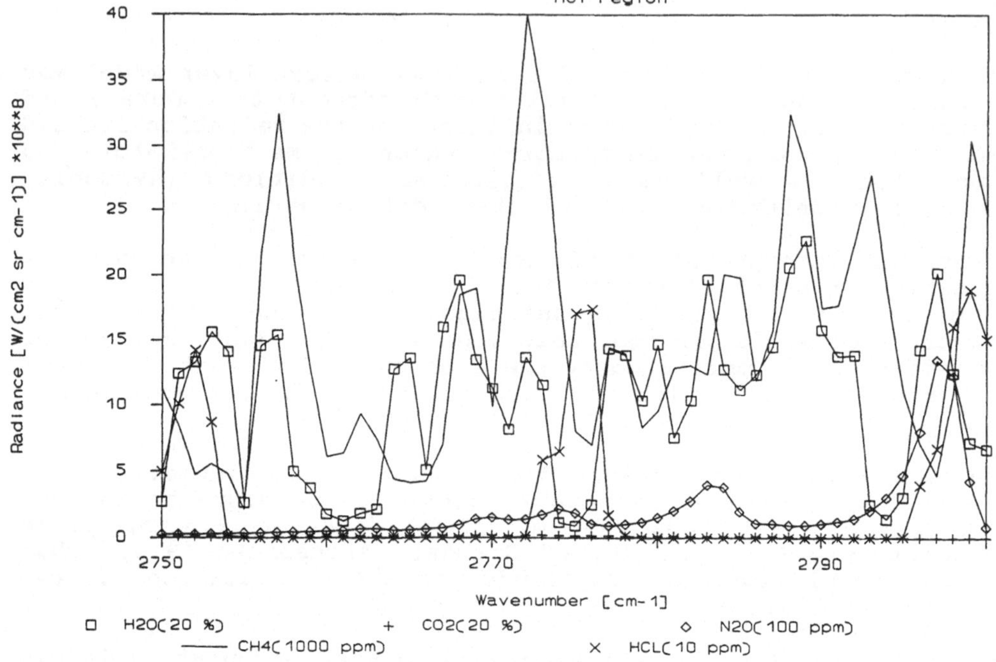

Fig. 1. Single gas radiances in the spectral region from 2750 to 2800 cm-1.
Radiance values must be multiplied by a factor 10^{-9}.

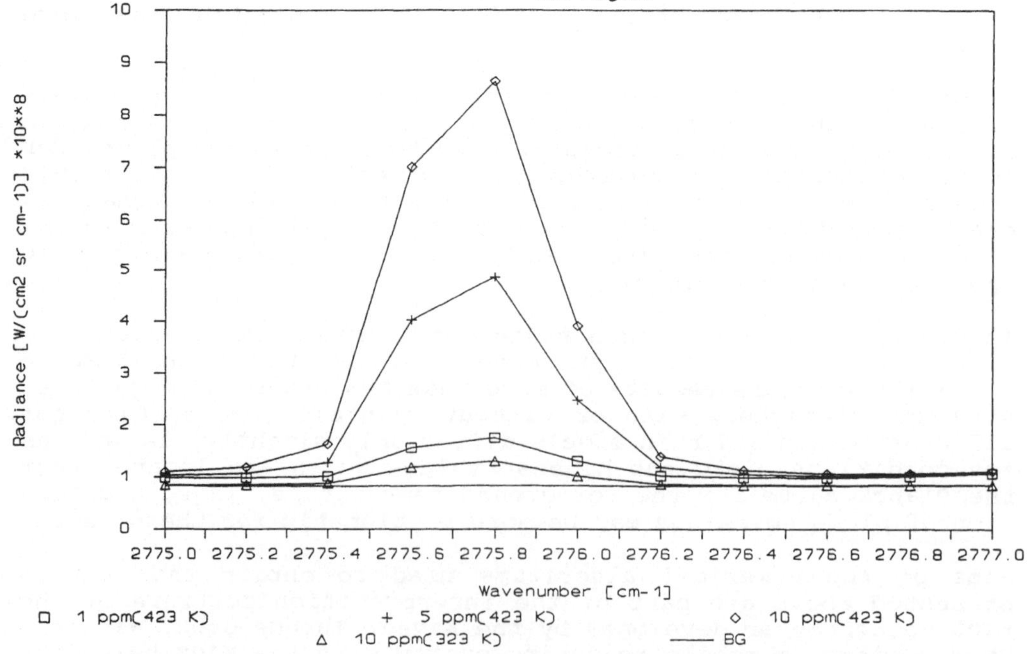

Fig.2. Variation of HCL radiances in dependence on plume concentration.
Radiance values must be multiplied by a factor 10^{-8}.

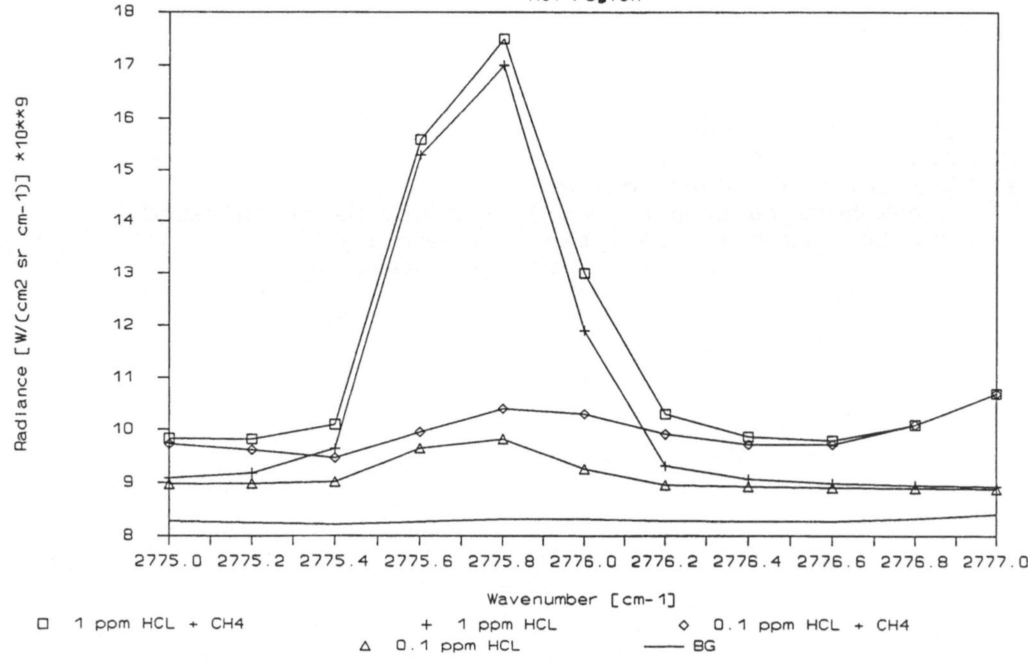

Fig.3. Influence of CH$_4$ on a HCL sounding.
Radiance values must be multiplied by a factor 10^{-9}.

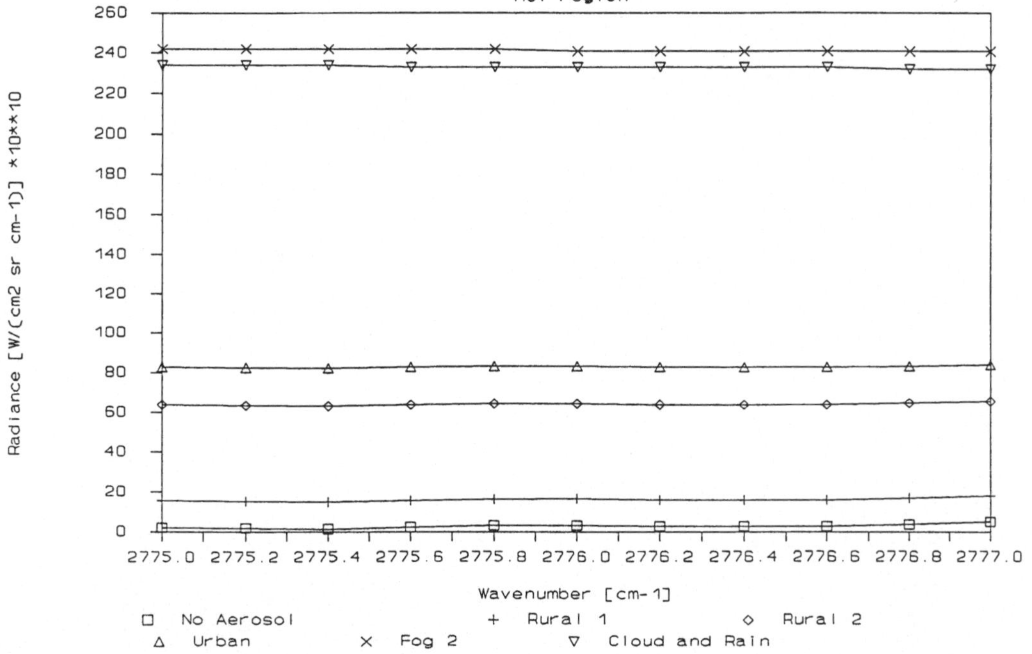

Fig.4. Background radiation in the HCL region in dependence on the aerosol model.
Radiance values must be multiplied by a factor 10^{-10}.

238

Literature

/1/ Rothman,L.S. et al. 1987.
    The HITRAN database. 1986 edition.
    Appl. Opt. **26**, 4058-4097.
/2/ Haus,R. and H.Goering 1991.
    Atmosphere related physical foundations of infrared
    spectroscopic air analysis. (In German)
    Report of the Heinrich Hertz Institut, Berlin.
/3/ Kneizys,F.X. et al. 1983.
    Atmospheric Transmittance/Radiance: Computer Code LOWTRAN 6.
    AFGL-TR-83-0187.

Spektroskopische Fernmessung von Luftschadstoffen unter Einsatz eines Michelson Interferometers mit rotierenden Retroreflektoren

Spectroscopic Remote Sensing of air pollutants using a Michelson Interferometer with rotating Retroreflectors

P. Haschberger[*], V. Tank[**]

Zusammenfassung

Vorgestellt wird ein neuartiges Michelson Interferometer für die Fourierspektroskopie, das mit rotierenden Retroreflektoren anstelle eines translatorisch bewegten Planspiegels arbeitet. Die Eignung des Geräts speziell für den mobilen Einsatz auf dem Gebiet der Umweltmeßtechnik wird anhand der Forschungsarbeiten beschrieben.

Abstract

A new device for the Fourier transform spectroscopy is introduced. Instead of the laterally moved plane mirror two rotating retroreflectors are used to generate the optical path difference. The new interferometer is especially suitable for the mobile operation as it is shown by some applications in the fields of environmental monitoring and remote sensing.

Aufbau, Funktionsweise von MIROR

In Zusammenarbeit mit dem Lehrstuhl für Elektrische Meßtechnik, TU München, wurde am Institut für Optoelektronik der DLR Oberpfaffenhofen ein neuartiges Michelson Interferometer MIROR (Michelson Interferometer mit rotierenden Retroreflektoren) entwickelt [1],[2],[3]. Von dem konventionellen Michelson Interferometer zur Fourierspektroskopie unterscheidet sich MIROR in zwei wesentlichen Punkten (Bild 1):

---

[*]   Dipl.-Ing. Peter Haschberger, DLR Oberpfaffenhofen, Abt. NE-OE-IR
     Münchener Straße 20, D-8031 Oberpfaffenhofen, (08153) 28-1336

[**] Dr.-Ing. Volker Tank, DLR Oberpfaffenhofen, Abt. NE-OE-IR
     Münchener Straße 20, D-8031 Oberpfaffenhofen, (08153) 28-774

1) Die beiden Planspiegel des klassischen Aufbaus sind durch Retroreflektoren
    ersetzt. Ein einfallendes Strahlenbündel wird dadurch unabhängig von der
    Stellung des Retroreflektors parallel reflektiert. Ein fester Planspiegel wirft den
    Strahl in sich zurück zum Strahlteiler. Durch diese Anordnung läßt sich der Aufbau
    sehr einfach justieren: Die Position der Reflektoren relativ zum Strahlteiler hat
    keinen Einfluß auf den Strahlengang (*tilt/shear compensation*). Spezielle Verstell-
    Elemente zur Reflektorpositionierung entfallen somit. Die hinsichtlich ihrer
    Justierung kritischen Planspiegel sind fest und können daher mechanisch stabil
    montiert werden.
    Die Faltung des optischen Pfades aufgrund der 180°-Umlenkung der Strahlen-
    bündel im Reflektor macht einen kompakten Aufbau möglich.

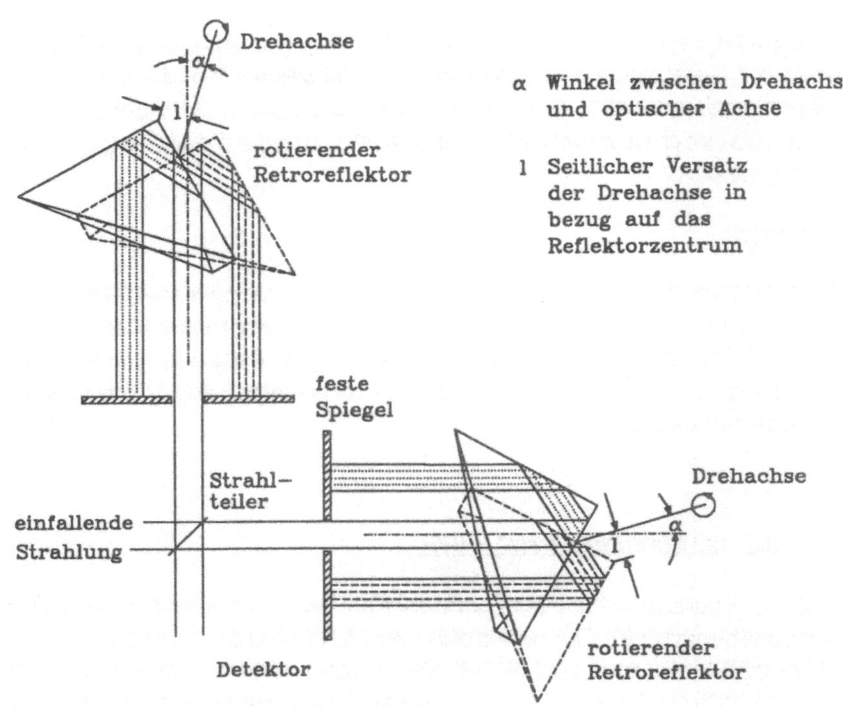

Bild 1: Michelson Interferometer mit zwei rotierenden Retroreflektoren

2) Der bewegliche Reflektor wird nicht translatorisch bewegt, sondern er rotiert um
    eine in bezug auf die optische Achse um den Winkel α geneigte Drehachse.
    Durch einen zusätzlichen seitlichen Versatz l der Antriebsachse gegenüber dem
    Reflektorzentrum führt der Reflektor während der Rotation eine Nutation in
    Richtung der optischen Achse aus. Sie generiert den zur Erzeugung des
    Interferogramms notwendigen optischen Hub. Im Vergleich zu dem normaler-
    weise translatorisch geführten beweglichen Spiegelelement hat die Rotation
    wesentliche Vorteile: Die Lagerung kann anstatt mit Präzisions-Gleitlagern mit

Hilfe einfacher Kugel- oder Wälzlager erfolgen. Den Antrieb übernimmt eine Gleichstrom- oder Schrittmotor. Die komplexe Regelung des *stop-and-go*-Betriebs entfällt.

Vor allem für den Einsatz als Satelliten-getragenes System ist es wesentlich, daß durch die Rotation keine Linearbeschleunigungen mehr auftreten. Mit einer entsprechenden Auswuchtung kann die Drehfrequenz (und damit die Meß-frequenz) nahezu beliebig gesteigert werden. Die maximale Meßrate wird nur durch das Übertragungsverhalten des Detektors oder der nachfolgenden Erfassungselektronik (z.B. Analog/Digital-Umsetzer) bestimmt und nicht (wie beim konventionellen Aufbau) durch die Mechanik.

In einem Labormodell wurde zunächst eine Anordnung realisiert, bei der lediglich einer der beiden Reflektoren rotiert. Das Gerät arbeitet mit zwei 2.5"-Reflektoren und einem InSb-Detektor für den mittleren IR-Bereich (2-5 μm). Bei einer maximalen Dreh-geschwindigkeit von 200 min^{-1} (begrenzt durch die Umsetzrate des AD-Umsetzers) durchfährt der rotierende Reflektor einen optischen Hub von max. 1.1 cm. Bild 2 zeigt das Ergebnis einer solchen Messung mit maximaler Auflösung.

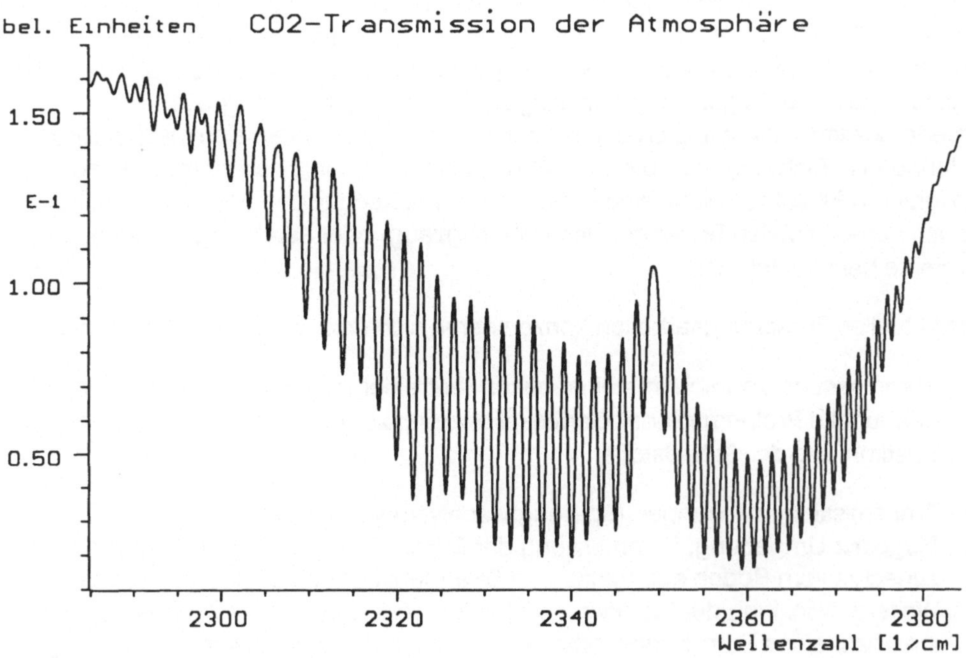

Bild 2: Spektrum (Ausschnitt) von atmosphärischem CO_2 (s_{max} = 1.1 cm)

Für Konzentrationsberechnungen aus fourierspektroskopischen Fernmessungen ist die mit dem Laboraufbau erreichbare spektrale Auflösung von etwa 1 cm^{-1} zu gering. In Kooperation mit dem Institut für Kosmosforschung IKF, Berlin, wird gegenwärtig daher ein feldtaugliches Gerät entwickelt, das Spektren mit einer Auflösung von etwa 0.1 cm^{-1} liefern wird. Der Aufbau arbeitet nach dem in Bild 1 dargestellten Prinzip der zwei rotierenden Reflektoren. Der maximale optische Hub s_{max} berechnet sich dafür aus

$$s_{max} = 16 \cdot l \cdot \sin(\alpha) \cdot \sin(\psi/2) \tag{1}$$

wobei ψ den Phasenwinkel zwischen den beiden Reflektoren darstellt. Mit $\psi = 180°$, $\alpha = 16.5°$ und $l = 2.55$ cm ergibt sich $s_{max} = 11.6$ cm. Werden Reflektoren mit einem Aperturdurchmesser von 5" (12.7 cm) gewählt, beträgt der maximal zulässige effektive Durchmesser eines elliptischen Strahlenquerschnitts (= Optimalform) noch mehr als 3 cm. Die Ansteuerung der Dreheinheiten erfolgt über Schrittmotoren, die aus einer gemeinsamen Taktquelle versorgt werden. Auf dieses Weise ist gewährleistet, daß die Phasenbeziehung zwischen den beiden Reflektoren während der Messung konstant bleibt.

Einsatzbereiche, Entwicklungsziele

Aufgrund der vorgestellten Eigenschaften des MIROR-Konzepts eignet sich das Gerät vor allem für den mobilen Einsatz: Die Spiegelantriebe herkömmlicher Fourier-spektrometer sind extrem empfindlich gegen mechanische Störungen, da der Haupt-Freiheitsgrad ihrer Lagerung gleichzeitig zur Erzeugung der Meßgröße "Interferogramm" dient. Durch den rotatorischen Antrieb wirken sich mechanische Störungen in Richtung der optischen Achse bei MIROR ungleich schwächer aus. Bevorzugte Einsatzbereiche sind daher umweltmeßtechnische Applikationen, bei denen neben mobilen Bodengeräten auch flugzeug- oder satellitengetragene Systeme benötigt werden.

Die aktuellen Forschungsarbeiten konzentrieren sich dazu auf drei Schwerpunkte:

1) Fernmessung von Schornsteinabgasen (betreiber-unabhängig) und die damit gekoppelte Problematik der Gerätekalibrierung zur qualitativen und quantitativen Bestimmung der Schadstoffe.

2) Transmissionsmessungen (Spurengasanalyse) von Flugzeugabgasen in Flugplatz-Umgebung, Fernmessung der Emissionen von Strahltriebwerken, zunächst vom Boden aus (gefesselte Strahlflugzeuge), zur Überprüfung und Weiterentwicklung der Kalibrier- und Meßprozedur. In einem folgenden Schritt ist innerhalb eines Forschungsvorhabens "Luftverkehr und Umwelt" ein flugzeug-getragenes Fourierspektrometer geplant, das während des Flugs ein zwei-dimensionales Profil der Strahldichte des Abgasstrahls (in Längs- oder

Querrichtung) aufnimmt. Dies kann vom eigenen Flugzeug oder von einem parallel fliegenden Flugzeug aus erfolgen. Mit Hilfe dieser Meßreihen erhält man Aufschluß über Schadstoffkonzentration und -verteilung in der Stratosphäre. Unterstützt wird dieses Projekt durch Modellrechnungen, die die IR-Signatur von Verkehrsflugzeugen und die Transmission der Atmosphäre simulieren.

3) Identifikation der Erdoberfläche aufgrund ihrer IR-Signatur, Messung der spektralen Emissivität und der Oberflächentemperatur vom Satelliten aus. Die Auswertung dieser Daten liefert Informationen über die Energiebilanz und den Strahlungshaushalt der Erde [4].

<u>Literatur</u>

[1] Tank, V.: Interferometer.
Europäisches Patent 0146768 vom 01.02.1989

[2] Tank, V.; Dietl, H.; Haschberger, P.; Mayer, O.: Interferometer.
Deutsches Patent P 4005491.8 angemeldet 02.02.1990

[3] Haschberger, P.; Mayer, O.; Tank, V.; Dietl, H.: Michelson Interferometer with Rotating Retroreflector: A Laboratory Model for Environmental Monitoring.
in: Applied Optics **29** (1990), Nr. 28, S. 4216-4220

[4] Böhl, R.; Lehmann F.; Miosga, G.; Richter, R.; Tank, V.: Thermal Infrared Profiling Spectrometer TIPS.
DLR-Proposal to NASA, ESA 1988

Ein flugzeuggestütztes Fourierspektrometer zur Messung atmosphärischer Spurenstoffe

F. Fergg *, F. Vallon **, Ch. Weddigen***

*   Dipl.-Phys. F. Fergg, SENSORLAB GmbH , Jutastraße 5, 8000 München 19
**   Dipl.-Phys. F. Vallon, Meteorologisches Institut der Universität München, Barbarastraße 16, 8000 München 40
***   Prof. Dr. Ch. Weddigen, Kernforschungszentrum Karlsruhe, Postfach 3640, 7500 Karlsruhe 1

Abstract

Within the MIPAS (Michelson Interferometer for Passive Atmospheric Sounding) program a high resolution Fourierspektrometer for atmospheric emission measurements from aircraft has been developed. Technical features of the cooled instrument and preliminary atmospheric emission spectra are presented.

Zusammenfassung

Im Rahmen des MIPAS (Michelson Interferometer for Passive Atmospheric Sounding) Programmes wurde ein höchauflösendes Fourierspectrometer zur flugzeuggestützten Messung der atmosphärischen Emission entwickelt. Technische Daten des gekühlten Gerätes und vorläufige atmosphärische Spektren werden präsentiert.

Einleitung

Im Rahmen des MIPAS (Michelson Interferometer for Passive Atmospheric Sounding) Programms werden hochauflösende Fourierspektrometer zur Fernerkundung atmosphärischer Spurenstoffe mittels Infrarotspektroskopie entwickelt und eingesetzt. Dabei kommen zwei Meßmethoden zum Einsatz, die optische Transmissionsmessung und die Emissionsmessung.

Bei der Transmissionsmessung wird die spektrale Transmission eines Luftvolumens unter Verwendung einer Hilfsstrahlungsquelle (Sonne oder experimentgebundener Strahler) gemessen. Der Nachteil dieses Verfahrens besteht im wesentlichen darin, daß die Verwendung der Hilfsstrahlungsquelle die

Einsatzmöglichkeiten in vielen Fällen erheblich einschränkt. So kann z.B. die Messung gegen die Sonne (Okkultationsmessung) Tagesgänge wichtiger Spurenstoffe, die für das Verständnis photochemischer Abläufe in der Atmosphäre wesentlich sind, nur unzureichend erfassen.

Bei der Emissionsmessung wird die Atmosphäre als selektiver Strahler verwendet, wobei die Meßgeometrie so gestaltet wird, daß der strahlende Hintergrund entweder bekannt (z.B. die Erdoberfläche bei der Verikalsondierung) oder vernachlässigbar ist (kalter Weltraum bei der Horizontsondierung). Mit Emissionsmessungen können -im Gegensatz zur Transmissionsmessung- Tagesgänge von Spurenstoffkonzentrationen bestimmt werden, was wesentliche neue Erkenntnisse bringt und insbesondere bei großräumigen flugzeuggestützten oder globalen satellitengestützten Messungen von großem Interesse ist. Zur Verbesserung der radiometrischen Empfindlichkeit und zur Reduzierung der Störstrahlung des optischen Aufbaus ist eine Kühlung des Spektrometers bei der Emissionsmessung von wesentlichem Vorteil.

Laufende Meßprogramme

Das Kernforschungszentrum Karlsruhe hat in den letzten Jahren gemeinsam mit der Industrie gekühlte Fourierspektrometer entwickelt und auf hochfliegenden Ballonen (40km) und Flugzeugen zum Einsatz gebracht. Für das Forschungsprogramm ASTOR wurde ein kühlbares Fourierspektrometer gebaut und bei einer Kampagne im Februar 1991 auf dem für ASTOR vorgesehenen Flugzeug vom Typ Transall technisch und wissenschaftlich erprobt.

Meßziele der flugzeuggestützten Messung

Simulationsrechnungen atmosphärischer Spurengase und Berechnungen der radiometrischen Empfindlichkeit des vorliegenden Gerätekonzepts ergeben, daß sich durch flugzeuggestützte Messungen aus etwa 10 Km Höhe Gesamtsäulendichten der folgenden Spurenstoffe ermitteln lassen:

Quellen: H_2O, CH_4, O_3, N_2O, F11, F12,
Senken: HNO_3
Radikale: NO, NO_2, ClO (?)
Reservoir: N_2O_5 (?)
Andere: $ClONO_2$, OCS,

Der Einsatz des Gerätes auf einem Flugzeug erlaubt die Erfassung wichtiger Spurenstoffe über großen Gebieten insbesondere auch über den wissenschaftlich besonderes interessanten Palarregionen. Die vom Sonnenstand unabhängige Emissionsmessung ermöglicht außerdem die Messung der Spurenstoffe während der Polarnacht.

Aufbau des Flugzeugexperiments

Bild 1 zeigt schematisch den Aufbau des gesamten Experiments. Die Strahlung aus der Atmosphäre wird über zwei Planspiegel dem Interferometer zugeführt. Der optische Gangunterschied im Interferometer wird durch die drehende Bewegung zweier Tripelspiegel erzeugt (Doppelpendelinterferometer). Danach wird die Strahlung über abbildende Optiken dem Infrarotdetektor (Si:Ga, LHe gekühlt) zugeführt. Bis auf den Zeigespiegel und das IR Fenster werden alle optischen Systeme mittels Trockeneis auf ca. 200K abgekühlt. Die gesamte Optik ist in einem mit trockenem Gas gespülten, hermetisch dichten Volumen untergebracht, das gegen die Atmosphäre durch ein IR Fenster abgeschlossen ist. Zur Eichung läßt sich ein passiver schwarzer Strahler vor den Strahlengang einklappen, der in der Eichstellung das IR Fenster vor Verschmutzung schützt. Die gesamte optische Anlage ist über herkömmliche passive Schwingungsdämpfer und ein Untergestell mit dem Flugzeug verbunden.

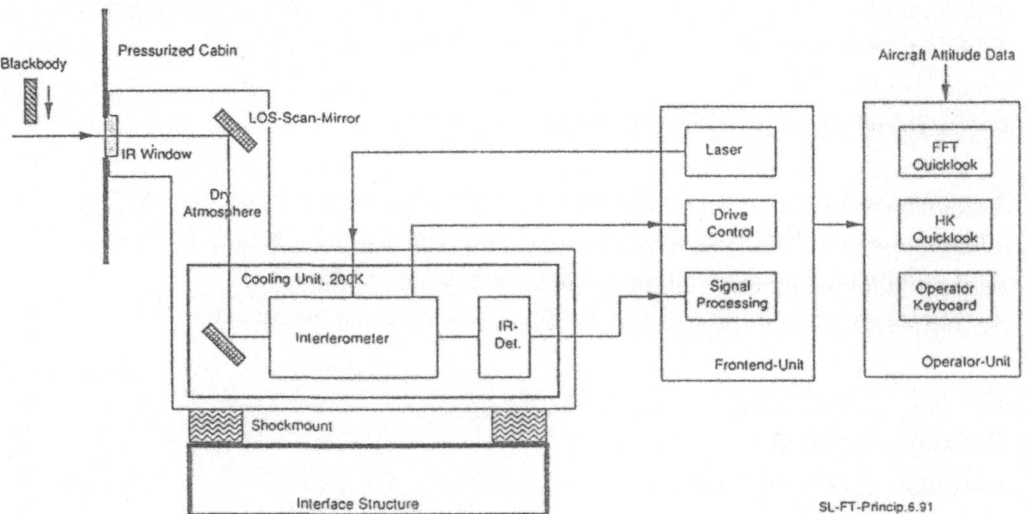

Fig. 1 Principle Layout of MIPAS Aircraft Instrument

Das System wird von einer Operatorkonsole aus bedient. Durch ein Quicklooksystem zur Rohauswertung von Spektren und zur Darstellung der Housekeepingdaten kann der Systemzustand jederzeit überprüft und den aktuellen Gegebenheiten angepaßt werden.

Die wesentlichen Rahmendaten des Experimentes sind:

- Spektralbereich: 4.5 - 15 µm
- spektrale Auflösung: 0.025 cm-1 (unapod.)
- Selektion von Spektralintervallen zur Verbesserung der Meßempfindlichkeit
- Optischer Hub: 20 cm einseitig/ ±7 cm zweiseitig
- Meßzeit für ein Interferogramm: typ. 4 s
- IR Detektor: Si:Ga, IHe gekühlt
- FOV: 1°
- Kühlung der Optik auf ca. 200K mittels Trockeneis.

Die Messung erfolgt durch ein seitlich im Flugzeug installiertes IR Fenster unter Elevationswinkeln von -10° bis 0° (Vertikalsondierung/Horizontsondierung) und 0° bis 20° (Bestimmung von Säulengehalten und. Nullpunkteichung). Ein weiterer Eichpunkt wird durch einen Frontend-Schwarzkörper ermittelt.

<u>Flugzeuggestützte Messung</u>

Bild 2 zeigt ein unkalibriertes Emissionsspektrum der Atmosphäre aufgenommen mit ungekühltem Gerät bei einer Flughöhe von ca 8.7km in nördlichen Breiten. Im unkalibrierten Spektrum entspricht die Basislinie etwa der Strahldichte Null; zunehmende Strahldichte ist der negativen Richtung der y-Achse zuzuordnen. Durch Kühlung des Gerätes auf 200K läßt sich die Meßzeit bei gleichem SNR etwa um den Faktor 5 reduzieren. Spektrale Signaturen von CO_2, H_2O, HNO_3 sowie Freon 11 und 12 können in diesem Rohspektrum gut identifiziert werden. Die Eichung der Spektren und die Ermittlung von Spurengaskonzentrationen oder Säulengehalten ist in Arbeit.

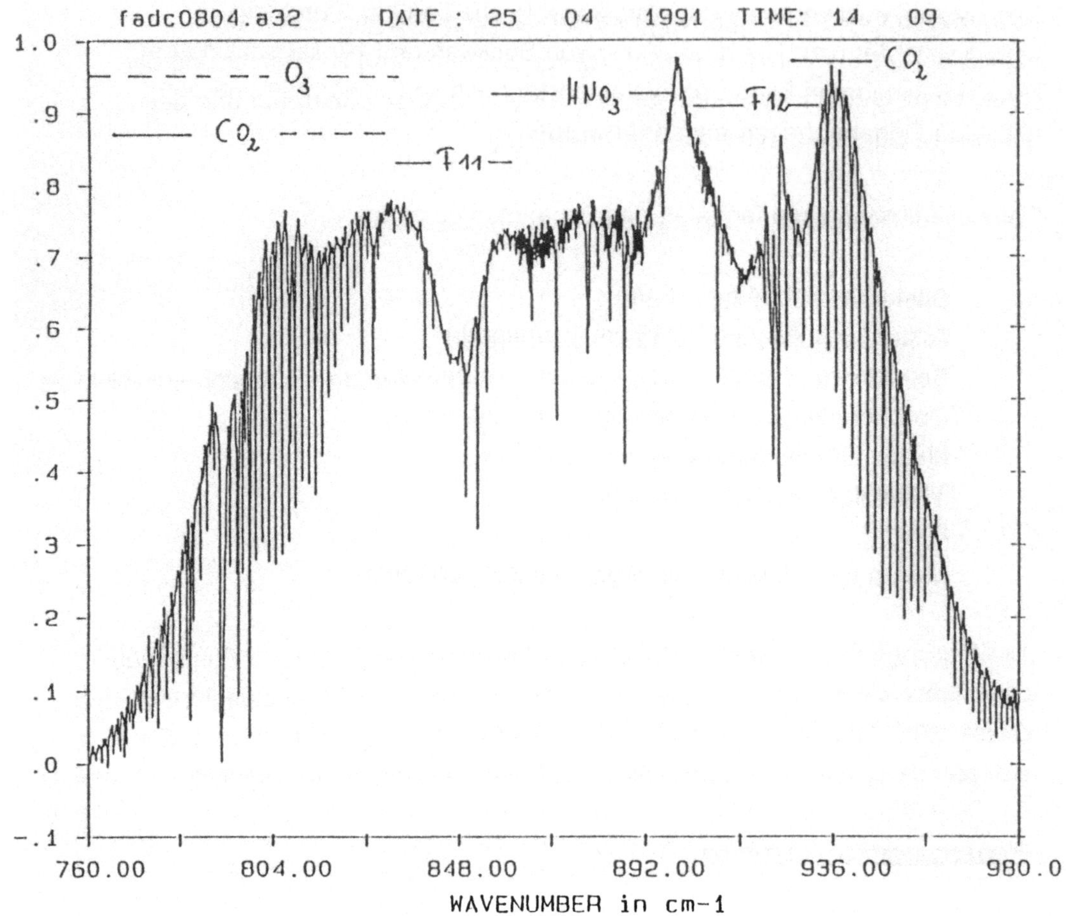

Fig. 2   Uncalibrated Atmospheric Emission Spectrum from Aircraft. LOS- Elevation 0°,
Altitude app. 8.7 km, Integration time 20 min. Some stronger spectral features are indicated.

Photoacoustic Methane Measurements

Ch. Gölz[1], M. Fiedler[2], U. Platt[1]

[1]Institut für Umweltphysik, Universität Heidelberg, INF 366, D–6900 Heidelberg, FRG
[2]now Batelle Inst. e.V., Am Römerhof 35, D–6000 Frankfurt, FRG

Abstract
In a field experiment nonresonant photoacoustic spectroscopy applying a $3.39\,\mu$m HeNe laser
was used to monitor the diurnal variation of the methane concentration in a cowshed in order
to estimate the CH_4 production rate of ruminants.

Zusammenfassung
In einem Feldexperiment wurde unter Verwendung eines $3.39\,\mu$m HeNe Lasers ein nichtresonan-
ter photoakustischer Detektor zur Messung der Methankonzentration in einem Kuhstall aufgebaut, um aus dem Tagesgang die von Wiederkäuern freigesetzte Methanmenge abzuschätzen.

Introduction

Atmospheric methane measurements provide important information for the radiation and temperature balance of the earth, since methane is, besides CO_2 and water vapour, the most important
greenhouse gas. The contribution of one methane molecule to the greenhouse effect is approximately 30 times higher than that of a CO_2 molecule. Presently, the tropospheric methane
concentration is 1.8 ppm and increased by 1 % per year during the last hundred years (Houghton
et al. 1990).
Major methane sources are divided into two groups:

- non–biogenic sources are the burning of biomass, coal mining and leakage of gas pipelines.
- biogenic methane is produced by organisms in anaerob environments like rice paddies and
  wetlands, organic waste in landfills, and the digestive system of ruminants and insects.

At our latitudes, the relevant biogenic sources are cattle and landfills.
Due to the very stable methane content of ambient air with fluctuations around 0.1 ppm, measurements of this 'atmospheric' methane require a high sensitivity (± 0.01 ppm). Near sources,
methane detection requires good dynamics, mobility of the instrument and a high time resolution. Furthermore, cross sensitivities must be avoided.
Conventional techniques for CH_4 measurements beyond resonant / nonresonant photoacoustic
spectroscopy (PAS) (Dewey et al. 1973, Goldan et al. 1974, Kreuzer 1971) are gas chromatography (GC) (Trapp 1990), absorption spectroscopy with HeNe lasers at $3.39\,\mu$m (McManus et
al. 1989) and diode laser spectroscopy (Sano et al. 1983). In contrast to spectroscopic techniques,
which usually measure the (small) difference between incident and transmitted radiation energy,
the photoacoustic signal is proportional to the energy absorbed in the probe. This energy is
linearly dependant on the trace gas concentration over several orders of magnitude. In addition
to this high dynamic range, the small cell volume and compact instrument design results in good
spatial and temporal resolution.
While in–situ PAS measurements have been performed for several species (see Sigrist 1989,
Boegli and Pleisch 1988), no photoacoustic field experiment monitoring CH_4 has been published to date. The detection limits of various laboratory PAS CH_4 measurements range between
0.1 and 1 ppm for both resonant (Dewey et al. 1973, Goldan and Goto 1974) and nonresonant
(Kreuzer 1971) instruments.
In our field experiment, we measured CH_4 concentrations in a cowshed in order to estimate the
production rate of the ruminant source. Our data demonstrates the possibility of CH_4 source
characterization with the PAS technique. Instrument performance sufficient to fully resolve
'atmospheric' CH_4 variations far from sources has yet to be achieved.

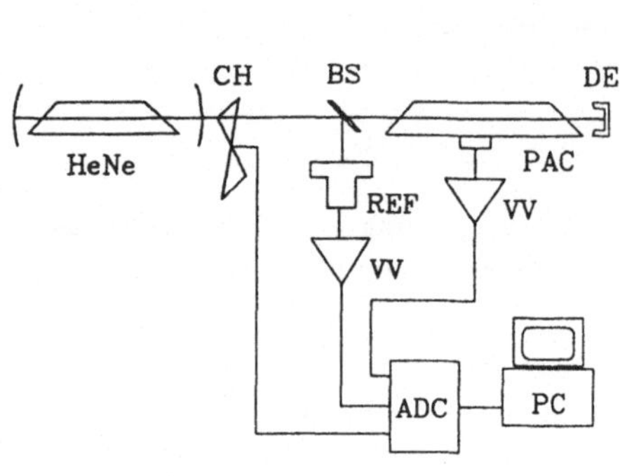

Fig. 1: Experimental setup
HeNe: 3.39 μm HeNe–Laser, CH: chopper, BS: beamsplitter, PAC: photoacoustic cell, REF: photoacoustic reference detector, VV: preamplifier, DE: detector for transmitted laser power monitoring.

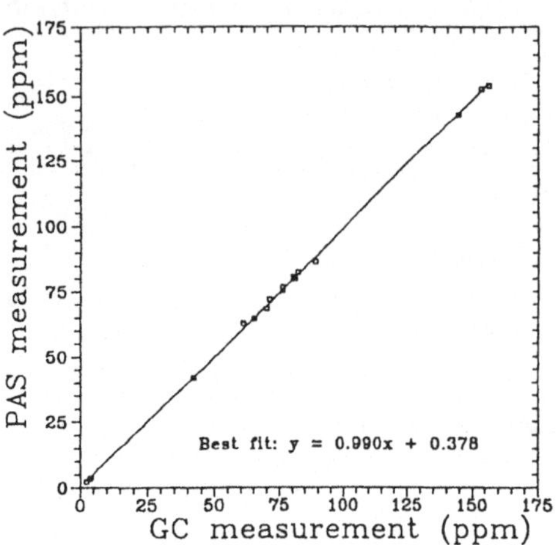

Fig. 3: Comparison between PAS and GC results for cowshed CH_4 concentrations

Experimental set–up and methode

The set–up used is illustrated in Fig. 1. As light source a HeNe laser (resonator length 1 m) was built. The resonator is equipped with one gold mirror and one dielectrically coated mirror with 30 % transmission. The output of the laser is 5 mW with a stability better than 5 %. The $1/e^2$ beam diameter was measured to be 3 mm, and the pointing stability is 0.2 mrad. The mode spacing is 150 MHz, the amplification profile width is 300 MHz. The laser usually oscillates on more than one transversal mode. Photoacoustic signal fluctuations were observed which had to be assigned to changes in the mode pattern.

After modulation by a mechanical chopper at 20 Hz frequency, the laser beam passes the non-resonant photoacoustic sample cell (brass, 20 cm length, 5 mm inner diameter). NaCl windows are pressed on gas tight indium seals at the Brewster angle. 1 mm drillings near each window form the gas in– and outlet.

Absorption by methane molecules in the cell and consequent thermal relaxation cause periodic pressure variations, which are detected by an electret microphone (Sennheiser KE 4-211-2) coupled to the photoacoustic cell by a hole of 0.5 mm diameter and about 0.5 mm length. The microphone signal is amplified by a preamplifier directly attached to the cell, converted into digital data and analyzed by a software–realized phase sensitive lock–in procedure. The sample rate of the ADC is 1 kHz, the integration time for a single measurement varies from 1 sec to 7 sec, however, in order to reduce the statistical noise several of these short–time measurements were combined. The signal of a photoacoustic reference detector filled with 20 % methane and 80 % N_2 receiving a fraction of the laser output via a beamsplitter is used for normalization.

Performance and detection limit

Four effects limit the sensitivity:

- The major noise source is the microphone ($1.5\,\mu V/\sqrt{Hz}$ measured, $0.13\,\mu V/\sqrt{Hz}$ stated by the manufacturer for the transmission range, ADC–noise $0.3\mu V/\sqrt{Hz}$ measured). The relative effect of this noise can be reduced by extension of the integration time. For an integration time of 60 sec typical noise levels are $0.2\,\mu V$, corresponding to a methane concentration of approx. 40 ppb.

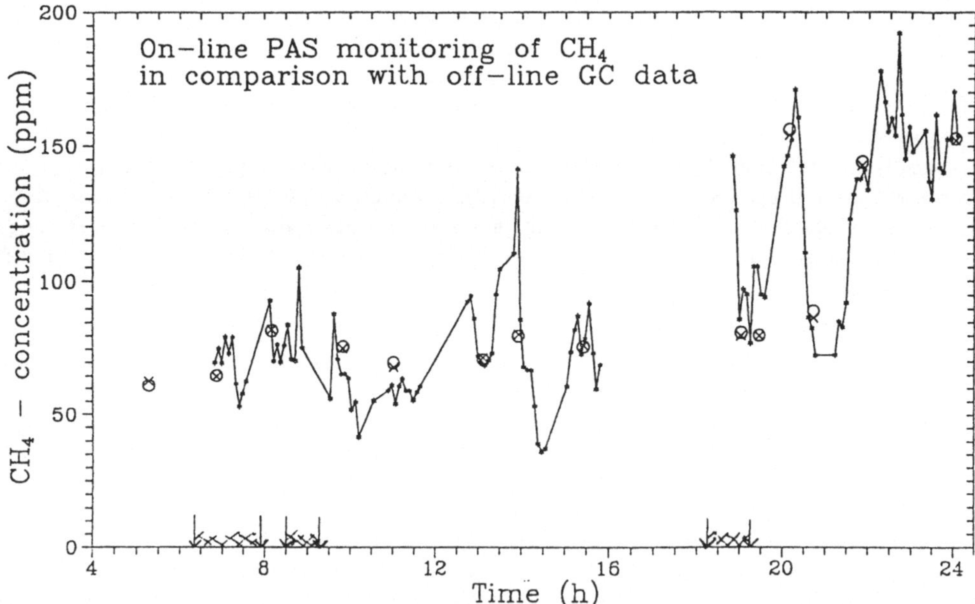

Fig. 2: PAS on–line measurement of methane concentration in a cowshed, comparison with GC results
o : GC measurements, x : PAS crosscheck of gas samples
the arrows indicate the beginning and end of the feeding times (shed doors were open during that time)

- A principal problem is the window signal: due to absorption of laser radiation in the cell windows and eventually illuminated parts of the walls, a coherent background signal is generated. The amplitude of this signal is equivalent to 1–2 ppm CH_4, its fluctuations, however, limit the detectivity. This fluctuations probably originate in changes of the mode structure of the laser and could be controlled by sequential blank sample measurements or by parallel monitoring of the pure window signal applying a nitrogen–filled 'blank' cell.
- The cross sensitivity of water at 25° C and 100 % rel. humidity was measured to correspond to approx. 10 ppm CH_4. Silicagel was used for drying samples of wet air.
  Desorption of water from the cell walls induce a memory effect of minor importance, i.e. a rise of the signal of 2 ppm over about 10 hours at room temperature.
- On–line calibrations performed during the routine measurements by injecting standard CH_4 samples into the photoacoustic cell showed variations of the responsivity of 5 %.

Data and interpretation

Fig. 2 shows the diurnal variation of the methane concentration in a cowshed with 18 cows and 10 calfs. The methane concentration was measured in situ with the PAS method (air sampling frequency 5 minutes) and varies between 36 and 192 ppm. In addition, air was sampled in containers and measured in the laboratory both photoacoustically and by gas chromatography (Trapp 1991). These off–line comparison measurements of the container air show a very good correlation (Fig. 3). The air samples were collected during 2–3 minutes, while the quasi continous in–situ PAS measurements correspond to only a few seconds air sampling time. Off–line GC results and on–line PAS data are in good aggreement. The much more detailed information of the quasi continous PAS measurements, however, resolves short time scale fluctuations due to varying leakage and air mixing in the cowshed.
A simple qualitative model assuming constant methane production rate and a leakage rate proportional to the wind speed resulted in a lower limit for the production rate of the order

of few m^3 methane/24 h for the actual cattle population. In the model, the wind speed was assumed to be constant 6 m/s decreasing around 17:00 h in a step function down to 2.5 m/s. The concentration in the cowshed follows this step function with a charateristic time constant. Uncertainties arise from the effective cowshed volume and the inhomogenous CH_4 distribution. Our value for the production rate represents only a lower limit because the leakage out of the cowshed is underestimated. In contrast to earlier GC experiments (Trapp 1990), higher absolute concentrations but comparable values for the CH_4 production rate were found. The scatter of the measured data points with time could, however, be interpreted as small time scale gas exchange processes due to varying winds and shed gate openings, which are not accounted for in the model.

Potential future applications

Our measurements of the methane content of Heidelberg ambient air in comparison to GC data have shown that in the present configuration fluctuations of about 0.2 ppm caused by inversion layers during nighttime are already detectable. Getting control over the fluctuations of the window signal in combination with the use of low–noise microphones should allow PAS measurements of 'atmospheric' methane with an error of 1 % of its present concentration in the atmosphere. Thus photoacoustic spectroscopy is a powerful method of CH_4 measurement concerning time and spatial resolution, dynamic range and sensitivity.

Further applications are measurements of many, in particular infrared–absorbing trace gases like H_2O, NO_x, hydrocarbons and others, if suitable radiation sources such as Ar^+, CO_2 and IR diode lasers or thermal sources in combination with monochromators can be applied. Tunable sources have various advantages: several species can be measured simultaneously allowing correct determination of cross sensitivities and window signal, and amplitude modulation can be substituted by frequency modulation avoiding window signals completely.

Acknowledgement

We thank the methane group of our institute, specially Dorothee Trapp for the help and advice in planning and carrying out the field measurements.

References

Boegli, U. and R. Pleisch, Photoakustik: Eine Gasanalysemethode im Vergleich, *Gas, Wasser, Abwasser 68*, 192 – 196, 1988.

Dewey, C.F. jr., R.D. Kamm and C.E. Hackett, Acoustic amplifier for detection of atmospheric pollutants, *Appl. Phys. Lett. 23*, 633 – 635, 1973.

Goldan, P.D. and K. Goto, An acoustically resonant system for detection of low–level infrared absorption in atmospheric pollutants, *J. Appl. Phys. 45*, 4350 – 4355, 1974.

Houghton, J.T., G.J. Jenkins and J.J. Ephraums, Climate Change, *Intergouvernmental Panel on Climate Change*, Cambridge University Press, 1990.

Kreuzer L.B., Ultralow Gas Concentration Infrared Absorption Spectroscopy, *J. Appl. Phys. 42*, 2934 – 2943, 1971.

McManus J.B., P.L. Kebabian and C.E. Kolb, Atmospheric Methane Measurement Instrument Using a Zeeman–Split HeNe Laser, *Appl. Optics 28*, 5016, 1989.

Sano, H., R. Koga and M. Kosaka, Portable lead-salt diode laser system and temporal fluctuation of local atmospheric methane in the field, in *Opt. Soc. of Am., Cleo '83, Conference Proceedings*, 184–186, 1983.

Sigrist, M., S. Bernegger and P.L. Meyer, Atmospheric and Exhaust Air Monitoring by Laser Photoacoustic Spectroscopy, in *Photoacoustic, Photothermal and Photochemical Processes in Gases* Topics in Current Physics, Springer, Heidelberg, 1989.

Trapp, D., Methanisotope und Quellstärkenabschätzung bei landwirtschaftlichen Nutztieren, Thesis, Institut für Umweltphysik, Universität Heidelberg, 1990.

Trapp, D., private communication, 1991.

5.5 Ergebnisse der Arbeitsklausur
Workshop Results

Protokoll: Arbeitsklausur „Überwachung der Luftqualität"

Gesprächsleitung: Dr. Bröker, LIS

Der Anwendungsbereich der optischen Fernmeßverfahren läßt sich in zwei Bereiche einteilen: erstens wissenschaftliche und zweitens administrative Anwendungen.

Bei wissenschaftlichen Anwendungen gibt es für die entwickelten Geräte keine Einschränkungen. Jede Forschungsgruppe kann mit dem Fernmeßverfahren arbeiten, das dem jeweiligen Forschungsvorhaben nach ihrer Meinung am besten entspricht. Um die Zuverlässigkeit der Meßergebnisse, die diese Geräte liefern, muß sich die jeweilige Forschungsgruppe selbst kümmern, im Zweifelsfall hängt die Glaubwürdigkeit der Forschungsergebnisse davon ab.

Ganz anders sind die Verhältnisse bei administrativen Anwendungen. Die Überwachung der Luftqualität wird, soweit sie nicht auf freiwilliger Basis geschieht, durch das Bundes-Immissionsschutzgesetz und die dazu gehörenden Verordnungen (z.B. 1. BImSchV und 2. BImSchV für nicht genehmigungspflichtige Anlagen, sowie die 4., 13. und 17. BImSchV für genehmigungspflichtige Anlagen) und Verwaltungsvorschriften (1. BImSchVwV [TA Luft]) geregelt. Aus diesen aus dem Bundesimmissionsschutzgesetz abgeleiteten Vorgaben geht u.a. hervor, bei welchen Anlagen, welche Schadstoffe, wie oft zu erfassen sind. Im Sinne einer Qualitätssicherung ist die apparative und anwendungsbezogene Vorgehensweise bei den Messungen in Richtlinien (DIN, VDI, CEN, ISO), auf die in einzelnen Verordnungen bzw. Verwaltungsvorschriften bezug genommen wird, beschrieben, darüberhinaus ist auch die Typprüfung von Meßgeräten zu beachten. An diesem Regelsystem werden neuentwickelte Meßverfahren und -geräte von Seiten der Behörden gemessen.

Neben den gesetzlichen Anforderungen, sind die Verfügbarkeit und Kosten eines Meßverfahrens ein wichtiges Kriterium dafür, ob sich ein Meßgerät am Markt durchsetzt, ins besondere dann, wenn es in Konkurrenz zu bewährten, am Gerätemarkt seit langem eingeführten Meßverfahren tritt. Günstiger sind die Marktchancen für ein Meßgerät, das als Multikomponenten Meßverfahren eingesetzt werden kann oder für Schadstoffe aus der TA-Luft, für die es noch kein brauchbares Meßgerät gibt.

Ein weiterer wichtiger Punkt ist ein Überblick über die Anlagen, die durch Fernmeßverfahren überwacht werden könnten, damit Einsatzmöglichkeiten für diese Verfahren erkannt werden können:

1. genehmigungsbedürftige Anlagen

a)   Kraftwerke

b)   Müllverbrennungsanlagen

c)   Schmelzprozesse

d)   Chemische Industrie

e)   Massentierhaltung

f)   Halden, Deponien, Raffinerien, Kokereien

zu a) bis c): Diese Anlagen werden bereits durch andere Verfahren kontinuierlich registrierend überwacht.

zu d)   : Wegen der räumlichen Enge auf Industriegeländen der chemischen Industrie, sind optische Fernmeßverfahren schlecht geeignet.

zu e)   : Hier wäre ein mögliches Einsatzgebiet, wenn man mit diesen Verfahren zuverlässig Ammoniak-Emissionen überwacht werden können.

zu f)   : Auch hier könnten sich Einsatzmöglichkeiten ergeben, z.B. bei großflächiger Überwachung in der Art eines optischen Zaunes.

2. nicht genehmigungsbedürftige Anlagen

a) Hausbrand

b) Chemische Reinigungen

In beiden Fällen wäre ein Einsatz optischer Fermeßverfahren für planerische Aufgaben denkbar, wie z.B. für Emissions-Minderungspläne.

3. Verkehr

a) Kraftfahrzeuge

b) Flugzeuge

zu a): Einsatzmöglichkeit für optische Sensoren zur Verbesserung des Motormanagements bei instationären Betriebszuständen.

zu b): Überwachung der Emissionen von startenden oder landenden Flugzeugen, z.B. mit LIDAR wäre ein mögliches Anwendungsgebiet. (Zur Zeit werden auf dem Flughafen Düsseldorf mit einem FTIR-Gerät der Firma Opsis Immissionensmessungen durchgeführt.)

Um optische Fernmeßverfahren für Behörden und Betreiber akzeptabel zu machen, sind folgende Probleme zu lösen:

1. Für Emissionsmessungen ist zu klären, wie die Bezugsgrößen zu ermitteln sind (O_2, Temperatur, Druck, Feuchtigkeit, ev. Volumenstrom)

2. Es ist ein System der Qualitätssicherung zu erstellen
   - Typprüfung
   - Verfahrenskenngrößen
   - Kalibriervorschrift
   - Verfahren zu Funktionsprüfung

Ein Forum für die Erstellung eines Kataloges von Anforderungen an ein Fernmeßverfahren könnte ein Arbeitsausschuß in der Kommission Reinhaltung der Luft im VDI und DIN sein.

Die Fertigstellung der Richtlinie wird im günstigsten Fall einen Zeitraum von mindestens zwei Jahren erfordern; an ihr sollten Entwickler und Hersteller optischer Fernmeßverfahren mitwirken.

Zusammenfassung der Arbeitsgruppe:
Störfall, diffuse Quelle

Dr.H.Giesbrecht,BASF

Aufgrund der begrenzten Zeit beschränkte sich die Diskussion auf das Thema "diffuse Quelle".

Die diffuse Quelle wurde folgendermaßen definiert: Man möchte nicht die Einzelauflösung der lokalen Quelle wissen,sondern man möchte den insgesamt aus der diffusen Quelle heraustretenden Quellterm kennen. Typische Anwendungsfälle wären:

> Deponien,
> Kläranlagen,
> Halden,
> Freianlagen,
> Dachauslässe aus Großanlagen,
> Flughäfen (Triebwerksabgase als Spezialfall),
> Hausbrand als sehr großflächige,diffuse Quelle.

Zunächst soll sich die Diskussion auf eine diffuse Quelle mit den Abmaßen von maximal 500 x 500 m beschränken, der Hausbrand einer Stadt ist eine andere Qualität.

Es gibt bisher nur unvollkommene Meßmöglichkeiten,um den Quellterm von diffusen Quellen festzustellen (z.B. Absaugen über Teilfläche). Dies wäre ein Gebiet,um Fernmeßverfahren einzusetzen. Wenn man linienmäßig im Lee über die Quellbreite mittelt, benötigt man zur Bestimmung des Quellstromes nicht nur die Konzentration,sondern man muß auch die Transportgeschwindigkeit messen. Hierbei genügt es anzunehmen,daß die Windgeschwindigkeit,d.h. die mittlere Transportgeschwindigkeit in Querrichtung konstant ist. Man benötigt ein Vertikalprofil sowohl für den Wind als auch für die Konzentration, um den Massenstrom zu bestimmen.Kenntnisse über vertikale Windprofile liegen vor; es genügt eine Punktmessung. Die aktuelle Messung eines Windprofils ist außerdem nicht sehr aufwendig.

Darin liegt der Vorteil der Fernmeßverfahren,daß man über einen Strahl integrieren kann. Der Aufwand ist deutlich geringer als bei vielen einzelnen Punktmessungen. Es muß lediglich eine senkrechte Kontrollfläche aufgespannt werden.

Die Meßprinzipien,die angewandt werden,hängen ab von:

> der Art der Stoffe,
> der Höhe der Konzentration,und
> der Zahl der Stoffe.

Man kann zunächst davon ausgehen, daß man ungefähr schon weiß,welche Stoffe man untersuchen oder messen will, es ist eine endlich begrenzte Zahl. Aktive Meßverfahren hätten einen Vorteil gegenüber passiven,obwohl der Installationsaufwand für Reflektoren oder andere Lichtquellen notwendig wird. Ihre Vorteile sind aber die bessere Empfindlichkeit gerade in dem Gebiet der diffusen Quellen. Das Lidar (und andere aktive optische Verfahren) können eingesetzt werden mit der Einschränkung,daß es ein sehr aufwendiges Verfahren ist, bei dem Sensor und Lichtquelle am Boden installiert werden. Preiswerter wären Langwegsabsorptionsverfahren, wenn man den Reflektor auf und ab bewegen könnte oder Reflektoren in verschiedenen Höhen installieren könnte. Die Verfahren richten sich nach den Stoffen, die man untersuchen will.

Wer könnte so eine Meßaufgabe übernehmen,bzw. wie könnte man herangehen,so etwas zu realisieren? - diese Frage wurde in der Arbeitsgruppe folgendermaßen beantwortet:

Ausgangspunkt: Die Gerätehersteller haben aufwendige,empfindliche Geräte entwickelt und suchen Anwendungen. Die Anwender schrecken vor den hohen Kosten zurück.

Lösungsmöglichkeit: Man muß ein Forschungsvorhaben initiieren,bei dem die Betreiber und die für Deponien Verantwortlichen sowie Gerätehersteller eingeladen werden. Sind die Gerätehersteller bereit,ihre Geräte zu einer Kampagne kostenlos beizustellen? Ein Ministerium muß Interesse zeigen in folgender Form: Die Bestimmung der diffusen Quelle,speziell von Deponien und Freianlagen,ist so wichtig,wir brauchen das Ergebnis. Der Personalaufwand,der damit (mit der Pilotkampagne) verbunden wäre,ist zu finanzieren.

Schließlich muß ein Objekt gefunden werden,an dem verschiedene Geräte (von verschiedenen Herstellern) und Verfahren getestet werden können. Nach der Auswertung müssen Wege gefunden werden, die Ergebnisse in ein finanzierbares,kommerziell nutzbares Verfahren umzusetzen.

Die Störfallbedingte Leckage, bei dem ein System ständig installiert sein muß zur Beantwortung der Frage,ob ein Leck aufgetreten ist oder nicht, ist nicht grundsätzlich anders als das Problem der diffusen Quelle. Wenn einmal geklärt ist,daß es ein kampagnenmessendes System gibt für Deponien, dann ist auch daraus abzuleiten, daß es ein permanent installiertes System gibt für störfallbedingte Leckagen.

Die Massentransportbestimmung bei begrenzten diffusen Quellen wird als gewichtiges Problem und geeignetes Testobjekt für den Einsatz von optischen Fernmeßsystemen angesehen.

Arbeitsgruppe: Klima

Prof.U.Platt
Institut für Umweltphysik, der Universität Heidelberg
Im Neuenbheimer Feld 366, 6900 Heidelberg 1

Es geht im weitesten Sinne um Prognosen zur zukünftigen
Bewohnbarkeit der Erde,aus denen man hoffentlich Schlüsse zieht,was
die Abwendung von Gefahren anlangt. Man spricht von
langlebigen,klimarelevanten Gasen in der Atmosphäre:

$$O_3 \; , CH_4 \; , N_2O \; , CFCl_3 \; , CF_2Cl_2 \; , CO \; , CO_2 \; , NO_x \; , ClO_x \; , HO_x \; , BrO_x \; , \text{etc.}$$

Für die Überwachung dieser Gase ist das Charakteristikum,daß die
Konzentration der genannten Gase ansteigt. Dies zum Teil allerdings mit
Raten,die nur Bruchteile eines Prozents pro Jahr ausmachen. Deswegen
ist man gezwungen,die Gase mit einer Auflösung von o.1 % zu messen.
Dem steht gegenüber,daß für die klimatologische Überwachung im
Prinzip eine geringe Meßnetzdichte benötigt wird, Größenordnung:ein
Dutzend Stationen auf der gesamten Erde. Die Zeitauflösung müßte
prinzipiell nicht sehr groß sein (1 x pro Monat bis 1 x pro Jahr). Da man
aber bei diesen Messungen sicher sein muß, daß man keine singulären
Ereignisse gemessen hat, folgt,daß doch 1 x täglich an etwa 12 Orten
auf der Erde gemessen werden muß.
Zu den Meßmethoden ist folgendes zu sagen: Die spektroskopischen
Verfahren sind ideal geeignet die geforderte hohe Auflösung zu
erreichen.Eine wesentliche Aufgabe ist die absolute Bestimmung der
Linienstärke. Die Absorptionsquerschnitte von Molekülen sind
Naturkonstanten,sind also kalibriert. Allerdings muß man Geräte
bauen,die in der Lage sind,die Linie unverfälscht zu bestimmen. Hohe
relative Auflösung der Konzentration ist gefordert.
Fernmessungen sind von Bedeutung,wenn die Meßstation weit weg von
der Quelle,also von lokalen Einflüssen frei aufstellt weden soll. Da
bekanntlich horizontale Transporte in der Atmosphäre schneller
ablaufen als vertikale, sollte man von Stationen auf Bergen
(Observatorien) aus messen oder Lidar-Fernmeßverfahren einsetzen.

 Zu den klimarelevanten Gasen in der Stratosphäre zählen Ozon und
Wasserdampf, die Aerosole sind ebenfalls zu bestimmen
(Kondensstreifen).Dazu eignen sich Fernmeßverfahren und in-situ-
Meßverfahren,die auf hochfliegenden Flugzeugen (z.B.:ER2,EGRET)

untergebracht werden können (Beschränkungen durch
Platz,Gewicht,Bedienung)

Zum Thema Ozonloch: Die stratosphärische Ozonkonzentration zu
messen ist selbstverständlich. Zusätzlich sollten die Substanzen
gemessen werden,die Einfluß auf das Ozon haben:
> Halogenoxide,
> Stickoxide,
> Reservoir-Spezies (HCl,Chlornitrat u.a.).

Diese Spezies sind mit großer Höhenauflösung zu messen,da die
Stratosphärenchemie stark höhenabhängig ist. Eine Höhenauflösung von
etwa 1 km ist notwendig, die zeitliche Auflösung sollte im Stundentakt
liegen mit einer besseren Auflösung um den Sonnenauf- und -untergang.

Ein weiterer wichtiger Punkt bei der Geräteentwicklung: Man soll sich
nicht nur auf Geräte verlassen,die nur auf eine Spezies ausgelegt sind
(Lidar). Man benötigt Meßverfahren,die einen Bereich des optischen
Spektrums voll auflösen. Damit hat man die Möglichkeit,Spezies zu
analysieren,an die man bei der Geräteentwicklung noch nicht gedacht
hat, die aber in der Zwischenzeit sich als äußerst wichtig
herausgestellt haben. Ein Beispiel ist ein Satellitensensor,dessen
Entwicklung etwa 10 Jahre dauert,der damit zum Zeitpunkt seines
Einsatzes bereits "veraltet" ist.In dieser Zeit hat man Kenntnisse über
Moleküle gewonnen,die man dann auch identifizieren will. Eine
Kombination von Meßmethoden (stoffspezifisch und breitbandige
Analyse) ist notwendig. Als Gedanke sei ein Stratosphärenlidar
genannt,welches die Rotationsstruktur von Halogenid-Radikalen zur
Analyse ausnutzt.

Für die klimarelevanten Gase sind die Senken der Gase mitentscheidend.
Es gibt Theorien,die besagen,daß der Anstieg der Konzentration der Gase
nicht durch den Anstieg der Quellstärke verursacht wird sondern durch
anthropogene Beeinflussung der Senken. Die Oxidationskapazität der
Atmosphäre muß man daher kennen. Man muß sie zum Beispiel kennen,um
das Ozonzerstörungspotential der FCKW Ersatzstoffe (H-FCKW) zu
bestimmen,die durch OH-Radikale abbaubar sind. Die Konzentration der
freien Radikale in der Atmosphäre (z.B.:OH,NO_3,troposphärische
Halogenradikale) ist zu bestimmen.Dabei ist hohe zeitliche und
räumliche Auflösung notwendig.Dies sind Anforderungen an die
Geräteentwickler.

Neben der Förderung von Meßmethoden und Meßkampagnen durch die
Ministerien und Fördergremien ist es ebenso wichtig,die Auswertung von
Meßdatenmaterial zu fördern!

C. Werner (Hrsg./Ed.)

Laser in der Umweltmeßtechnik 1991 Laser in Remote Sensing 1991

Vorträge des 10. Internationalen Kongresses
Proceedings of the 10th International Congress

1992. 270 S. Brosch. DM 90,-
ISBN 3-540-55248-0

W. Waidelich (Hrsg./Ed.)

Laser/Optoelektronik in der Technik 1989 Laser/Optoelectronics in Engineering 1989

Vorträge des 9. Internationalen Kongresses
Proceedings of the 9th International Congress

1990. XXXII, 978 S. 758 Abb. Brosch.
DM 198,- ISBN 3-540-51433-3

W. Waidelich (Hrsg.(Ed.)

Laser/Optoelektronik in der Technik 1987 Laser/Optoelectronics in Engineering 1987

Vorträge des 8. Internationalen Kongresses
Proceedings of the 8th International Congress
Laser 87 Optoelektronik

1987. XXI, 709 S. 575 Abb. Brosch. DM 158,-
ISBN 3-540-18132-6

W. Waidelich (Hrsg.)

Laser in der Technik 1991 Laser in Engineering 1991

Vorträge des 10. Internationalen Kongresses
Proceedings of the 10th International Congress

1992. Etwa 750 S. Brosch. DM 168,-
ISBN 3-540-55247-2

W. Waidelich (Hrsg./Ed.)

Laser/Optoelektronik in der Medizin 1989 Laser/Optoelectronics in Medicine 1989

Vorträge des 9. Internationalen Kongresses
Proceedings of the 9th International Congress

1990. XXV, 497 S. 313 Abb. Brosch.
DM 120,- ISBN 3-540-51434-1

W. Waidelich, R. Waitelich (Hrsg./Eds.)

LASER Optoelectronics in Medicine

Proceedings of the 7th Congress
International Society for Laser
Surgery and Medicine in Connection with
Laser 87 Optoelectronics

1988. XXVII, 789 pp. 382 figs. Softcover
DM 168,- ISBN 3-540-18130-X